山东省优势特色学科（建筑学）项目
“十三五”国家重点研发计划课题“村镇社区分类识别评价与空间优化技术”（2019YFD1100801）
山东建筑大学博士科研基金项目
山东建筑大学建筑城规学院青年教师论丛

乡村振兴下乡村住区演进的路径与模式

PATHS AND MODELS FOR THE EVOLUTION OF RURAL SETTLEMENTS UNDER THE BACKGROUND OF RURAL REVITALIZATION

韩欣宇◎著

中国建筑工业出版社

图书在版编目（CIP）数据

乡村振兴下乡村住区演进的路径与模式 = Paths and Models for the Evolution of Rural Settlements under the Background of Rural Revitalization / 韩欣宇著. —北京：中国建筑工业出版社，2022.5

（山东建筑大学建筑城规学院青年教师论丛）

ISBN 978-7-112-25477-4

Ⅰ.①乡… Ⅱ.①韩… Ⅲ.①农村住宅—住宅区规划—研究—中国 Ⅳ.①TU241.4

中国版本图书馆CIP数据核字（2022）第081633号

本书以城乡关系变迁为主线，系统梳理了我国乡村住区发展的历史过程，剖析了城乡要素重组对地域空间结构与功能演进的作用规律，提出了破解现阶段乡村转型发展与空间重构问题的整体思路。在此基础之上，初步建构了乡村住区重构的理论分析框架，并选取典型区域开展实证研究，探索镇域尺度下村庄单元发展水平评价与重构类型识别方法。最后，运用案例研究从建设途径、驱动机制和实践意义等方面，归纳乡村住区空间重构的创新模式及其实现路径。

本书面向乡村转型重构与可持续发展问题，开展了一系列理论与实践研究，可供从事城乡规划、地理学、社会学等领域的研究人员使用，也可为关注乡村发展和"三农"问题的相关管理、实践工作者提供借鉴，助力乡村振兴战略。

责任编辑：贺　伟
书籍设计：锋尚设计
责任校对：党　蕾

山东建筑大学建筑城规学院青年教师论丛

乡村振兴下乡村住区演进的路径与模式

Paths and Models for the Evolution of Rural Settlements under the Background of Rural Revitalization

韩欣宇　著

*

中国建筑工业出版社出版、发行（北京海淀三里河路9号）

各地新华书店、建筑书店经销

北京锋尚制版有限公司制版

北京云浩印刷有限责任公司印刷

*

开本：787毫米×1092毫米　1/16　印张：13　字数：260千字

2022年6月第一版　2022年6月第一次印刷

定价：**56.00**元

ISBN 978-7-112-25477-4

（39484）

前言

现阶段，我国正经历快速的城镇化和工业化，区域社会经济面临急速的发展转型。特别是在城乡统筹背景下，人口众多、地域广阔的乡村在与城市的竞争中要素单向性外流，导致地域要素组织与功能结构演进出现诸多变动。乡村住区的发展与空间重构既是客观现实又是未来趋势，迫切需要开展相关的理论和实践研究，以增强本土理论的知识贡献和规划技术的实施性，助力乡村振兴战略。

本书首先研究了城乡关系变迁与乡村住区发展建设之间的互动关系和阶段特征，借助理论透视厘清城乡关系驱动下乡村住区发展的历史过程，以及城乡要素重组对地域空间结构与功能演进的作用机理。进而重点研究城乡统筹阶段，乡村住区要素组织的障碍及其对功能结构调整的影响，明晰破解现阶段乡村住区发展问题的整体思路。其次，根据城乡作用与乡村发展之间的内在逻辑，建构了乡村住区空间重构的理论框架，结合国内外相关理论思想明确城乡统筹阶段乡村住区空间重构的理论取向，研究空间重构的概念内涵和运行机制。再次，结合空间重构的组织框架，书中一方面建构乡村住区综合评价方法，基于发展的复杂性和重构的差异性归纳住区空间重构的类型及特征；另一方面研究乡村住区空间重构的创新模式，从建设途径、驱动机制和影响意义等方面总结发展经验。最后将上述两方面内容结合，提出下一阶段乡村住区空间重构的实现路径和支撑策略。

通过研究得到以下主要结论：其一，城乡相互作用是一种影响乡村发展的最具渗透力的驱动因素，主要通过影响要素组织方式和功能结构调整推动乡村住区的空间重构；其二，城乡统筹阶段，城乡要素的流动和配置方式显著变化，导致乡村住区出现人口流失加剧、土地利用低效、发展资本匮乏和地域环境丧失等问题，应主要采取重塑乡村的地位与价值、优化地域资源利用方式和推进地方性空间生产等思路，适应经济社会发展方式与居民生产生活方式的转变；其三，乡村空间重构是乡村发展的正向演进过程，强调利用人为的空间干预与调控手段，优化系统的要素配置、空间演进和功能拓展，从而实现乡村自主发展能力和城乡协同发展水平的提升；其四，在乡镇域尺度下应用乡村住区综合评价方法，基于发展度和重构度识别乡村住区空间重构的类型，分析后发现不同类型住区呈圈层布局结构且重构需求差异显著；其五，新时期乡村住区应采取“内外联动”重构路径，通过提升存量供给水平、优化城乡产业分工和加强公众参与程度等方法，发挥空间规划的引导作用；采取加速资源整合、壮大集体经济和鼓励村社自治等手段，提升乡村自主发展能力。

目 录

5 乡村住区重构类型及其特征识别

6 乡村住区重构的典型模式与经验

7 结论与讨论

1 绪论

1.1 研究背景与相关概念

1.1.1 研究背景

1.1.1.1 城镇化进程中城乡系统发展转型的时代背景

马克思曾言，“社会的全部经济史都可以概括为城乡之间的对立运动”[1]。回溯人类社会演进的规律，城镇化是伴随着以提升生产力为目标的工业化而产生的一种必然趋势，引发了深刻的社会变革。参照世界各国的城镇化进程，一般国家均经历了城乡的分化、分离、融合与一体化等发展阶段。而城乡融合阶段的城镇化率一般在50%~70%，工业化率在40%~50%。当前，我国城镇化率接近60%，工业化进入中后期阶段，社会经济发展已然进入城乡融合乃至一体化的重要阶段[2]。结束低水平发展阶段城市对乡村的剥夺，从城乡良性互动的角度出发建构以工促农、以城带乡的区域空间体系，成为新时代乡村发展问题研究的关键内容。

另外，新中国成立之初施行的一系列二元分治制度，使得城市与乡村长期处于分离、对立的状态，联系十分有限。但以20世纪70年代末的改革开放为发轫，我国城镇化进程进入加速发展阶段，城镇化率的年均增长速度高达1%（图1–1）。城镇化作为城乡发展转型的主导驱动力[3]，加剧了二者之间社会经济活动与物质空间环境的相互作用，导致乡村空间的负效应凸显，出现村庄发展要素流失，发展动力不足；基础设施建设落后，服务水平低下；地区自然生态破坏严重，地域风貌丧失等问题。现实存在的发展困境，要求我们必须摆脱牺牲农村、发展城市的传统发展路径，实现城乡社会的健康有序发展。这直接关系

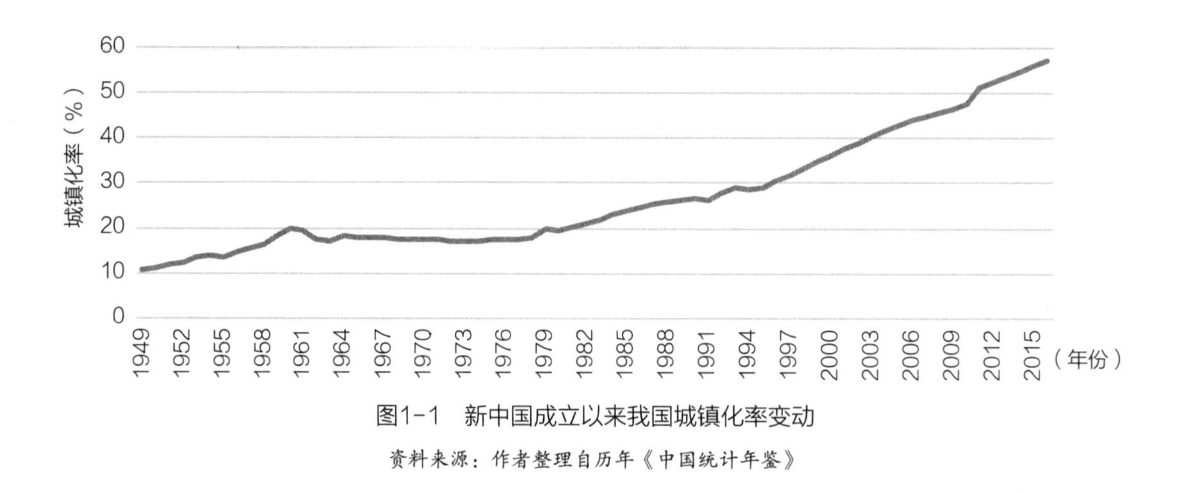

图1-1 新中国成立以来我国城镇化率变动

资料来源：作者整理自历年《中国统计年鉴》

到国家能否实现“在新中国成立一百年时建成富强、民主、文明、和谐、美丽的社会主义现代化国家”的奋斗目标。

1.1.1.2 乡村发展与规划是统筹城乡发展的核心议题

发达国家历史经验表明，工业化与城市化在推动城市社会经济整体繁荣的同时，引发乡村地区的整体衰败，是国家现代化进程中难以回避的历史性问题。因此，进入21世纪伊始，党的“十六大”便主动将“统筹城乡经济社会发展”上升为国家重要的治国方针。2004~2013年连续十年间，中央“一号文件”均聚焦“三农”问题，展现出对乡村发展问题的高度重视（表1-1）。而期间开展的“社会主义新农村建设”“美丽乡村”等运动，则标志着相关农村建设活动正从理论政策研究转向具体实践操作。因此，无论是解决历史遗留的“三农问题”，抑或是贯彻新近提出的乡村振兴战略，乡村建设始终是理论研究和具体实践的突破口。各项物质建设活动的启动，推动了乡村空间转型与重构，加强乡村规划研究成为统筹城乡发展的客观需求。

2004~2013年涉农中央“一号文件” 表1-1

时间	文件名称
2004年	关于促进农民增加收入若干政策的意见
2005年	关于进一步加强农村工作提高农业综合生产能力若干政策的意见
2006年	关于推进社会主义新农村建设的若干意见
2007年	关于积极发展现代农业扎实推进社会主义新农村建设的若干意见

续表

时间	文件名称
2008年	关于切实加强农业基础建设进一步促进农业发展农民增收的若干意见
2009年	关于2009年促进农业稳定发展农民持续增收的若干意见
2010年	关于加大统筹城乡发展力度进一步夯实农业农村发展基础的若干意见
2011年	关于加快水利改革发展的决定
2012年	关于加快推进农业科技创新持续增强农产品供给保障能力的若干意见
2013年	关于加快发展现代农业进一步增强农村发展活力的若干意见

资料来源：作者整理

1.1.1.3 乡村人居环境可持续发展的现实需求

在我国辽阔的土地上散布着大量的乡村聚落，承载了不可计数的，以农业支持自身生存和繁衍的农民，孕育了闻名于世的东方农业文明。虽然现阶段我国进入到传统社会向现代社会全面转型的加速期，传统农耕文明在某种程度上干扰了社会整体前行，但农业、农村与农民作为我们这个传统农业国度经济发展、社会安定、国家自立的基石地位无可争议。因此，需要尽快适应社会经济转型中展现的诸多变动，科学引导乡村发展、合理组织城乡空间，遏止日益扩大的城乡差距，保证我国乡村人居环境可持续发展。

1.1.2 研究意义

1.1.2.1 现实意义：借助空间规划落实国家乡村发展相关政策

伴随广大乡村地区战略地位的提升，国家已经意识到乡村在促进社会和谐稳定、保障粮食与食品安全、推动自然生态保护等方面的功能与作用，并围绕“三农”问题制定了一系列政策与目标。本书的研究适应时下国家发展的战略性议题，尝试从理论层面讨论新时期乡村发展建设的指导思想，从实施与操作层面探寻新型城镇化倡导的“生态空间山清水秀、生活空间宜居舒适、生产空间集约高效”的空间规划路径。

1.1.2.2 理论意义：城乡规划学科理论建设与完善的重要补充

“为研究城市或乡村的发展问题，在相关的理论、实践研究中区别城市和乡村是不可避免的；但这种将空间和部门方面存在紧密联系的城乡一分为二的做法过于武断。”[4]其实自20世纪90年代初，我国的建筑学、城乡规划等学科对于人类居住问题的关注视角就逐渐摆脱了传统的建筑学局限，拓展到广域的区域层面。吴良镛院士于1993年首次提出建立“人居环境科学”的倡议，建构了“以建筑、地境、规划三位一体为核心”的人居环境科学理论体系，奠定了建筑学和城乡规划学科研究人类住区发展演进规律的学术依据。然而在当下传统社会瓦解、新旧交替的过渡时期，社会针对美好乡村开展的想象和讨论，反衬出城乡规划学科整体性失语，反映了乡村规划的理论缺失和实践困惑。尤其是随着城镇化进程深入和城乡统筹日益迫切，乡村发展正迈入新的阶段，地域功能与空间出现激烈的分化与重组既是不争的事实又是必然趋势。因此，基于丰富城乡空间一体化规划方法的视角，探究新时期城乡空间的互动规律，建构城乡统筹发展背景下乡村住区重构理论，对于响应地域呈现的结构性调整、补强相对薄弱的乡村规划意义重大。

1.1.3 基本概念与研究范畴

1.1.3.1 基本概念

1. 乡村

由于“有关乡村的定义总是由不同学科，基于某种特殊的目的和特定环境集合现实情况而提出”，所以要确定乡村的通用定义（All-propose Definition）十分困难[5]。国外研究主要使用“village”“country”“rural”及其派生名词定义非典型城市地区的研究对象。同样，国内研究在使用“乡村”“村庄”“农村”等概念时，也普遍缺乏对其深层次内涵与差异的辨识。按照《辞海》的解释，狭义的乡村专指村庄，广义的乡村是指以农业生产劳动者为主的聚居地。学者张小林对乡村概念的阐述更加详细，包括：其一，农业经济特征显著的场所，居住成员主要从事农业生产；其二，具有人口规模相对有限、土地利用方式较为粗放和被大量开敞空间分割等特征；其三，具有物质文化生活匮乏、乡俗民规约束力强、家庭血缘观念强等本质属性[6]。虽然伴随社会经济的发展，乡村的部分特征也出现了新情况，但以农民居住为主、农业经济相对活跃的固有特征依然存在。

综上所述，本书将乡村定义为：农业经济行为活跃、农业从业人员聚集，并且与城镇化区域在地景风貌、设施服务、社会文化等方面存在显著差异的地域空间。

2. 乡村住区

诚如前文所述，仅以“乡村”二字难以涵盖农业经济区域内多样的聚居环境，所以本书提出乡村住区的概念，定义乡村地域范围内组织农民日常生产生活的场所。“住区”一词最早源自日本及我国台湾地区，大约在20世纪70年代被引入国内学术领域。作为社会经济发展结构体系中的重要环节，人类住区最初被视为保障主体生存权利和发展需求的重要承载[7]。在后期的使用过程中，住区概念被限制为“城市居民居住和日常活动区域”，成为典型的城市范畴概念。因此，本书提出乡村住区的概念，将广大乡村看作与城市同等重要的，用于满足人居需求的地域空间。一方面，乡村住区是一种由多要素构成的统一、连续的实体空间环境，集合了人群聚居活动所需的一切资源与条件，主要包括具备生态维育功能、以山水为主的生态空间，承载农业经济活动、以田园为主的生产空间，提供日常居住生活、以聚落为主的生活空间。另一方面，乡村住区的构成内容还应包括非物质的社会经济形态，涉及政治、经济、社会和文化等住区发展的影响要素。总之，物质的实体空间环境是乡村住区发展的外部结构表征，非物质的社会经济形态则是驱动住区发展的内部组织动因，二者共同构成乡村住区的主体内容。

3. 空间重构

乡村住区发展与空间重构是乡村社会经济发展的统一过程，住区发展是重构活动发生的前提与动因，住区空间重构则是其对发展过程的反馈。伴随着城镇化与工业化进程，城乡之间人口、土地、资金等社会经济发展要素重组与交互作用加剧，推动乡村住区融入现代社会发展进程，表现为地区整体从农业的、封闭或半封闭的传统社会向非农的、开放的现代社会转型[8, 9]。在上述过程发生的同时，住区主体基于发展需求主动调整原有的发展方式，尝试通过重新架构内部要素的组织方式，耦合不断变动的外部发展环境，最终实现乡村住区发展演进。尽管乡村住区发展的本质属于社会经济转型[10, 11]，但其复杂的构成内容以及实体空间环境的外显特征，均导致乡村会受内外因素的作用出现聚居格局、空间形态、聚落景观等方面的变化。考虑到城乡、工农关系对乡村发展的深刻影响，本书认为乡村住区空间重构应是在现代化发展进程中，受城乡关系转变带来的发展环境与要素组织变动影响，乡村住区在社会经济运行方式与实体空间环境方面发生的阶段性转变。

1.1.3.2 研究范畴

1. 时间范畴

虽然针对乡村住区发展演进过程与规律的研究，时间范围最早可追溯至古代乡村聚落的形成，但新中国成立后乡村发展建设活动的资料相对翔实，才是本书研究的重点。

2. 地理范畴

作为研究对象，乡村住区本身属于一类分布在城市外围，范围广且连续不断的人居环境。受生产方式变革、出行方式改变、行政力量调整等因素的作用，其逐步积累形成了复合的层级组织结构。根据不同的尺度范围，本书将乡村住区的组织序列分为基层、地方、区域和国家4个层次（表1–2）。尽管书中将乡村住区作为研究的整体范围，但在具体研究时会存在一定的差异和侧重。其中，前期的理论建构部分将在宏观层面研究乡村住区发展的典型阶段特征，并以受城乡作用较强的经济发达地区作为中微观层面的实证案例，既佐证了分析的合理性，又保证理论成果具有一定的前瞻性，从而为经济相对落后地区的乡村发展提供借鉴。至于后期针对乡村住区发展综合评估与重构实施路径的研究，考虑到乡镇是我国城乡结合最为直接的地域空间[12]，书中选取中观层面的乡镇域空间作为讨论乡村规划编制和实施建设的重点层次。

不同尺度层次乡村住区的类型　　表1–2

尺度	微观	中观		宏观
类型	基层乡村住区	地方乡村住区	区域乡村住区	国家乡村住区
典型代表	自然村、行政村	乡镇域、县域	市域、自然流域	省域、主体功能区

资料来源：作者整理

3. 词汇表

由于学科或语境的差异，本书涉及的一些名词与既有乡村研究中相关概念在使用时存在叠加和微差。为保证写作规范和表述准确，此处对书中用于描述和分析乡村住区的高频词汇进行概念廓清：

乡村：结合前文梳理的基本概念，以及乡村住区的尺度层级和我国乡村规划的实施特征，本书提及的乡村泛指城市和县建成区范围之外的农村区域。

农村：以农业劳动者为主的聚居地区或场所。

村庄：村民生产生活的聚居点。本书在将“村庄”作为讨论对象时，不局限于村庄的建成环境，还包括村域范围内的耕地、山水等内容。

聚落：亦可称“居民点”，是村庄的人工建成区。其中“乡村聚落”指乡村地区的村庄建成区，“村庄聚落”指单个村庄的建成区。

村民：长期居住在乡村的农村居民，其村集体成员身份与有无承包地、是否从事农业生产等条件无关。

农民：长期居住在乡村，且以农业劳动为生的居民。

1.2 国内乡村住区发展相关研究进展

1.2.1 针对乡村住区发展问题的理论研究

Citation Space（简称CiteSpace）是建立在科学计量学和信息可视化基础之上的一款显示科学知识发展进程与结构关系的引文分析软件。利用此信息可视化分析软件，本书从CNKI中文数据库（包括期刊、硕博士和会议）中选取了自2000年以来与乡村发展高度相关文献进行检索和筛选，获得了涉及空间规划、土地利用、景观建构、社区治理、经济建设等内容的文献6391篇[①]。在对选定文献的关键词进行相关操作后[②]，获得包括498个节点、664条连线的关键词共现图（图1-2）和410个节点、690条连线的关键词时区图（图1-3）。分析文献中的核心关键词成为上述分析图中的网络节点，而节点及其代表关键词的大小与关键词出现的频次成正比。由此，针对乡村发展及其规划建设议题开展的研究可大致分为两个阶段：

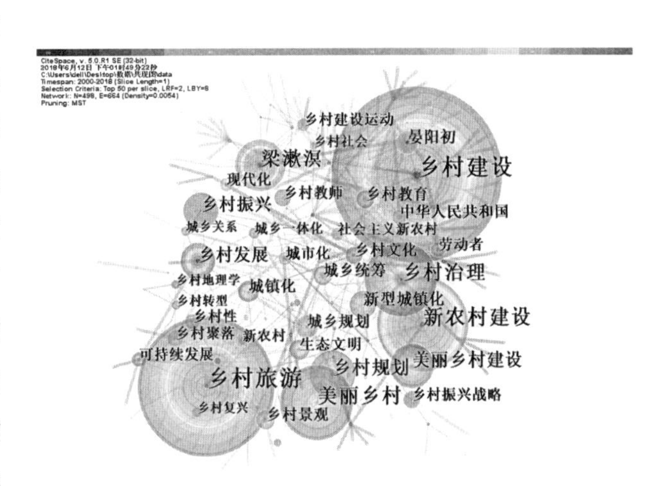

图1-2 国内乡村发展与建设相关文献关键词共现图

资料来源：作者自绘

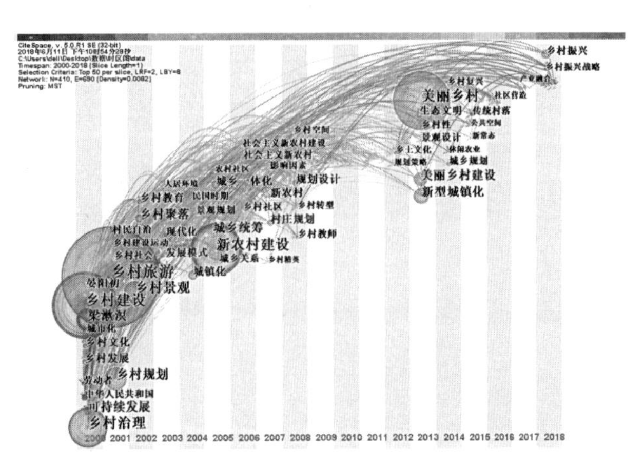

图1-3 乡村发展与建设相关中文文献关键词时区图

资料来源：作者自绘

阶段一（2000～2010年）：此阶段居于核心地位的关键词（节点拥有紫色外圈，表示中心度>0.1）包

① 在保证文献分析结果真实反映学科前沿和热点的前提下，作者出于控制数据处理规模的目的将分析范围设定为两部分，其一为2000年以来已被引用的检索文献，其二为2015年以来未被引用的文献。

② 在操作界面中将时间区间设定为2000～2018年，时间切片（Time Slice）设为1年，节点类型（Node Type）选择“Keyword”，阈值设置为50，选择最小生成树（MST）算法精简网络。

括乡村治理、乡村建设、乡村旅游、新农村建设，且这些关键词主要与梁漱溟、乡村景观、乡村聚落、村庄规划、乡村规划等关键词保持高度关联，说明相关研究主要聚焦于社会层面乡村治理的历史经验与经济层面地域景观的旅游开发两方面。但以2005年十六届五中全会提出建设社会主义新农村战略目标和2008年《城乡规划法》的颁布为标志，学界对乡村发展与建设的关注出现了明显的空间转向。而且相关研究逐步将乡村发展问题纳入现代化、城乡关系等社会经济运行的宏观背景之中进行研讨，城乡统筹阶段乡村转型及其空间规划设计日渐成为学界关注的热点。

阶段二（2010年至今）："新型城镇化""生态文明"等战略指导思想的提出，推动规划建设活动的主体内容由强调物质空间更新的"美丽乡村"逐步升级为内涵丰富的"乡村振兴"。随着时间推移和研究深入，学界逐步将乡村复兴的实现，寄希望于地域"乡村性"资源（如产业、文化、景观等）的高效利用。

基于上述分析，利用相同检索条件进一步分析2000年之后被CSSCI数据库收录文献的关键词，分析得到近期核心文献关键词的突现情况（图1-4）。将此前共现图与时区图分析所得的知识演化路径与阶段特征，与当前重要研究关注内容的变动相结合，本书从住区的建设经验与特征、住区的发展模式与机制两方面开展详细综述。

Keywords	Year	Strength	Begin	End	2000-2018
乡村	2000	5.917	2000	2004	
乡村治理	2000	4.0708	2003	2011	
乡村发展	2000	3.7909	2003	2010	
城市化	2000	6.1545	2005	2008	
新农村建设	2000	18.6224	2006	2012	
苏南	2000	3.1262	2006	2008	
社会主义新农村	2000	3.3351	2006	2012	
欠发达地区	2000	3.3497	2007	2009	
乡村聚落	2000	5.5315	2007	2011	
机制	2000	3.0998	2008	2010	
城乡统筹	2000	13.0992	2009	2013	
现代化	2000	3.0758	2009	2012	
城乡一体化	2000	3.0764	2011	2013	
低碳乡村	2000	3.4753	2012	2014	
城乡关系	2000	3.4931	2013	2015	
美好乡村	2000	3.1032	2013	2015	
乡村文化	2000	3.0232	2013	2014	
生态文明	2000	3.9877	2013	2015	
乡村转型	2000	3.5437	2014	2015	
新型城镇化	2000	5.1538	2015	2016	

图1-4 乡村发展与建设相关中文核心文献关键词（TOP 20）突现图

资料来源：作者自绘

1.2.1.1 乡村住区建设的特征与经验

知古以鉴当代，民国时期乡村建设运动问题始终是学界对早期乡村发展与建设经验总结的重要内容。经过20世纪80年代中期对史料的集中搜集与整理，国内学者开始尝试从多个视角审视乡村建设运动主要代表人物的思想实践及其影响[13]。虽然彼时知识精英发动的社会改良建设运动不能解决中国乡村的根本问题，但其经验对当前乡村现代化建设仍有积极的训鉴作用[14]。重新审视乡村建设活动的思想理论及成效，民国乡建实验不仅可为全面改造传统农村提供成立社会组织促进民主自治、推行品种改良优化农业生产、倡导合作经济改造小农经营、建立医保体制提高民众健康水平、兴办乡村教育培养“新型农民”等具体措施[15-17]，更为重要的是它为置于现代化发展语境下的乡村提供了一种多元主体共建的“实验路径”[18]。近代乡村建设运动可看作传统中国向现代生产关系、社会关系转型和城乡关系本土化的实践成果，为现代化语境下中国乡村建设的起步积累了宝贵经验。

与之相对，作为工业化与城镇化的先发地区，苏南乡村建设长期处于当代整体社会变革的前沿，并呈现特殊的复杂性和多样性，有关研究也最具典型性和代表性。宏观层面上，张小林基于生产生活方式的变化总结了20世纪80年代以来苏南乡村城市化的演进特征，提出解决隐性城市化人口才是破除城乡分割、缩小二元差距的关键[19]。李红波利用建构的乡村聚落空间重构测度指数对苏南地区开展实证分析，在此基础之上总结了不同驱动力（城乡统筹、自然生态、经济集约和社会正义）对乡村空间重构的综合作用，提出应建构以城乡资源空间重构为导向的、适应地域“三生”功能复合转向的理想聚落空间[20]。王兴平提出改革开放以来，苏南乡村空间在优化整合过程中出现了以村镇连绵区、城乡混合空间、反同心圆结构空间序列为代表的新型空间结构，而功能重组进一步打破地域以农为主的均质格局，因此乡村规划应着重发挥功能协调、利益整合的空间政策属性[21]。王勇[22, 23]、黄良伟[24]等学者结合“空间生产”“时空修复”和“空间分离”理论，解析社会发展转型与地域功能调整、资本积累之间的关系，提出伴随苏南乡村空间经历自主发展（1978～1991年）、市场推动（1992～2003年）和政府主导（2004年至今）3个演进阶段，地域功能先后从“工业生产+农业生产+生活居住”的“三位一体”到“工业生产”与“农业生产+生活居住”分离，再到三者完全分离转型，且社会经济变动进一步引发传统文化、乡土生活、空间正义、村民自主性等方面的危机。王海卉则以利益分析为核心建构了苏南乡村空间演进分析框架，实证分析了多元主体及其利益关系交互过程中出现的“三集中”建设、都市农业、“小产权房”等现象，进而指出乡村空间规划应在协调各方利益中坚持“公平正义”的基本价值理念[25]。李广斌基于市场规模与空间分异内在关联，认为市场经济作用尺度的扩大（地方、城乡、区域）转变了苏南地区功能要素（土地、产业、劳动力等）的组织方式，促成乡村空间的重构特征与演化逻辑，进而提出以农用地流转和农村建设用地置换为核心的农村土地市场化改革将成为影响未来苏南乡村居住空间转型的关键因素[26]。至于未来苏南乡村发展建设与空间重组的趋向，王雨村认为“新苏南模式”将不断强化地区集聚发展特征与趋势，下一阶段应采取“精明收缩”空间发展策略，推动生活空间、工业空间和农业空间的功能优化与空间重组[27]。赵琪龙则在研究苏州工业园空间转型过程的基础之上，认为市场主导、政府辅助的乡村空间资源配置方式能够更好地满足消费增长、产业升级等新的空间需求，但必须防范乡村空间向城市转型过程破坏乡村原始风貌和独特的生活体验[28]。王镜均通过比较分析苏南“去工业化”进程中形成的工业企业型村庄、农业农场型村庄和休闲旅游型村庄，发现村集体、土地政策和市场消费力分别主导各类乡村的发展建设[29]。秦振兴主张苏南乡村应采取“生态经济”发展策略，通过置换低质量建筑、生态改造生产环境、盘活闲置公共资源等方式解决“非经济”问题，构建健康和谐的乡村生态系统[30]。

1.2.1.2 乡村住区发展的机制与模式

进入21世纪，针对愈演愈烈的“三农”问题，国家率先于十六届五中全会提出统筹城乡发展和建设社会主义新农村的战略目标，引发国内学者围绕如何建设“新农村”形成广泛而深入的讨论。社会学、经济学等主要从非物质层面探索助推农村发展的建设重点与实施机制。最为重要的观点包括：以林毅夫为代表的“内需拉动”观点，认为新农村建设主要依靠国家采取积极的财政政策推动投资向农村基础设施倾斜，在改善和提高乡村的生活质量同时，扩大农村内需以缓解产能过剩和通货紧缩的市场环境，达成利用劳动密集型产业承载农村转移的劳动力，借助市场的良性运行提升乡村“自生能力”的目的[31, 32]；贺雪峰认为，在农民收入增长速度长期滞后于国民经济发展速度的前提下，乡村将长期担任国家现代化进程的稳定器，所以“新农村”建设应坚持农民本位，通过提升公共物品供给、降低生产生活风险和创造文化福利，形成“低消费、高福利”的“社会主义”生活方式，保证农村稳定和农民满意[33]；温铁军提出农村建设之“新”不仅表现为中央加大对基层的财政反哺力度，更重要的是在村庄内部建立大量的改良型社会组织，发挥稳定内部组织和抵御外来侵扰的作用，令农民真正成为建设主体[34]。此外，相关学者分别从城乡分工与资源市场配置[35]、现代农业与地域文化开发[36, 37]、社会治理与新型农民培育[38, 39]等角度出发，丰富和拓展乡村的发展内涵与建设途径。地理学、建筑学和城乡规划等学科的研究则主要关注住区发展过程中物质空间演进的特征规律及其优化方法策略等内容。其中地理学偏向于宏观尺度，研究内容主要包括：其一，利用GIS空间分析方法量化分析乡村聚落的地域空间的结构、形态、布局等特征[40, 41]；其二，驱动聚落空间肌理生成与形态演变的动力机制与影响因子[42, 43]；其三，快速城镇化和工业过程中聚落空间在土地利用、景观格局、生态保护等方面出现的诸多问题，尤其是“空心村”空间模式的演化阶段、形成机理、响应机制等[44, 45]内容。至于建筑学和城乡规划等领域的相关研究，早期研究则多聚焦于传统村落空间价值保护与具体村庄的规划建设实践。传统村落肌理与空间形态是自然条件、社会关系、文化观念等因素长期作用和积累的结果[46, 47]，需要制定一个全面而广泛的村落发展模式，引导其健康持久发展[48]。针对传统村落活化与更新问题，最早的权威观点当属吴良镛先生主持菊儿胡同改造工程时提出的“有机更新”观点，“整体保护”概念逐渐成为传统人居空间更新的范例。单德启主张在动态发展中兼顾生态、形态与情态，即传统村落更新应兼具时代性和地域性[49]。张松认为村落作为人类重要的人居形式，既适应了周边良好的自然山水景观，又积淀了社会经济因素对土地的历史作用，故在保证村庄宜居生活环境的基础上需重视其生态文明建设和乡土社会复兴[50]。因此，乡村更新与营建应注重发挥村民的主体作用[51]，开发活动与原有生产生活功能紧密结合，并在施工环节充分考虑地域性营造技术[52]等。

伴随“新农村”战略的提出，美丽乡村建设成为一项重大的历史任务。尽管最初开展的诸多建设实践有效提升了乡村的落后面貌，但普遍存在一定的问题与不足，如对“美丽”的内涵认知不足，重建设轻发展，片面强调基础设施、危房改造等项目；主体参与程度不足，农民的“等靠要”思想造成“乡村运动，村民不动”的悖论；部门间条块分割严重导致运行效率低下，出现“九龙治水水不治”的怪象等[53, 54]。而更为重要的是2010年以来国内外发展形势的变化，倒逼国家转变过度依赖和消耗土地、资源和人口的发展模式[55]，解决以经济和物质建设为主的非理性传统城镇化活动对乡村产生的生产要素流失、环境破坏污染、农村边缘化等负面作用[56, 57]。因此，国家提出建构以生态文明理念和新型城镇化道路引领的社会经济可持续发展思路，并在此基础之上形成“美丽中国”战略目标。作为实现该目标的基础和前提，美丽乡村成为践行生态文明和提升社会主义新农村建设的核心载体，成为学界讨论和研究的焦点。理论层面上，学者对美丽乡村内涵的认知不断丰富。张孝德[58]、黄杉[59]立足于城乡关系，指出美丽乡村最重要的作用和意义就是缩小城乡居民幸福指数的差距，追求中国最大的“社会公平”。于法稳[60]、唐柯[61]、魏玉栋[62]认为美丽乡村建设是基于地域生产、生活、生态“三位一体”的系统工程，需要在发展和提升日常生产生活的前提下，以生态文明发展理念协调乡村自身与外部城市、自然的关系，真正改善落后面貌。刘彦随认为借助美丽乡村建设推进乡村转型发展，创新城乡统筹发展的模式、建构新型镇村空间格局、推动城乡一体化发展，最具现实意义[63]。翁鸣则指出美丽乡村建设应当与经营乡村密切结合，用高水平的建设夯实经营基础，用高效益的经营促进可持续发展[64]。实践层面，由于此阶段规划实践活动日益活跃，针对现实经验总结的研究明显增加。贺勇提出“产、村、景”一体化的规划方法，主张将乡村景观的设计与营造纳入地方性生产生活综合体系之中，进而推动乡村健康、可持续发展[65]。葛丹东从产业经济、空间形态和社会文化三方面入手，形成“传统性”与“现代性”二者并重的“和美乡村”建设发展理念，用于优化空间设计思路与实施策略[66]。李开猛认为广州美丽乡村建设的重要经验在于，通过“全方位”的村民参与保证主体最大限度参与规划过程，在缓解“落地难”问题的同时，奠定村庄自治的群众基础[67]。周轶男主张全域谋划美丽乡村建设，在原有宏观的镇（区）域村庄布点规划和微观的行政村主导的村庄规划之间，增加中观的分区规划层次，以适应地方高效统筹地域内资源整合、景观打造、设施配置、要素优化等工作的需求[68]。曾帆则认为相较于发达地区的外驱发展模式，成都市充分尊重村民的生产性需求，依托乡村本土资源促成特色产业与规划建设紧密结合的内涵式发展模式更具推广与借鉴意义[69]。

除此之外，受近年来国家宏观发展政策与环境变迁的影响，学界对“新农村”与美丽乡村建设问题的持续关注，进一步引发对于乡村发展问题广泛、多元的讨论。尤其是快速的工业化与城镇化进程下，城乡人口流动和经济社会发展要素的交互作用加剧，乡村地区普遍出现社会经济、空间组织、产业发展模式等方面的重构[70]。龙花楼[71]、李红波[72]、沈费伟[73]、熊烨[74]的研究表明受空间资源配置方式和社会经济结构变迁的影响，发展与转型中的乡村正经历包括物质的实体空间环境和非物质的社会经济环境在内的全方位重构，所以乡村发展将是一个涉及综合系统和多种功能的综合提升过程。郑小玉[75]、刘彦随[76]认为由于缺乏城乡社会经济协作能力，导致城乡地域系统互动中乡村发展系统的各组成部分及其与外部环境间的互动失衡，出现以“五化”问题（农业生产要素非农化、社会主体老弱化、建设用地空废化、水土环境污损化、地区深度贫困化）为表征的“乡村病”；所以新时期乡村振兴的实现一方面需要创新城乡融合体制机制，另一方面应当强化乡村的极化发展。罗小龙则从社会变迁、资源配置和地域差异等方面梳理了“十三五”时期乡村转型出现的老龄化、空心化、半城市化等现象和问题，主张通过制定差别化的乡村发展策略、创新存量土地资源利用方式、推进政策与机制体制改革等方法积极应对[77]。李迎成认为中国特色城镇化进程中城乡二元制度瓦解了“乡土中国”赖以存在的基本生产要素（土地）和社会单元（家庭），引发乡村农业收益与社会稳定性降低；“后乡土中国”应将重塑乡土性与培育现代性二者结合，完成地区发展的转型和提升[78]。李郇提出受城市规划思想的影响，传统村庄规划存在以“先进”城市物质空间替代农村自上而下发展的特征，难以适应现代农村的组织特征，因此新时期的乡村规划应摆脱对物质空间的过分关注，在尊重农村和村民的主体地位的基础之上，坚持新型城乡关系提出的缩小城乡差距总体目标[79]。刘自强[80]、刘玉[81]则认为基于价值差异将推动乡村地域主导功能由社会经济发展早期阶段的生计维持型和产业驱动型，进入到后工业化阶段的多功能主导型；城乡系统的综合作用促成乡村内部要素的分化与重组，推动地域系统功能的动态演进；未来乡村发展应走“特化”发展道路，充分结合资源禀赋条件强化社会、经济、生态、文化等职能，促进城乡合理分工和乡村持续发展。张京祥[82, 83]、申明锐[84]主张在压缩城镇化的发展环境下，乡村发展应摒弃城市中心论思维方式及其造成乡村在城乡关系中的弱势地位，通过重塑乡村的农业、腹地和家园价值，转变“线性转型”的发展模式，真正实现乡村复兴。

1.2.2 新时期国内乡村住区建设典型实践

1.2.2.1 浙江省的“千万工程”

改革开放以来，浙江省社会经济建设取得长足发展，处于全国领先水平。但乡村地区落后于社会发展的整体进程，存在政策支持不足、土地利用浪费、设施建设滞后、环境污染严重等诸多问题。基于以上背景，2003年浙江省实施“千村示范，万村整治”的乡村建设工程，加速本省新农村建设，改善农村落后面貌。回顾十多年的建设历程，浙江省乡村建设大致经历了三个阶段：

第一，基础整治阶段（2003～2007年）：在“千万工程”施行初期，浙江省采用分类整治的办法，解决农村环境污染问题。主要是从全省一万多个行政村中，每年筛选一定数量的示范村和环境整治村，分别从新型社区建设和建成环境更新两方面进行整治。大量经过初期整治的村庄成为此后美丽乡村建设的样板。

第二，全面实施阶段（2008～2011年）：自2008年，“千万工程”进入以全面改善农村人居环境为重点的全面整治阶段。在全面推进村庄土地治理（包括中心村建设、危房改造、农地复垦等）工作的基础之上，政府进一步将此阶段的建设村庄划分为已整治和待整治两类村庄。其中前者的建设重点是生活污水治理，后者则推行旨在推进环境综合治理的“4+1”工程（包括村道整治、垃圾处理、卫生改厕、污水处理和村庄绿化）。相较于初期的农村基础环境整治，该阶段乡村建设的内容更加庞杂，在继续推进环境整治同时，村庄建设目标开始向农村人居环境提升转移。特别是为推进基础设施和公共服务均等化开展的建设项目，加速了城乡一体化进程，为美丽乡村建设提供了物质环境支撑[85]。

第三，美丽乡村建设阶段（2011年至今）：以2010年浙江省制定的《美丽乡村建设行动计划（2011～2015）》为标志，美丽乡村进入乡村建设的深水区。在深化住房改造和环境整治工作的基础上，浙江省提出中心村培育建设和历史文化村落保护与利用的工作重点。为平衡区域社会经济发展的差异，政府在利用专项资金支持地方建设时，采取分类差别补助的政策，向经济发展水平较低的地区倾斜。中心村和历史村庄都会被划分出重点村和一般村，施行差异化的发展策略，最终实现“村点出彩、沿线美丽、面上洁净”的整体格局。

1.2.2.2 江苏省“三集中”建设

为解决村庄建设中存在的规划滞后、布局散乱、设施落后、景观呆板等问题，江苏省苏南地区率先开始“三集中”建设，通过统一规划新农村，推动农民集中居住。其主要经验包括：

第一，重视政府统筹和政策引导。考虑到乡村农民尚不富裕而政府财力有限，完善乡村功能、改善乡村面貌是一个长期过程。按照“规划先行、分类指导、典型引路、上下联动”的思路，江苏省在推进集中居住工作时首先通过开展专项调研，在充分了解农民真实意愿的前提下，通过规划优化有限建设资源的配置和利用。政府财政还通过设置专项奖励和补贴，加大基础设施和公共服务设施建设投入水平，完善迁居农民的社会保障体系建设。同时，积极运作市场机制，扩大资金来源渠道。例如南京市江宁区在规划农民集中居住区时，就采取“以三养七”（预留30%住宅以市场价格对外销售）的市场化运作方式，减少村庄更新成本。

第二，坚持综合整治和典型示范。一方面，按照“适度集聚、节约用地、有利农业生产、方便农民生活”的原则推动镇村居民点规划编制，严格控制各类新增建设活动，利用空间设计维持地域传统风貌。另一方面，根据“乡村人居环境改善农民意愿”专项调查结果显示，卫生环境质量和设施服务水平是影响村民居住水平和意愿的主要因素[86]。因此，江苏省于“十二五”期间启动“美好城乡建设行动”专项行动，将村庄环境整治作为促进城乡发展一体化的重点。具体实践时，将参与村庄环境整治的村庄进一步分为两类。一类是远期规划布点的“康居村庄”，定位于吸引更多村民集聚的中心，故采取更高的配套标准和整治要求；另一类是近期保留的“环境整洁村”，整治目标是迅速改善生活基本条件，内容主要针对生活垃圾、河道沟塘等。

第三，坚持因地制宜，分类实施。自2005年镇村布局规划编制工作启动，各地就坚持因地制宜、量力而行的原则，根据实际情况有序推进农民集中建设的步伐。基于分类指导原则，探索适于农民集中居住的不同方式（表1–3）。

江苏省农民集中居住模式 表1-3

类型	形成原因	基本特征
政府迁建型	基础设施、工业园区、城市扩张等	政府配套设施相对完善，居住规模较大，且住宅形式多以多层或联排底层为主
村庄自建型	集体经济发展、建设用地流转等	村集体就地建设的居住点，住区的形式、内容根据自身需要不尽相同
规划布点型	改善生活环境、发展现代农业、引导适度聚集等	政府规划的农村居住示范点，农民一般需要遵照建设标准，利用宅基地置换和财政补贴的资金自建住宅

资料来源：作者整理自参考文献[87]

1.2.3 国内相关研究与实践评述

长期以来，城镇一直是我国工业化、城镇化的重心，导致有关乡村发展与建设的研究十分有限。尽管伴随20世纪90年代“小城镇、大战略”战略的提出，乡村工业化发展带动少量乡村研究，但高度相关研究的丰富应是在国家将政策重心转向城乡统筹发展之后。通过总结和梳理这一阶段的主要研究成果，笔者认为尚存在几方面不足：

第一，缺乏对乡村发展特点与运行规律的系统认知。我国乡村的发展变迁内置于工业化、城镇化的整体进程，若要有效讨论乡村住区发展的相关问题，必须结合长时间的发展历程总结其独特的组织特征和运行规律。然而，当前研究在时空范畴上更多关注某一特殊历史阶段或典型案例，缺乏对发展规律的整体把握。

第二，已有研究对实践经验的总结居多，理论探索相对不足。大量针对乡村发展问题的研究多聚焦于过往的成功实践，与之相对理论层面的思考与创新则稍显不足。而借助理论透视，将有助于揭示乡村地域演进的机理，厘清发展背后的逻辑关系，进而为遏止乡村的不断下滑提供新的操作方法与思路。

第三，未来乡村发展的思路以及空间规划在此过程中发挥的作用不明晰。伴随着对于乡村发展及规划建设问题的关注，研究的视角与内容日益多元，由早期实践层面建设经验和规划技术的总结，拓展至理论层面发展策略与价值观念的研讨，愈发触及这一问题的本质。但总体而言，静态研究居多，动态研究较少，且缺乏对转型阶段发展模式及策略的系统梳理。尤其在城乡联系日益紧密的当下，乡村住区缺乏清晰的发展思路以适应城乡相互作用下社会经济发展新形势。这也间接导致乡村规划实践难以契合地方治理的特点和需求，获得有效的实施与执行。

1.3 发达国家乡村住区建设典型实践

1.3.1 针对乡村住区发展问题的理论研究

1.3.1.1 城乡视角下乡村住区发展的理论认知

1. 朴素的城乡“同一”思想阶段（19世纪初以前）

1）“社会主义”的城乡发展思想

（1）空想社会主义建构乡村发展的原始构想

伴随着工业革命的深入，大工业生产不断加剧传统农业部门与新兴工业部门的分工程度，以逐利为目标的资本主义私有制及其生产方式造成城市无产阶级与乡村农民生活日益窘迫。18世纪末19世纪初，空想社会主义者觉察到城乡二者之间存在的矛盾与对抗，尝试寻求克服城市自身弊病和乡村衰败问题的出路。其中，该学派的主要代表人物圣西门主张发展资本主义农业，提升农业生产效率与效益；傅立叶希望通过建立和谐社区“法郎吉”，恢复农业为本、工业为用的基本关系；欧文则认为应立足于英国农村工业化的基础，摒弃工业城市的社会弊端，建立以公有制和集体劳动为基础的工农合作社——农业新村[88]。虽然资本主义生产逻辑决定了资本、劳动力等发展要素肯定不会向乡村转移，但空想社会主义学派始终坚持乡村在协调社会发展中的核心地位，认为理想社会环境下城市与乡村将处于平等的发展地位，这奠定了城乡一体化的原始构想。

（2）马恩理论中“融合”变革乡村发展的先决条件

在批判性借鉴空想社会主义的城乡思想基础之上，马克思、恩格斯形成了“一旦城乡关系改变，整个社会必然跟随改变”[89]的基本观点，将城乡关系视为人类社会的基本关系。至于构成其城乡发展理论的主体内容，可以概括为两个方面：

第一，生产力的发展促成城乡分工，成为影响城乡关系演进的决定性因素。依据马克思、恩格斯的观点，在生产力水平低下的“自然分工”的阶段，并不具备城市产生的条件，因此城乡处于混沌的同一状态。而在生产力提升至一定程度，劳动者的生产活动不仅能够满足自身消费所需，还能创造产品剩余，进而催生农业与手工业、工业与商业之间的分工，造成城市与乡村的分离与对立。

第二，城乡对立是城乡关系演进的阶段过程，城乡融合则是必然趋势。尽管因生产力的提升，城乡之间的经济互动日趋频繁，但工农生产分工以及其二者背后群体利益诉求存在的固有差异，不可避免地导致二元隔离的局面。而且在资本主义制度下，分工发展的弊端会表现得更为明显。一方面，城市凭借着在资源配置中的优势，吸纳发展资源涌入城市，引发“城市病”等社会问题；另一方面，乡村居于从属地位，长期物质要素输出造成地力丧失，农业的可持续发展难以实现。与此同时，马克思、恩格斯还提出“同一—二元—融合”将是城乡关系演进的一般路径。当社会生产力发展到一定阶段后，必然出现生产方式的彻底变革。伴随着旧的分工消亡，物质劳动和精神劳动之间的差异不再存在，城乡关系自然进入融合阶段。

2）规划理论学派的“理想”乡村空间

（1）霍华德的“田园城市”理论

针对19世纪大城市发展中产生的诸多弊病，以埃比尼泽·霍华德（Ebenezer Howard）为代表的规划学家希望建构新式地域组织形态，恢复前工业社会浪漫的田园牧歌生活。他在1898年出版的《明日：一条通往真正改革的和平道路》中指出，“城市和乡村都有其优点和相应的缺点”，因此需要“构成城市—乡村磁铁”，突破二元经济和空间隔离，为社会的发展提供“新的希望、新的生活、新的文明”。该书中提及的“田园城市”（Garden City）概念及模型，以图解的方式详细阐述了理论观点（图1–5）。按照霍华德的构想，为保证一定的生活品质和物质供给水平，一个标准单位的“田园城市”人口规模为3.2万人，用地由中心的一千英亩城市用地和外围的五千英亩农业用地构成；如果“田园城市”生长达到规模上限，则会在其乡村腹地之外选址建设新城，并利用快速交通和基础设施将各城市相连，从而形成了以乡村和农业作为生态基底，兼具城市多元功能的聚居群落“社会城市”。霍华德“田园城市”中蕴含的众多“恒定因素”，对之后英国的新城、卫星城建设，田园郊区开发的规划规模、土地使用方式、公共设施配置等均产生了深刻的影响，成为同时期指导城乡发展最为重要的空间结构模式。

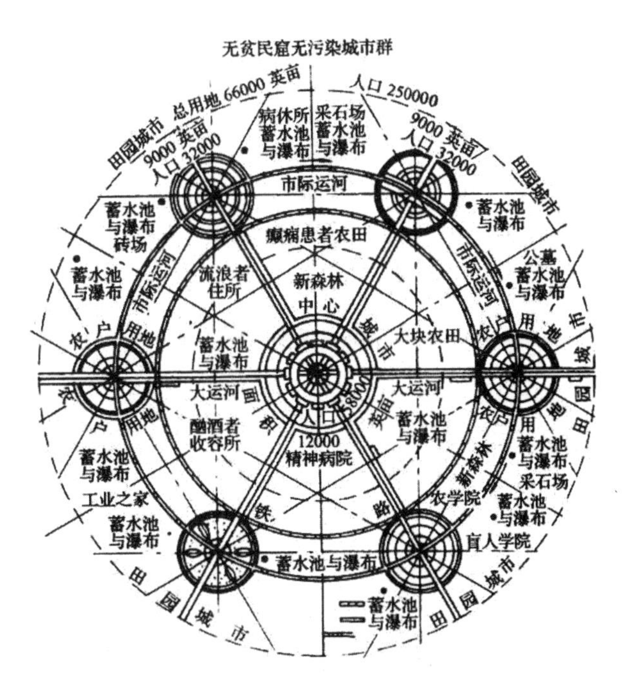

图1–5　霍华德“田园城市”的概念模型

资料来源：参考文献[90]

（2）格迪思的区域规划思想

20世纪的另一位规划先驱苏格兰学者帕特里克·格迪斯（Patrick Geddes）在《进化中的城市》（1915）

中提出，社会经济发展至一定阶段，新技术正在推动区域范围内城市无序扩散，形成所谓的“集合城市”（Conurbations），打破了原有的生态平衡。因此，需要利用“区域联合”（Regional Unity）理念，建立城乡复合空间，保证“城市中的人民将可以生活在乡村的景观与气味之中”。至于如何建构这种人工城市与自然乡村相融合的“优托邦”（Eutopia），格迪斯则主张以自然流域作为规划的基底框架，通过分析地域环境的承载能力，协调自然生态与社会经济之间的关系。总之，格迪斯不仅主张将城市和乡村纳入统一的规划体系，其更大的贡献还在于超越了传统城市科学关注的城市建设与管理等一般性内容，而将人类生活区、农业生产区和自然生态区统一纳入区域地理空间整合与功能优化的系统，奠定了城乡可持续发展的基础思路。

2．城市偏向的“二元”思想阶段（两次世界大战期间）

1）“现代”的技术与功能崇拜

工业革命发生以后，高效的机械生产为社会实现了前所未有的物质富足，导致20世纪上半叶的西方社会形成了“现代”价值观念主导的行为准则和思维方式。受其影响，该阶段对于城市与乡村关系的认知特点主要包括两方面：

第一，“二元”的城乡发展观念。随着现代经济的飞速发展，工农经济结构分化逐渐演化为城乡各自代表的聚居文明对立，导致社会城乡二元意识不断强化。在现代主义语境下，城市被划入先进、文明、发达的范畴，而乡村则被归入到落后、愚昧之中。

第二，进化论式的城乡演替观念。现代主义意识下，社会的发展与进步过程呈现为简单的线性趋势，即一切“旧”事物必将为“新”事物所替代。因此，“落后”的传统农业文明社会属于人类发展的低级阶段，必将为城镇化与工业化过程所湮灭，跃升至“先进”的工业文明这一终极状态。

另外，文化的重要作用就在于通过向社会输出同一价值体系，指引和约束个体成员的行为，进而保证社会整体发展遵循主流意识形态。伴随着现代工业文明大肆鼓吹“工具理性”，利用技术功能革新改造与提升客体世界的思想观念喧嚣尘上。而现代主义所具有的“功能性”特征，促成此阶段的规划思想与活动过度关注物质空间形态设计并附带有强烈的“技术”行为色彩，普遍尝试以“蓝图”“终极状态”的形式指导地区物质空间建设。例如，法国的现代主义建筑运动主将勒·柯布西耶（Le Corbusier）在其1933年著成的《光辉城市》中提出，当前乡村发展正面临“现代时代重组的契机”，作为“一个严格的、纯粹的、高效的、必不可少并适度的工具”，面向未来的“光辉村庄”将通过高速公路网络的联通，成为城市农副产品的供给基地[91]（图1-6）；美国建筑师赖特（Frank Lloyd Wright）的未来城市模型“广亩城市”则在继承“田园城市”分散主义原则的基础之上，

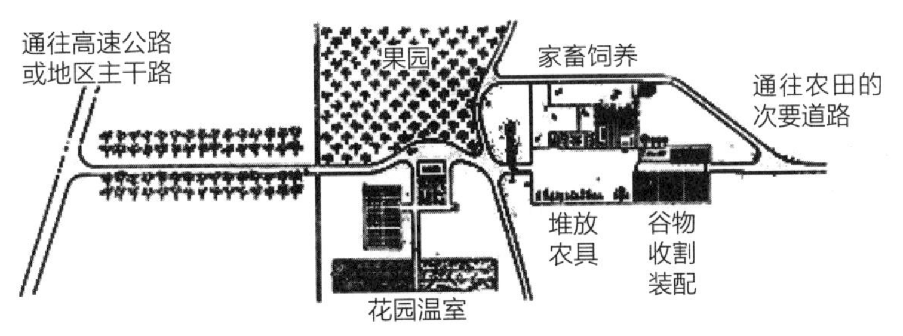

图1-6　勒·柯布西耶“光辉村庄”平面图

资料来源：作者整理自参考文献[91]

寻求乡村地域传统的自然农业景观与现代社会先进的电气化、机械化技术的整合，创造一个自给自足、功能完备的现代生活单元。上述构想普遍主张借助现代高科技手段压缩城乡的时空距离，进而利用乡村的自然景观减轻日益严重的“城市病”，客观上促成了此后西方城市盛行的低密度郊区开发模式，引发了城市空间无序蔓延和乡村耕地大量被侵占等问题。

2）“二元”的非均衡发展模型

城乡社会发展关联认知的另一重要维度，就是基于“二元结构”分析城镇化进程中人口和经济的结构转换及其相关内容。在这方面，西方经济学家早在20世纪50年代就以劳动过剩为特征的二元经济作为分析对象，建构了经典的“刘易斯—拉尼斯—费景汉”模型。作为二元经济结构的基础理论，它在最初提出时就将城市与乡村视为生产效率具有显著差异的经济部门，认为在农业剩余劳动力无限供给的理想状态下，乡村农业的发展不仅会提供农业生产资料，而且产生的农业剩余劳动力会因城市工业较高的工资而发生主动转移。此后，乔根森（W. Jorgenson）与托达罗（W. P. Todaro）又结合自身的观点，尝试解读与完善城乡之间乡村劳动力流动的内在机制。虽然二者分析的视角、结论不尽相同，但均注意到农业对工业的基础支撑地位，以及工农协调同步发展，缩小城乡差距的重要意义。

同期，地理学家则以区域空间作为观察城乡关系的切入点。1933年，克里斯泰勒（W. Christaller）通过对德国南部城市和中心聚落开展调查，形成了经典的“中心地理论”，认为区域范围存在向周围地区居民提供商品与服务的中心地，而且在发展条件均匀一致的理想状况下，可以将不同层级中心地及其腹地形成的结构形态规律抽象描述为六边形图式网络（图1–7）。1955年，佩鲁（F. Perroux）则进一步指出，现实中社会经济的发展会因各种经济要素的相互作用处于一种动态非均衡状态，“增长”先发于增长极，进而向周围的经济单元扩散。而且根据缪尔达尔（G. Myrdal）与赫希曼（A. Hirschman）的观点，“二元”结构下城乡地区发展的差异将客观存在；发达的增长极将在“回波效应”与“极化效应”

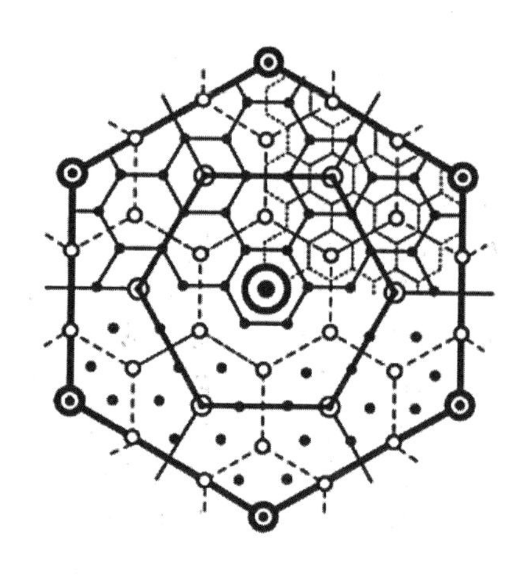

图1-7　克里斯泰勒中心地模型图

资料来源：参考文献[92]

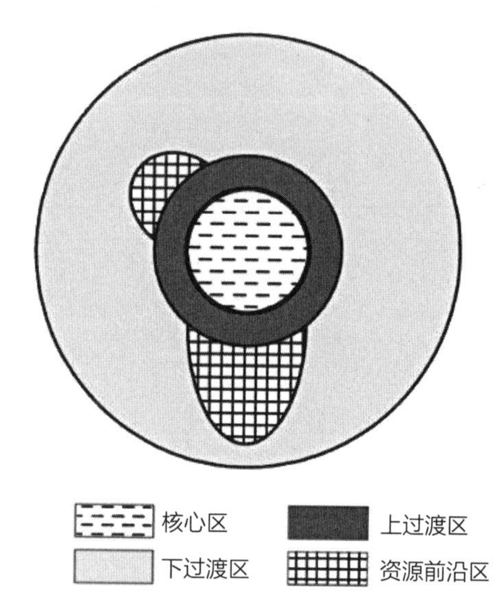

图1-8　弗里德曼“中心—外围”模型

资料来源：作者自绘

的作用下占据更多的劳动力、资本、技术等资源要素，并在“积累性因果循环”过程中获得更快的发展；周边的地区则受到增长极有限的“扩散效应”与“涓滴效应”的作用，取得有限发展。在增长极理论的基础上，约翰·弗里德曼（John Friedmann）提出了“中心—外围”模型，将非均衡发展的城乡空间系统划分为中心区与外围区（包括上过渡区、资源前沿区和下过渡区三类）；在具体的发展过程中，中心区不仅通过吸聚各类发展要素推动生产，还会输出创新成果（物质与非物质），引导周边地区社会经济结构的转换，促进整个空间经济系统的一体化发展（图1-8）。

虽然，该阶段以经济学、地理学为主的相关学科取得了丰富的研究成果，对人们深化工农、城乡关系的认识发挥了巨大的作用，但仍具有一定局限。相关研究均具有明显的城市偏向，理论源点均以城市发达与乡村落后的“二元”认知为前提，过分强调要素由落后乡村向发达城市集聚的必然，将城乡均衡发展的愿景寄托于城市对乡村的反哺。尽管理论中提出的增长极外延带动周边乡村发展的效果存在争议，但大量国家迫于经济建设的压力采取此类发展模式，延续和强化了既有的城乡二元结构[93]。

3. 城乡联系的“一体”发展阶段（20世纪60年代以后）

18世纪中后期，英国工业革命开启的现代化运动迅速蔓延至世界范围，成为继石器革命、农业革命之后的第三次革命性转型。“技术爆炸”配合追求效率与理性的现代主义，前所未有地解放了生产力，在短时间内积累了大量财富。然而，正如J. K. 加尔布雷斯

（John Kenneth Galbraith）的描述，即使一些国家与地区通过技术革新“摆脱了长期支配命运的贫穷”进入“富裕社会”，但物质富足背后存在严重的社会不平等与发展失衡问题，突出表现为“私人富裕”与“公共贫穷”二者间强烈反差[94]。在这种片面进步与畸形发展的环境中，发达国家出现了诸如人口爆炸、环境污染、资源耗竭、人情冷漠、精神贫乏等社会危机。1972年，罗马俱乐部发表研究报告《增长的极限》，指出经济的高速增长不可能持续存在，工业文明催生的粗放式发展模式终将威胁人类的发展与存续。而且，自20世纪60年代以来，欧美国家爆发了现代化或资本主义的合法性危机，日渐频发的社会运动反映出现代运动倡导的物质主义价值观念出现动摇。人类发现若不转变资源掠夺式的恶性循环发展范式，物质财富带来的任何所谓“繁荣”和“进步”都变得毫无意义。因此，整个社会开始更加重视与人生活质量密切相关的物质与精神环境。

1）生态意识的觉醒

最早可追溯至18世纪后期至19世纪末，西方发达国家创作的文学作品表达了对于工业大生产的不满以及回归传统自然田园生活的向往，孕育出早期的生态伦理思想。而两次世界大战期间，资本主义国家经济迅速恢复与膨胀，进一步激化了人与自然的矛盾。仅在20世纪30～50年代，世界范围内就接连发生了马斯河谷烟雾事件（1930年）、洛杉矶光化学烟雾事件（1943年）、多诺拉烟雾事件（1948年）、伦敦烟雾事件（1952年）等环境公害问题，令生态资源保护问题成为当时社会关注的焦点。伴随1962年《寂静的春天》的出版，进一步引发西方社会对于生态伦理理论及其价值观念的关注与讨论，开启了现代环境运动。该书作者美国海洋生物学家雷切尔·卡逊（Rachel Carson）依据大量的科学事实，控诉现代化工技术对乡村生态环境造成了持久的、不可逆转的破坏，并且借此批判了现代社会催生的人类中心主义价值观念，告诫世人应放弃狭隘的“人类优越态度”，将自身看作自然群落的有机组成部分。在此背景下，乡村被视为克服城市过度追求规模与集聚弊端的重要选择，保护乡村地域资源和风貌特色则成为城乡建设的重要原则。其中，美国城市学家刘易斯·芒福德（Lewis Mumford）提出“城市区域”思想，基于人类历史文化演进过程反思现代化进程中城市发展的意义与价值，指出“城与乡，不能截然分开；城与乡，同等重要；城与乡，应该有机地结合起来”，城乡人居系统不仅应实现紧密关联与整体发展，甚至“如果要问城市与乡村哪个更重要的话，应当说自然环境比人工环境更重要”[95]。生态规划师麦克哈格（Ian Lennox McHarg）则在《设计结合自然》（1969）中提出，放弃分割考虑问题的态度，以追求社会效益的最大化为目标，探索设计结合自然的调查研究方法，挖掘人和自然和谐共生的潜力。同时期，英国社会也在城乡建设实践中逐步意识到二战后郊区蔓延现象存在的问题。在其交通部组织撰写的研究报告《城镇交通》中，时任组长的科林·布坎南（Colin Buchanan）提出，虽然高密度城市会造成交通拥堵等问题，但必须严格控制其分散蔓延式发展的倾向，避免让环境质量更高的乡村沦为城市建设的牺牲品[96]。而且通过合理的规划绿色隔离空间、限定建成环境规模，第二次世界大战后英国"由农村用地转化为城市用地的土地总量已经做到了最小化、紧凑化"[97]，有效控制了城市侵占周边乡村的趋势，并且提升了乡村地区土地及其附属空间的价值。

这一时期的思想与实践表明，生态思想的广泛传播促成整个社会绿色意识的觉醒。以规划学科为代表的相关学者逐渐意识到，应避免大量人工建设对乡村所代表的自然环境造成不可恢复的改变。因此，转变现代主义意识形态下形成的以物质增长为目标的价值观和生产消费模式，结合"具体的环境问题"探讨城乡的可持续发展，成为此时乡村发展的重要思路。

2）人本主义的回归

现代主义的重要影响还包括在社会中形成了"物质环境决定论"的语境，导致社会片面地认为通过营造良好的物质空间环境与秩序，就能够解决城市化进程中带来的人口激增、环境恶化、贫民窟涌现等问题，例如20世纪初期美国开展的"城市美化运动"（City Beautiful Movement）。直至60年代，规划的社会性问题才得到重视，单纯地将城乡建设视为人类聚居物质空间设计的观念遭遇了普遍的质疑。1961年，加拿大学者简·雅各布斯（Jane Jacobs）提出，受现代主义规划思想的影响，城市更新执念于所创造清晰有序的"理想空间"，缺乏对活动主体日常生活的理解，破坏了功能混合带来的多样性，造成大城市中心区的衰败[98]。1965年出版的《城市非树型》中，作者克里斯托弗·亚历山大（Christopher Alexander）将人工"创造"的城市集合统归为"秩序结构"，认为它们活力不足的原因在于缺乏自然"生成"城市中隐含的复杂叠合关系。上述讨论虽然围绕城市活力问题展开，但却明显反映出"社会"概念已经开始渗透到二战后的规划意识形态之中。社会发展不再单一追求经济利益的增长，转而关注"多样性"对地区人文环境的培育与提升。伴随着上述理念层面的根本转变，社会对多样性的尊重与包容在消除城乡二元意识和分割关系的同时，唤起了人们心中原生于乡村的自然情愫。例如，英国著名的乡村运动"The Land is Ours"，鼓励打破城市与乡村、人与自然相互隔阂的生产模式，反对具有资本主义色彩的生活方式与价值标准的土地利用模式对乡村传统生产生活的破坏[99]。

3）城乡联系的强化

伴随着生态意识与人本主义的盛行，自20世纪60年代以来乡村的地位不断抬升，乡村发展问题也逐渐受到重视。但传统的"城市偏向"城乡发展模式并未成功缩小二者的差异，反而造成社会资源要素受政策的因势利导不合理地向城市一端流入，加剧乡村发展的困难[100]。在此背景下，西方学界开始打破由城市主导的"自上而下"发展模式，探索城乡协调发展的实现路径。期间虽然出现了较为极端的"选择性空间封闭"发展策略，主张通过适当切断乡村与外部区域的联系来避免城市的掠夺，但更多学者还是将研究的重点放在城乡相互作用及其关联性增强的发展趋势，探寻城乡均衡发展的路径。

就城乡相互作用的方式与内容而言，蒂姆·昂温（Tim Unwin）基于城乡分离视角解读社会经济发展问题，建构了"城乡间的相互作用、联系、流"的分析框架[101]。以此为基础，肯尼斯·林奇（Kenneth Lynch）与道格拉斯（Mike Douglass）认为城乡关联本质上反映了各类"流"跨部门流动与分配，其中前者提出了"城乡动力学"（Mral–urban Dynamics）的概念，着重揭示了不同"流"对地区发展的影响效应，体现了城乡联系的复杂性；后者强调建立区域网络结构，培育聚落簇群中心，促成城乡联系循环，是引导和优化"流"资源效用，实现均衡发展目标的关键。塞西莉亚·塔科里（Cecilia Tacoli）和大卫·塞特思威特（David Satterthwaite）提出城乡"生计"的差异主要受经济、社会和文化的影响与作用，发展中小城镇是缓解乡村地区贫困的重点。斯卡利特·爱斯坦（T. Scarlett Epstein）与戴维·杰泽夫（David Jezeph）则提出了包括乡村增长区域（Rural Growth Areas）、乡村增长中心（Rural Grow Centers）、城市中心（Urban Centers）在内的三维城乡合作模型，主张通过城乡之间的合作解决乡村发展的困境。

另外，部分学者还尝试创新区域空间发展的理论模型，指导城乡有序发展。20世纪70年代，弗里德曼（John Friedmann）和道格拉斯（Mike Douglass）设想在城市化水平较低、村镇聚落密集、人口增长迅速的地区采用"乡村城市"的自下而上发展战略，并且通过建设物质交换通道强化城乡联系，形成所谓的"Agropolitan"模型。该模型的人口规模为2.5万～15万人，人口密度保持在200人/平方公里以上。其中，城镇人口为1万～2.5万人，辐射半径约为5～10公里，拥有较强的自治权，主要承担区域的管理服务与资源利用职能；周边地区将承载大量的农业人口，主要从事农业生产、资源开发、水利建设等活动[102]。20世纪80年代，岸根卓郎则提出处于"四全综"时代的日本应建构"城乡融合"的地域社会系统，利用国土规划调整自然与人工要素的组合方式，创造"自然—空间—人类系统"的发展模型，消除工农分化带来的城乡分割，恢复农村的"生活—文化""生产—经济"和"居住—生计"功能[103]。加拿大学者麦吉（T. G. Mcgee）在研究亚洲传统农业国家的发展过程时发现，发达中心城市及其之间的交通廊道地区普遍会出现城市工业化扩张与乡村非农化增强现象高度重合，导致区域内部城乡要素流动加剧，土地利用方式混杂，形成非城非农的新型空间结构Desakota（图1–9）。

上述城乡发展理论与模型表明，新阶段的城乡关系已然超出简单的工农产品交换，二者之间劳动力、资金、技术和信息等资源要素的流通逐渐强化城乡的紧密联系。因此，乡村发展与建设实践不能单纯关注乡村生存状况的改善，而要探索城乡区域联动背景下乡村持续发展与活力恢复的新路径。

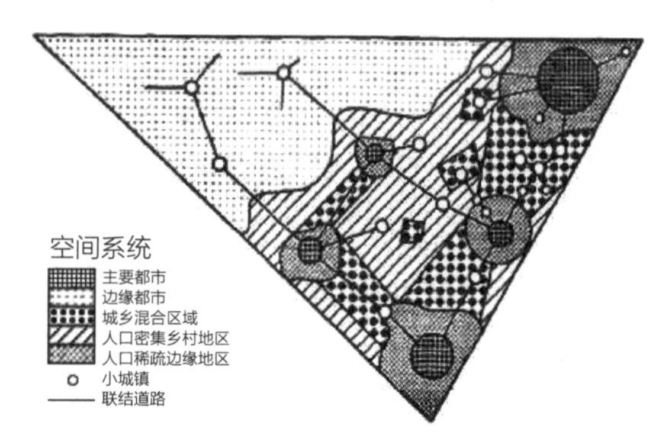

图1-9　“乡村城市混合区域”模式理论示意图

资料来源：参考文献[102]

1.3.1.2　针对乡村住区发展问题的相关理论研究

1. 乡村发展内涵的阶段性拓展

仍然借助CitySpace软件，本书在Web of Science核心合集数据库中以“rural”和“village”为主题、以1990～2018年为时间范围、以与本学科密切相关的architecture、planning development、geography为精炼类别，筛选文献1010篇进行计量分析。在对选定文献的关键词进行相关操作后①，获得包括592个节点、1106条连线的关键词共现图，321个节点、577条连线的关键词时区图和出现次数排在前20位的关键词频次表（图1-10、图1-11、表1-4）。综合分析结果发现，早期国外学者围绕乡村开展的议题集中在“poverty”“growth”“agriculture”“conservation”“developing country”“china”“africa”等关键词，表明这一阶段西方社会研究的热点集中于农业生产与环境保护对改善乡村贫困面貌的重要作用；进入20世纪90年代后期，“rural development”逐渐成为学界讨论的热点，

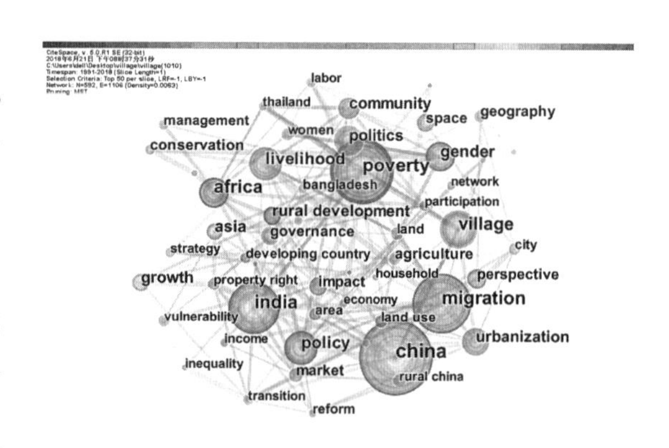

图1-10　国外乡村发展相关文献关键词共现图

资料来源：作者自绘

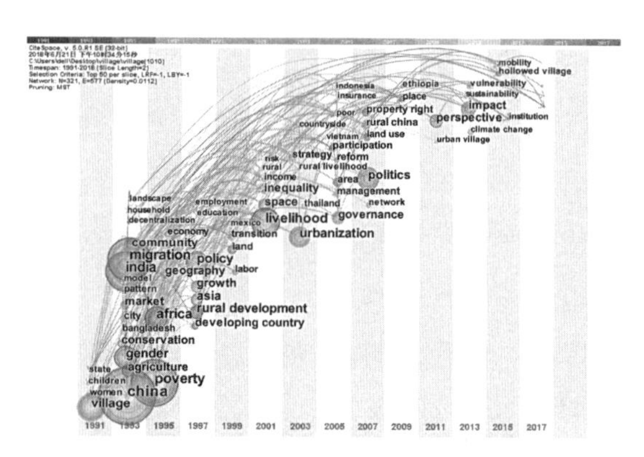

图1-11　国外乡村发展相关文献关键词时区图

资料来源：作者自绘

① 外文文献整理中操作界面的具体设置，与中文文献整理的设置相同。

围绕其出现了“urbanization”“reform”“livelihood”“governance”“management”“policy”“impact”“strategy”等关键词，反映出乡村发展的内涵不断丰富并且逐步向社会、经济领域延伸。

考虑到发展政策的制定必定受当时社会主流意识的影响，因此作者尝试结合欧盟最重要的政策——共同农业政策（The Common Agricultural Policy，简称CAP）的调整和演进过程，厘清西方乡村发展的特征和思路。

国外乡村发展相关文献关键词频次表 表1-4

序号	关键词	频次	中心度	序号	关键词	频次	中心度
1	china	105	0.12	11	rural development	43	0.11
2	poverty	87	0.13	12	politics	42	0.02
3	migration	85	0.13	13	community	37	0.07
4	india	77	0.13	14	asia	37	0.05
5	africa	55	0.16	15	geography	33	0.03
6	livelihood	55	0.13	16	agriculture	33	0.13
7	village	54	0.07	17	market	33	0.08
8	policy	53	0.07	18	growth	33	0.04
9	gender	53	0.18	19	governance	32	0.03
10	urbanization	44	0.02	20	space	32	0.04

资料来源：作者自绘

1）生产主义影响了早期乡村的发展范式（20世纪40年代~80年代末）

第二次世界大战期间，欧洲农业生产遭受重创，导致各国普遍形成保护主义政策，保障农业经济和粮食供给的安全。20世纪60年代前后，在欧盟内部最大的农业国法国的推动下欧委会通过并逐步实施CAP政策，通过建立共同农业基金、统一的农产品市场等措施，稳定农产品的市场和价格，提高农业生产水平和效率，形成了一个健康的农业部门。这一阶段乡村发展问题基本等同于农业问题，因此相关地域发展政策的制定侧重于扩大和合理化农业经济，即通过提升农业部门的经济绩效以增强乡村社会经济发展的动力[104，105]。尽管政府政策驱动的价格支持方式有效提升了乡村发展的“恢复力”（Resilience），既保证消费者以合理的价格获得足够的食物，又提升了土地利用效率和农业专业化、规模化经营水平[106，107]，但理想的“供给状态”愿景催生了“扭曲”的现代化发展范式，对乡村经济、环境和社区运行产生诸多负面影响[108]。例如，加尔迪诺·戈麦斯（Galdeano-Gómez E）等人指出，过分强调生产功能和效率的规模，导致小规模农业生产功能地域景观丧失、乡村劳动力参与当地经济的程度降低等问题，农业及其粮食生产与乡村的发展日益脱节[109]。

2）“多功能”成为乡村发展的主体思路（20世纪90年代以来）

随着社会经济的发展，单纯的生产补贴机制愈发难以应付乡村可持续发展的挑战。1988年，欧委会发布《乡村社会的未来》（The Future of Rural Society），革命性地提出虽然农业曾是乡村经济主要的收入来源和就业渠道，但身处剧烈变迁中的乡村必须考虑如何解决愈演愈烈的农产品过剩、环境恶化、社会衰退等问题。1992年，欧盟率先启动麦克萨里（MacSharry）改革，推动CAP政策由单一强调生产转向全面综合发展，消除生产主义主导下的农业生产活动对地区可持续发展产生的消极影响[110]。紧随其后“多功能农业”（Multi-functional Agriculture，简称MFA）、《考克（Cork）宣言》等概念与政策提出，奠定了2000年欧盟议程改革的主要内容，进一步明晰了欧洲乡村发展的指导思路。经过多轮调整，“农村发展”主题被纳入和确立为CAP政策的“第二支柱”，替代了此前以财政直补为核心的“第一支柱”[111]。西方乡村发展的思路逐步跨越片面重视农业专业化、规模化经营的狭隘观念，逐步延展至社会和环境领域[112]。而在最新一轮的CAP政策中，欧盟审议通过《乡村发展项目》（2013）（Rural Development Programmes，简称RDP）专项提案，明确提出乡村发展的三大目标，包括：其一，提升农业部门竞争力；其二，确保自然资源的可持续利用和开展气候行动；其三，协调土地开发与社会经济发展，尤其是保证农民的就业和收入[113]。加之“农业环境计划”（Agri-Enviromental Schemes，简称AES）、“美好农业景观项目”（Good Agriculture and Environment Condition，简称GAEC）、“欧洲农业资助项目”（The European Agricultural Fund for Rural Development，简称EAFRD）等各类辅助项目和计划，欧盟建立起涵盖维护地域景观环境、提升农业多功能性、关注农村社区活力及可持续发展等多重目标的一揽子农业政策（表1-5）。

20世纪90年代以来欧盟共同农业政策（CAP）的变革历程及主要内容　　表1-5

时间	标志	主要内容
1992年	麦克萨里改革	调整以价格控制和财政直补为核心的农业政策，转向农村社会培育和环境风貌提升，推动农村全面综合发展
2000年	2000年议程改革	正式确立“乡村发展”为CAP政策的第二支柱；结合MFA概念确立了强调农业多功能性和可持续性的欧洲农业模式
2003年	费茨勒改革	彻底改革补贴金额与产量挂钩的做法，专门划拨部分农业补贴支持和鼓励食品安全、环境保护、生物多样性等项目

资料来源：作者自绘

2. 近期理论研究的热点

在政府制定针对性政策用于恢复乡村活力的同时，西方学界也深刻意识到面对全球化、城市化、工业化等进程的冲击，弱势乡村不可避免地面临社会经济转型和空间重构引发的衰退危机[114, 115]，需要且可能利用空间重构提升其社会经济的活力[116]。英国学者曾试图将上述乡村转型发展和重构过程引发的一系列复杂变化统称为“后生产主义”转变，但部分学者认为“后生产”仅能描述乡村社会经济的剧烈变动，不能对未来的发展给予具体的指导[117]。伴随20世纪90年代中后期，农业多功能性概念及其分析框架的提出，围绕乡村发展问题展开的讨论不再局限于传统的农产品生产，还格外重视其综合存续能力的提升[118]。

1）乡村经济与地域环境保护

由于农业在经济结构中的地位不断下滑，难以构成地区经济的驱动力，农业与乡村住区之间的紧密联系开始以模糊渐进的方式割裂[119]。蒂德（Thiede B C）就利用统计数据分析指出，尽管城乡生活成本差异降低乡村就业人员的贫困比重，但劳动力就业及经济贫困仍长期威胁美国美好的乡村生活[120]。相对城市而言，乡村始终是一个风景优美、气候宜人、生活舒适的地方，除初级农业生产功能外，其承载的休闲娱乐功能愈发重要[121]。布克哈德（Burchardt J）提出乡村在某种程度上代表了前工业化时代的田园牧歌生活，而对乡村生活的浪漫想象则反映了社会对工业、都市文明的反思和焦虑[122]。伍兹（Woods M）就特别强调现代传播技术的发展将提升大众对乡村性的表达的可能与深度，进而加深乡村在整体社会结构中的地位与特征对其重构的影响[123]。希瑟灵顿（Heatherington T）则指出在超现代消费逻辑下，乡村呈现的活态原生生活、自然风貌、文化历史等成为满足外来游客观看和体验需求的象征形式[124]。拉格奎斯特（Lagerqvist M）[125]、威鹏（Vepsäläinen M）[126]发现传统形制的农宅及其周边自然农业风光、日常生产生活等，均成为乡村区别城市形象的重要符号。李（Lee A H J）选取加拿大的两个案例村庄对比发现，尽可能地利用农业对文化和旅游产业的支持，以烹饪旅游为主体打造创意食品产业的地方品牌优势，可以有效丰富地方产业结构，提升经济的可持续性[127]。约里奥（Iorio M）调研发现乡村旅游尽管不能完全解决传统农业衰退背景下乡村家庭的生计问题，但在一定程度上提升了农村经济的多样性和家庭改善生活的技能，建议制定乡村措施积极扶持与推广[128]。然而，这种日益强化的符号化表征和消费功能未必完全契合地方可持续发展的要求，学者们愈发重视乡村承载的生态涵养功能，并将其视为支撑地域可持续发展的重要路径[129]。横张真（Makoto Yokhari）通过建构地域生态资源条件的分析框架，识别、分类和评估城市周边乡村地区的生态功能，提出乡村是由不同生态单元构成的综合生态系统[130]。皮诺（Pino J）[131]和桑托斯（Santos K C）[132]的研究表明，除了专门划定的自然保护区外，广阔的一般乡村也对物种多样性的保护发挥着重要作用。安娜·古尔卡（Górka A）提出应挖掘乡村日常生活图景中蕴含的社会意义和价值，通过积极的空间政策和实践修复地域景观的乡村性特征，进而激活日益衰退的传统乡村[133]。惠勒（Wheeler R）则通过研究乡村工业遗产与村民日常生活的关联性，指出即便是长期未经管理的“日常”景观也可在时空动态利用过程中发挥情感作用，成为个人和社会地方记忆的延续[134]。豪利（Howley P）利用问卷调研方法发现，个人特征及其环境价值取向导致景观偏好存在显著的异质，因此为适应多样的偏好应在土地利用和空间规划时充分考虑人口和社会变化，避免因一刀切的做法而违背公众的需求和愿望[135]。

2）乡村治理与乡村空间规划

近年来，宏观发展环境的变动与调整在为乡村发展注入新驱动力的同时，也对其产生了诸多问题和挑战，为从理论层面讨论乡村治理与空间规划重新考察其发展问题提供了一个综合的视角[136]。其中，西方国家愈发重视乡村治理在维护社会组织效率和公共福利中的作用，主张推动更多的利益相关者参与到政策的制定和执行过程，实现政府治理目标从“管理”转为“治理”[137]。科鲁克尚克（Cruickshank J A）的研究提出，高度的地方自治有益于增强乡村抵御现代化演进冲击的能力，进而保留地域的传统风貌[138]。罗伯特（Roberts D）也认为本地人口规模及本地生产与消费之间相互依赖的程度，构成了农村经济健康运行的前提和基础[139]。莱森（Lyson T A）则利用实证分析美国农业县的相关数据后发现，借助公共政策限制非本地的大规模工业生产企业进入农业生产领域，将有效提高农村社区的福利[140]。外部移民问题及其对乡村社会经济的作用和影响也备受关注。尼尔森（Nelson P）建构的“三力作用”模型中，人口流动特征及其资源利用方式深刻影响了美国西部乡村的变迁与重构[141]。菲利普（Phillips M）指出由于城市生存环境和生活质量恶化，人们日益向往乡村传统的田园生活，加剧了乡村地区的绅士化现象[142]。伴随上述现象的蔓延，研究人员基于乡村人口结构变动对住区的经济功能[143]、土地利用[144]、传统文化[145]、集体行动[146]等内容开展了全方位、多角度的研究。艾于勒（Aure M）在综合分析农村住区移民的经济实践和社会融合过程后提出，人口流动虽能促进地区产业经济的稳定发展，提升整个住区的活力和吸引力，但也存在住房困难、种族隔离等社会融合困境增加整个系统的脆弱性[147]。至于如何利用乡村社会组织特征解决其发展困境，马特（Mutersbaugh T）主张借鉴墨西哥传统乡村家庭的劳动力组织方式，以合作方式提升人力资源利用效率[148]。凯伦·斯科特（Karen Scott）借助社会正义幸福模型，提出文化因素嵌入乡村社会促成社区主体成为“完全成熟的人”，进而提升其精神和实践的组织效率[149]。沙克史密斯（Shucksmith M）主张建构网络化的乡村组织结构，强化乡村主体价值观的表达及集体行动，进而改善农村田园风光和辛勤劳作的传统发展模式存在的内生动力不足问题[150]。

另外，空间重构与社会演进过程保持同步，现代资本的积累不断重塑相对均衡的城乡空间状态[151]。斯科夫罗内克（Skowronek E）探讨了20世纪90年代以来经济、社会、政治等因素作用下波兰中东部地区农村景观的演变特征[152]。巴尼斯基（Ban′Ski J）探讨了社会经济发展引发的住区建设蔓延对波兰卢布林省传统乡村聚落形态及其周边自然风貌的影响[153]。虽然几个世纪以来舒适、简单的乡村生活一直承载着人们心中逃避现代焦虑的愿景，但难掩其一直遭受剥削和边缘化的严峻现实[154]。而为解决不利于乡村可持续发展的诸多问题，乡村规划的空间治理与引导功能变得十分重要。威利斯特（Vlist M J V D）认为荷兰现有的空间规划体系未能与乡村发展实现良好的衔接，因此建议通过以自然环境保护为核心的区域性政策取得上述二者的平衡[155]。塞尼（Senes G）通过分析意大利保护性乡村地区的发展特征，提出可持续的乡村规划应以地区自然资源环境承载力为基础[156]。约费（Ioffe G）等人研究表明，造成当前俄罗斯农场中大量从业人员退出的主要原因就是农田规模超过了环境的合理容量[157]。赫曼（Herrmann S）尝试利用GIS软件建构了一个以问题为导向、地方民众充分参与的整体分析框架，借助“上下结合”的规划过程实现可持续的乡村土地利用模式[158]。麦克格雷（Mcgrail M R）则利用地理空间分析模型探寻澳大利亚维多利亚地区乡村基层医疗服务设施空间可达性的优化方案[159]。

1.3.2 发达国家乡村住区建设的实践经验

回溯发达国家乡村发展的历程与经验，大致存在“欧美”和“东亚”等不同路径。其中，前者基本在20世纪初期就已具备相当的工业化水平，主要利用良好的自然条件和工业技术优势，以市场主导、政府参与的方式建设大农村和强农业；后者则属于传统农耕文明地区，其乡村建设基本发生于第二次世界大战之后，较多借助政府行政力量改善落后“小农”经济，并逐步通过挖掘人文生态价值增强乡村发展的内生动力。

1.3.2.1 欧美国家乡村的发展与建设

1. 英国

长期以来，英国坚持“自由经济”贸易理念，并未针对本国农产品市场采取相关的保护政策，导致20世纪初期国家初级农产品供给过度依赖进口[160]。两次世界大战期间，物资短缺进一步暴露其农产品储备不足的问题，社会各界愈发重视乡村的农业生产功能。因此，20世纪30～40年代政府出台了一系列的法规与政策，比如《城乡规划法》(1932)、《限制带状发展法案》(1935)、《Barlow报告》(1940)、《Scott报告》(1942)和《农业法》(1947)等，加强政府对乡村事务的管理与干预，在利用“绿隔”限制城市侵占农业用地的同时，持续和有效地提升粮食生产能力。另外，政府还将设立国家公园作为限制乡村地区开发的重要举措。以《Dower报告》(1945)和《Hobhouse报告》(1947)为基础，政府于1949年出台《国家公园与乡村准入法》，为国家公园的建立以及公众享受这些地区的特殊资源(包括自然景观、野生动物与文化遗产等)提供法律依据。总之，20世纪上半叶英国乡村发展主要围绕“生产”与“保护”两大主题，地区功能被限制为农产品生产与景观生态涵养。

20世纪50年代，英国继续深化农业改革。采取直接经济补贴、土地规模经营以及农业机械化等措施，有效提升农业的生产水平，成功地在第二次世界大战结束后的15年间遏制了农业的下滑势头，实现了农业现代化[161]。但是进入20世纪60年代中后期，一方面农业在国际粮食体系中的竞争力不足引发了农产品生产过剩，另一方面政府开始缩减农业领域的公共支出，这些都对原本处于保护性政策下的农业经营造成了严重的冲击[162]。虽然规划人员曾希望通过确定乡村的服务中心和“增长点”提升乡村就业，遏止人口流失。但1945～1965年间，全英地区农业就业损失仍超过35%，农业劳动力的大量流失直接引发地区衰败。与此同时，“逆城市化”现象以及后“寂静的春天”时代社会对现代农业的质疑，进一步降低农业对村庄的支配地位。

伴随“生产主义乡村”时代的终结，英国乡村的发展在经历了短暂的黄金时期后又开始走向衰落，其产生的社会和环境矛盾迫使政府重新审视先前的发展模式。1995年，政府出台《乡村白皮书——“英格兰乡村”》，重申广大乡村承载了英格兰最持久的特征；2000年出台的《乡村白皮书——“我们乡村的未来”》则提出，单一机构无法处理快速变革阶段复杂的乡村问题。为此，2002年英国政府成立了环境、粮食和乡村事务部(DEFRA)，专门负责综合性的“乡村事务”。2004年，该部门制定的《乡村战略》提出了面向可持续的地区综合发展目标，包括：其一，利用地方企业激活非农经济；其二，优化公共服务，促进社会公平；其三，保护自然生态环境，提升地区价值。

2. 法国

第二次世界大战结束之初，法国仍沿用落后的小农经济，农业生产水平较低，难以保证粮食自给。为了国家的迅速恢复与崛起，政府主要通过推进农业机械化、集中规模经营以及提高农产品价格，大力发展现代农业，助力工业化与城市化建设，并以1945年为节点开创了所谓“光辉三十年”的高速发展时期。得益于上述发展阶段，法国农业生产中长期存在的生产技术落后、土地分散经营等弊端迅速改善，农业经济发展还有力地支持了村庄居住条件与生活设施等相关建设。但伴随城镇化与工业化的迅猛发展，城市与乡村的对等关系被打破，乡村愈发成为受城市“支配”的地理空间，陷入人口衰退、农民失业、景观衰败与地域文化边缘化等问题。因此，自20世纪60年代之后，政府在制定乡村政策时不再单纯关注经济的相关事务，而会综合地考虑社会、生态等方面的内容。政府通过颁布《农业指导法》和《农业指导补充法》，确立农业与其他行业的平等关系；建立农民退休与年轻人培训机制，加强农村的社会保障工作；划定国家公园与区域自然公园，协调农业生产与自然保护。

进入“光辉三十年”的中后期，法国乡村发展的政策与趋势开始适应先期城乡关系与乡村功能的转变，逐步进入城乡以及人与自然和谐的阶段。按照国土整治与区域行动署（Délégation à l’aménagement du territoire et à l’action régionale，简称DATAR）2003年发表的《2020年法国乡村展望：寻求新的乡村可持续发展政策》报告所言，调整后的法国乡村总体上呈现“人口不断回流、功能产业多样、生态环境优越、乡村文化凸显”的复兴趋势。而之所以呈现这一特征，法国乡村发展的经验主要包括：

1）城乡人居环境中乡村生态价值的拓展

法国政府最初仅是通过划定一系列保护区域（如国家、地区自然公园，欧盟协议保护区、流域保护区等），保护重要的自然本底空间。而在后期的转型发展过程中，乡村对于城乡可持续发展所承担的生态功能，以及乡村空间所具有的“亲近自然”“环境优良”“清净自由”等，正推动乡村由农产品生产地转变为迁居旅游的目的地与生态环境的涵养地。乡村地区本身在自然、人文环境方面所具备的特殊地域优势逐渐凸显。数据显示，21世纪初期乡村居民的年均增长规模已达7.5万人，约为20世纪90年代的10倍。乡村愈发成为城乡居民共同的居住地，原本因“经济因素”迁居的人口开始出于“生活质量”的追求大量迁入核心城市周边生活居住条件优良的乡村地区[163]。

2）现代农业由生产效率向“生态”升级

随着农业现代化程度的加深，其引发的耕地肥力下降、水土污染与食品安全等问题，迫使优化传统农业生产的组织模式与内容日益重要。为此，法国政府先后颁布《全国生态农业规划》（1997）和修订《农业指导法》（1999），确定发展生态农业和“多功能农业”，以协调社会经济建设与环境保护工作，实现地区可持续发展的思路。自20世纪90年代以来，法国乡村的生态型农业迅速崛起，主要通过减少化肥和农药使用，推动土地永续利用；增加初级农产品附加值，提升乡村家庭收入；缓解农业人口老龄化，保障青壮年人员就业；开发体验式休闲活动，延伸农业产业链条等策略发挥农业综合效益，奠定了乡村以及农业发展的新方向。

3）发展多元产业振兴农业“薄弱”地区

20世纪60年代前后，乡村社会保障水平的提升促成一部分年轻人的回流，令法国乡村更加具有活力。同期，法国政府开始对农业发展“薄弱”地区与自然保护地区重点扶持，大力发展乡村工业与服务业。例如，在东南部山区和沿海的乡村旅游及相关服务业发展迅速，以应对彼时社会在居住、游憩、疗养等方面的消费偏好。非农经济的发展在很大程度上改善法国乡村以农业为主导的单一产业结构，且混合的产业结构对增加收入和保障就业效果显著，有效提升了乡村地区活力，推动了区域的均衡发展。

3. 美国

1）乡村发展的初期阶段（19世纪中后期至20世纪初）

19世纪中后期，工业革命的成果伴随着移民浪潮，揭开了美国工业化进程的序幕。但有别于其他工业先行国家，美国乡村与农业的发展并未遭受工业化与城市化初期的影响，一直保持较快的发展速度。这主要得益于两个原因：

第一，借助“西部开发”战略，扩大乡村的农业生产能力。19世纪初期，时任美国总统托马斯·杰弗逊（Thomas Jefferson）确立了“农业立国”的方针，希望利用自由的土地制度，建立以小农为主体的民主共和国。其中的重要举措就包括美国乡村发展与建设的大事件——“西部开发”（American Westward Expansion）运动。在此过程中，政府于1862年颁布《宅地法》，规定公民获得乡村土地进行农业生产的基本原则与条件；19世纪70年代则在土地国有的基础上，进一步利用土地政策调整推动农业的商品化开发。大量荒地被新增的农业人口（主要是移民与解放的奴隶）开垦。截至1950年联邦政府授予移民的土地已达1亿公顷。上述法律与政策形成的发展机制，不仅为后期农村与农业的良好发展奠定了前提与基础，而且消减了工业化初期国家粮食供给的压力。

第二，海外移民填补了工业化的劳动力需求，减少了对乡村的冲击。根据经典的城乡劳动力转移模型与理论，工业化初期往往出现农业劳动力大量涌入城市、工业的现象，造成乡村发展的困境。但美国早期实行的开放移民政策则为工业发展创造了特殊的人口红利。在1851～1919年的68年间，国家新增移民数量占到了国内自然增长人口总量的56.5%，而且他们中的大多数人拥有丰富的从业经验。国际移民成为工业化进程中的关键力量，维持了乡村与农业的平稳发展。而且，工业化进程的顺利开展反过来有力推动了以农业为代表的基础产业建设。尤其在19世纪的后30年间，城市工业部门中的钢铁、机器制造业等成为主导产业，刺激城乡基础设施的建设。比如在此期间，全美铁路长度由8.5万公里猛增至31.1万公里，日益完善的交通网络加强了区域之间的经济联系，促成了美国农业生产的区域化与专业化。

2）乡村的转型发展阶段（20世纪初至第二次世界大战结束）

迈入20世纪伊始，工业化初期积累的变革力量开始推动美国社会向现代工业社会全面转变。1908年，在时任美国总统西奥多·罗斯福（Theodore Roosevelt）的倡导下“国家农村生活委员会”（National Commission on Country Life）成立，并在乡村发展的新阶段组织了“农村生活运动”（Rural Life Movement）。该运动提出的“改进农场生产，改革农村经营，改善农村生活”的口号与目标，为日后乡村生产生活的转型与发展指明了方向。

第一，综合提升农业生产能力。虽然伴随工业化与城镇化的不断发展，乡村人口持续流失令其城市化率在1920年首次突破50%，并且在20世纪30年代后出现了耕地增长减缓、土地撂荒等现象。但是，美国农业收益仍保持稳定增长态势。1969年，土地平均收益达到10599美元/平方公里，为1935年的4.7倍。其采取的措施主要包括：其一，提升农业机械化水平。自1910年起，美国全面升级以畜力为动力的半机械农具，至二战结束时农业生产的机械化比重已达94%[164]。农业装备水平的提升，带动了整个行业的生产水平，加快了农村经济的发展。其二，提升农业技术水平。化学和生物技术的初步发展实现了农业生产技术的“第二次革命”，人类开始大量使用化肥和杀虫剂等提升生产力。其三，推进农业规模经营。1920～1988年间，全国农场数量及农场平均规模，分别减少了66.9%和增加了205%。家庭规模经营提高了土地利用效率，也有利于现代农业的推广。其四，加强农业金融保障。为保证农场经营的稳定，美国政府通过制定相关法规，提供资金、技术等方面的支持，如《史密斯—利弗合作推广法》（1914）和《联邦农业信贷法》（1916）。

第二，推动乡村生活现代化。得益于国家对缩小城乡生活水平的差距问题的重视，当前美国大部分乡村基础设施与公共服务水平基本与城市一致。自20世纪30年代以来，美国逐步加强乡村各项事业建设。例如，政府在1936年制定《农村电气化法令》（REA），通过建立电气化管理局，管理政府向地方发放的专项资金，用于农村地区的发电厂及配电线路的建设，提升农村用户电气设备的应用水平。至20世纪60年代末，美国98%的农村地区实现了电气化，乡村生活面貌及现代化水平得到极大的提升。

3）乡村的完善发展阶段（20世纪50年代以后）

利用两次世界大战引发的国际动荡局势，美国进一步扩大其欧洲市场份额，一举奠定出口农业大国的地位。在快速发展的过程中，乡村地区日常生活与农业生产的“现代”特征基本形成。二战结束后，国家继续深化乡村的现代化建设，利用农业的“一体化”经营与生活的“郊区化”特征，不断强化城乡多方位联系，拓展地区可持续发展能力。

第一，农业“一体化”促进经济多元。虽然二战后美国始终对基础农业保持足够的重视，采取保护性收购、制定指导价格等方法保障农民收入水平。但是20世纪70年代之前，农业人口的人均收入始终在非农业人口的60%水平徘徊。农业的弱质性令农业家庭增收困难，其难以填补城乡居民间的经济差距。为此，美国通过进一步完善现代农业体系建设，将农产品生产与加工、贮存、运输、销售等产后环节紧密联系，形成农业的一体化经营。自80年代中期，家庭农场收入逐步超过全国家庭平均收入，产业链的延伸有效提升了农产品的附加值和农业的经营性收益。与此同时，专业化与商品化的农业还推动地区工业化水平，发达的“乡镇企业”为当地提供了更多的就业岗位。该阶段农产品加工业的产值就已接近工业总产值的1/4，且近70%的农村劳动力服务于农业的产后部门。

第二，生活“郊区化”加深城乡融合。一方面，社会经济的急剧转型与过度膨胀，令城市基础设施与自然环境过载，引发了住房恶劣、交通拥堵、环境污染、犯罪滋生、贫富悬殊等“城市病”。另一方面，二战后高速交通网络的完善及小汽车的普及，加速了城市的分散化发展。受上述两方面条件的影响，20世纪70年代以来美国乡村的“郊区化”现象盛行。非农人口的迁入为乡村地区发展注入了新动力，集聚的人气直接带动地区的消费水平升级。数据显示，20世纪70年代末美国城市郊区及小城镇的商业零售额超过全社会总量的一半。值得注意的是，政府在推进“都市化村庄”建设的同时始终坚持可持续潜力原则，通过制定相关法规政策、限定基础设施供给等手段，全面控制乡村住区的建设强度与风貌保护，平衡开发与保护之间的关系。

1.3.2.2 东亚国家乡村的发展与建设

韩国、日本等东亚国家与我国同属“小农圈”，并且都是自二战后开启了农村现代化发展及城市化阶段。

1. 韩国“新村运动”

1962～1971年，韩国开始实行经济发展的“一五”和“二五”计划。为快速推进工业化进程，国家确立的以城市工业建设为重点的经济发展战略，不断出台城市和工业倾斜发展政策。例如，1962年颁布的第一部《土地规划法》明确支持工业建设征用土地的行为，农村农业用地被大量蚕食。此外，政府长期忽视乡村发展还导致涉农部门丧失了对农业的服务功能，农村发展相对停滞。两个五年计划之间，工农产业发展速度的差值由2.5%扩大到8%，城乡居民收入的比值则由1.41增长至1.64。在现代化建设初期，韩国城乡发展严重失衡，乡村地区的劳动力老龄化、农业增收困难、公共服务投入不足等问题逐渐显现。

为解决上述问题，自1970年韩国政府开展了所谓的“新村运动”，尝试“把传统落后的乡村变成现代进步的希望之乡”。新村运动大致经历了实验启动、成果推广、完善提升和国民自觉4个阶段，运动形式则由早期政府主导的村庄物质环境更新，演变为政府支援与村庄自主发展共同推动的乡村现代化建设，有效带动了地区社会经济的全面、综合发展。至1980年时，韩国农民的收入水平已经达到了城市居民的95.8%[165]，农村经济迅速发展，城乡差异显著缩小（表1–6）。

韩国“新村运动”的演进阶段及主要内容　　表1–6

时间	发展阶段	主要内容	意义与影响
1970～1973年	实验启动	政府成立全国性机构（如中央协议会、中央研修院等）指导新村运动，提供物质资料援助村民房屋修缮和推动村庄公共事业	农村的衰败面貌迅速得到改善
1974～1976年	成果推广	工作重点转移至乡村居住环境与生活质量的提升，住房建设以新建房屋为主，强调文化设施建设，重视对农民的“精神启蒙”；加快农业的生产专业化、新技术推广和金融信贷等方面的工作，提升农民收入	运动进入全盛期，影响力扩大至城镇，逐渐演变为全国性的现代化建设活动
1977～1979年	完善提升	提升粮食收购价格，增加农民收入；推进农业结构调整，大力发展畜牧业、特色农业；推进工业园区建设，引导农产品加工产业发展；积极推进乡村文化建设与农村保险、金融业发展	一方面解决了温饱问题，实现粮食自给；另一方面促成农村家庭经济收入水平接近城市居民
1980～1988年	国民自觉	政府仅提供一些政策性指导与资金、物资、技术等支持；各类民间组织建立与完善，在乡村建设中发挥着积极的作用	由国家运动转变为国民的自觉运动

资料来源：作者整理

新村运动初期，韩国通过颁布《农耕地形成法》《酪农振兴法》《农地保护法》等法律，保障农村传统的农业生产功能，但后期却推行《住宅建设促进法》《宅地开发促进法》，放宽了对城市蔓延与扩张的限制，表明传统乡村与现代城市之间对抗性呈不断加剧趋势。20世纪70年代后期《山林法》《自然公园法》以及《农渔村收入源开发促进法》的施行，则表明政府开始重视保护乡村自然环境，拓展非农产业增收渠道。以1990年出台的《农渔村发展特别措施法》为标志，政府正式利用综合开发“农业振兴地区”思路，替代以耕地保护为原则的“绝对农地”制度，新村运动进入第二阶段[166]。此阶段的乡村建设在宏观层面上采用“由点及面”的推进方式，先以培育乡政府驻地及中心村为切入点，再逐步推广至整个地区；微观层面上则建立“农渔村生活圈开发规划制度”，通过工农产业联合、发展特色农业、开发休闲游憩产业等措施发展乡村产业，提升地区经济竞争力，建设生活和美的农渔村。经过一段时间的建设，乡村地区逐步形成稳定的“定居型农村社会”。1990～2009年间，全国累计有超过3.4万个家庭返回农村地区，且“回农、回村现象”①呈

① “回农”是指城市居民回归农业、定居农村从事农业生产；“回村”是指城市居民定居乡村或者在乡村定期高频率的休闲度假。

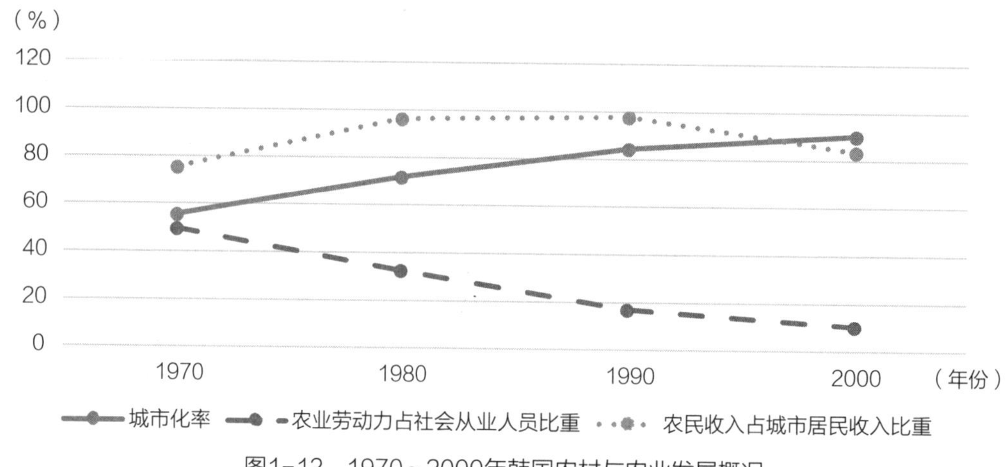

图1-12 1970～2000年韩国农村与农业发展概况

资料来源：作者整理自参考文献[167]

扩大加速的态势。

作为一项综合性开发事业，韩国新村运动对农村物质环境的改善和社会经济的发展作出了巨大贡献，在工业化与城镇化的快速推进过程中基本实现城乡经济协调发展与城乡居民收入同步提高，推动韩国步入中等发达国家（图1-12）。该运动之所以能够取得成功，关键在于将广大农民视为“主导变化的主体”，通过激发其自主改革意识和行动意志，赋予乡村转型发展的持久动力。

2. 日本“造村运动”

受制于有限的国土面积及资源，日本在二战后选择高度集中的城镇化发展道路。但它并未置乡村发展于不顾，反而为缩小城乡差距针对性地采取了一定步骤与措施。回顾日本乡村建设，大致经历了推进农业环境整治、提升农村生活水准，再到地域生态保护与景观营造的发展过程，具体可分为以下阶段：

1）初创时期（第二次世界大战后至20世纪50年代初）

二战结束后，美国占领军通过颁布《农地制度改革纲要》与《农地调整法修正案》《自耕农创设特别法案》，利用两次土地革命彻底废除了半封建的租佃制度。大量的无地、少地农民获得耕地，农业生产逐步恢复。而为了进一步解决战后国民口粮供给与就业生计问题，日本政府在“营农”目标的指导下开展“紧急国土开拓事业”，大力推进农村居民点及其农地整备、生产性设施等建设工作。例如，二战后日本农村建设与规划的重要案例——八郎潟干拓事业，在极短的时间内建立了拥有600户家庭和超过10000hm^2农地的新村。

此外，伴随着《宪法》（1946）以及《地方自治法》（1947）的施行，日本政府逐步强化市町村在地方公共服务与社会福利供给方面的职责。为了提升政策执行效率、降低政府行政成本，国家于1953年施行《町村合并促进法》，开展“昭和合并”。受其影响，市町村的数量从1953年的9868座减少至1961年的3472座。经过整合，基层行政单元数量大幅减少，不仅保证了政府对城市及其周边乡村的行政控制力，还使城市及其周边乡村当作整体统筹统建成为可能，奠定了后期城乡区域均衡、协调发展的基础。

2）发展时期（20世纪60至70年代）

进入20世纪60年代，日本政府发动了第二次“新农村建设”。经过有关措施的调整，乡村经济保持稳步发展，农民人均收入甚至在1973年时超过了城市居民。

第一，深化农村振兴与农地保护工作。首先，政府进一步巩固农村与农业在社会整体发展进程中的基础地位。1961年，《农业基本法》的出台将此阶段农村发展的基本目标设定为促进农业发展和提高农业从业人员经济地位。尤其针对位置偏僻、发展条件较差的山村、渔村，政府专门颁布《沿岸渔业振兴法》《山村振兴法》，主张开发其蕴藏的人文、自然价值，提高乡村经济的水平与居民福利，进而保护丰富的乡村类型。其次，为应对农地资产价值凸显，不断被城市侵占或非农使用的问题，政府颁布《城市规划法》（1968）与《农振法》（1969），前者主要是通过划定“城市规划范围”，加强对城市无序蔓延的控制，后者则补充了城市规划制度中对农地保护不足的问题。

第二，灵活性的补充政策，提升地区活力。一方面，乡村不再单纯作为农业生产的载体。政府通过颁布《工业引入促进法》（1971）、《工业重新布局促进法》（1972）等政策鼓励工厂“下乡”，试图通过乡村工业丰富地区的产业结构，为农户兼业与增加经济收入创造条件，延缓地区的衰退势头。数据显示，20世纪70年代日本乡村兼业农户的比重已超过80%，非农收入的比重超过60%且呈快速上升态势（图1–13）。另一方面，以70年代末

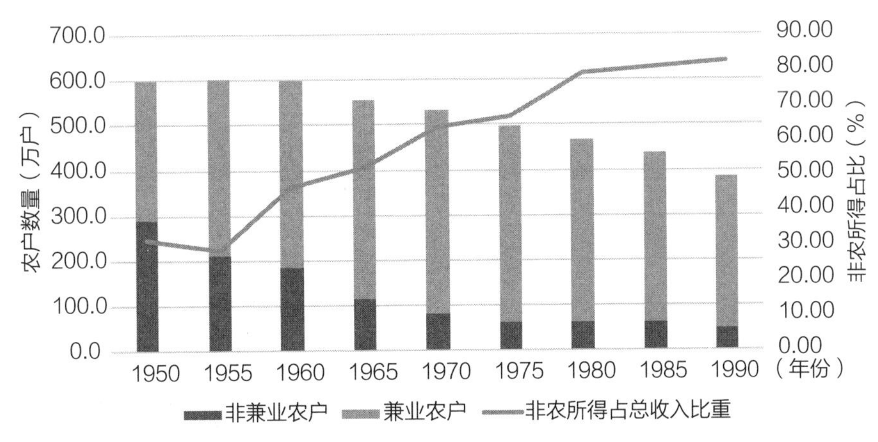

图1–13　20世纪50～90年代日本乡村非农经济发展状况

资料来源：作者整理自参考文献[168]

开展的“一村一品”“HOPE计划”（Housing with Proper Enviroment）为代表，日本乡村地区的发展愈发扎根于自身的传统文化，通过主动开发与推广地域特色产品（物质与非物质）的价值，创造独特的社会魅力和发展动力。

3）转型时期（20世纪80年代中后期至今）

进入新时期，日本社会经济进入低速增长阶段，农村建设也试图跳出传统观念寻求新的增长点与突破口。

第一，强化规划监管力度，限制“农振白地”内的开发建设。自20世纪80年代以来，日本政府陆续颁布《综合保养地区整备法》（1987）、《关于为搞活特定农村、山村的农林业、促进健全相关基础设施的法律》（1993）、《农山渔村余暇法》（1994）、《农山渔村宿型休闲活动促进法》（1995）等政策法规，旨在通过发展农业产业化与乡村旅游等新型经营模式，提升广大乡村与城市的交流程度。受此影响，日本社会一度出现城市人口向农村回流的“U-Turn”现象。然而，回流人群中除了利用节假日回乡从事劳作的“假日农民”，还存在大量寻求舒适的生活空间、接近大自然的城市居民，进而导致传统乡村出现了艺术文化村、别墅村、老年村等多样化的居住形态。其实为应对上述问题，早在1987年政府就曾专门颁布《村落地区整治法》，强调对农村发展备用地——“农振白地”的整治与管控，但其遏制土地无序利用与开发、预留发展弹性和空间的目标并未顺利达成。

第二，转变对农业生产的简单关注，丰富《农业基本法》的内涵。早期的《农业基本法》更关注粮食保障和农业发展，缺乏对农村建设、农民生活的有效指导。进入新时期，日本政府重新思考农业发展的定位，制定了面向三农问题的《食品、农业、农村基本法》，逐步将农业视为整个社会的重要产业，既要输出价值又需重点扶持。

第三，注重地域空间景观的建构。进入经济缓慢增长时期后，社会愈发反思快速发展时期的各种弊病，开始重视建设生活水平更高的优质城乡空间。自1992年起，日本政府连续举办“美丽的日本乡村景观”“舒适乡村”等评比活动，加强社会各界对乡村自然风貌和人文景观的理解和关注。1998年，《第五次全国综合开发规划》出台，提出开发活动的首要目标就是保障对小城市、农山渔村、山间地区等自然居住地域的创建与培养。针对经济发展优先时期出现的传统街道和乡村特色丧失问题，日本政府在《美丽国土形成政策大纲（2003）》的基础上制定《景观法》，推动日本城乡景观空间环境一体化建设与管理。2008年颁布的《国土形成规划法》则终结了之前的“国土综合开发时代”，表明以“强调开发基调、追求量的扩大”的增量发展目标已不符合新时期的要求。

1.3.3 国外相关研究与实践评述

通过审视国外乡村发展的理论认知过程与相关研究，总结典型发达国家乡村建设的实践经验，可从中获得以下有益启示：

1. 乡村嵌入社会经济整体发展的进程，且基础地位从未动摇

首先，尽管各个国家的发展过程会因不同的客观约束条件和社会发展需求形成一定的差异和特征，但乡村社会经济的发展与变迁始终与工业化、城镇化进程和城乡关系演进密切相关，且呈现阶段性的差异。在初期发展阶段，发达国家往往也选择通过建设现代工业打破低水平均衡状态。虽然农业部门因作为工业建设积累的主要来源而备受重视，但城市始终是经济活动的中心并拥有更好的发展条件与机会，城乡间的非均衡发展不断加剧。特别是在城市化率达到50%左右时（图1-14），国民经济总量和城镇化率快速增长的繁荣表象背后，城乡二元结构累积的社会隐患不断显现，激化并且引发了诸多社会矛盾和环境危机[169]。一方面资源要素大量流失导致乡村陷入“积贫积弱”的发展困境，另一方面规模的急速扩张超过了城市综合承载力，物质环境恶化进一步引发社会经济领域的混乱。因

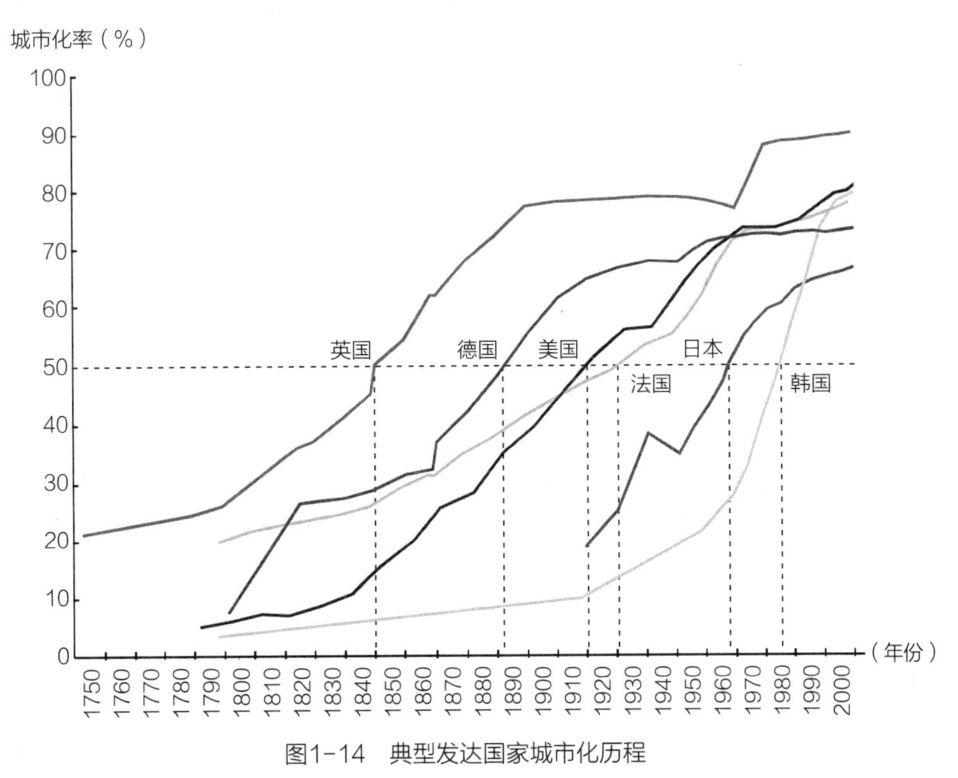

图1-14 典型发达国家城市化历程

资料来源：作者改绘自参考文献[170]

此，我国现阶段存在的乡村问题其实并非孤立现象，而是经历着绝大部分发达国家都曾面临的跨越危机走向复兴的重要转型和挑战。借助此阶段国家提出的“乡村振兴战略”及其引发的对乡村发展问题的持续关注，从理论层面进一步明晰城乡统筹、融合阶段乡村发展与建设的意义和价值，利用健康的城乡互动跨越所谓的“拉美陷阱”，消除发展中出现的不平衡、不充分问题，才可在持续发展中缩小二元差距，达到国家的现代化目标。

2. 乡村发展的内涵不断丰富，最终确立功能提升的复兴思路

虽然各个国家乡村发展的历程及其在转型时期施行的举措存在差异，但无论是更具国际性和普适性的“欧美模式”，还是同属“小农圈”的日韩采取的“东亚路径”，均在初期表现出对乡村粮食生产功能的“极度”关注。发达国家普遍对农业采取保护性发展政策，尝试通过机械化、规模化生产提升农业的产业化，使其成为一个追求粮食生产最大化的高强度产业。然而，受此影响形成的“生产主义乡村”，不仅割裂了传统乡土生活与村庄主体、地域环境之间的联系，还出现农业生产过剩、生态环境恶化、农业劳动力减少、乡村福利下降等问题，对乡村共同体的存在和延续造成巨大威胁[171，172]。在此背景下，发达国家逐步调整相对单一的发展模式，重视主体摆脱过度“农业化”和追求田园生活的诉求，形成了“后生产主义乡村”（如工业乡村、符号乡村、消费乡村等）的转变趋向和复合概念。此类乡村试图通过文化与功能的复兴，开发地域多元功能和价值，构建以城乡互补互利为基础的乡村现代化理论内涵和实践路径。值得注意的是，即便发达国家在制定相关政策时也承认存在部分薄弱乡村，说明乡村转型与复兴并非必然，而是多因素作用的非线性和不确定的结果，即部分具有发展潜力和条件的乡村可能适应外部环境进而实现转型与复兴，部分乡村则难以抵御工业化、城镇化和农业资本主义化的冲击，或被城市吞并，或走向持续的衰败甚至消亡。

2 我国乡村住区发展历程及阶段特征

2.1 乡村住区建设的历史基点（1949年以前）

2.1.1 早期均衡城乡关系

在漫长的历史过程中，我国“城”与“乡”始终处于分离与整合的同一状态。封建土地制度下，土地长期集中于人数相对较少的官僚统治阶级和富有士绅地主手中。他们居住于县城之中，虽不直接参与农业生产活动，但却掌握广大乡村的实际控制权。与之相对，农民劳动所得的生活资料除小部分留作自用外，其余或通过市场贸易供给城市，或以地租、赋税等方式被城市剥夺。整体而言，新中国成立以前城乡关系表现为“城市与乡村无差别的统一”[173]，即乡村在政治上依附城市，却在经济上制约城市。虽然封建体制下存在城市对乡村的剥削与破坏，但农业社会整体处于“糊口经济”水平，使得城乡发展保持低水平的均衡状态。

上述状态大致延续至19世纪，伴随外国列强凭借“船坚炮利”叩开闭关锁国的大清帝国，签订不平等条约和开放通商口岸，西方工业经济的入侵极大改变了自然经济的发展环境与条件。受其影响，19世纪中后期“洋务运动”兴起，工商业从传统农业社会中“脱颖而出”，现代意义的城乡分化与差异就此出现[174]。乡村住区的发展逐步成为现代化国家建设的重要组成部分，并与城乡关系变动与调整保持高度同步。

2.1.2 住区系统基本形成

2.1.2.1 住区网络趋于完善

乡村住区网络的形成是“一个自下而上的、市场驱动的自发过程”[175]。早期生活在乡村的广大农民，经年累月经营自己的土地，生产所得除去缴纳沉重租税、维持家庭生计之外，还会流入市场用于“易钱米以资日用”，产生了初级的商品交换活动。而在选择交易场所时，统治阶级居住的县城因主要承担统治与防卫职能，其高墙壁垒、街巷狭小的空间自然不能满足贸易活动的需求。因此，部分区位适宜、交通便利的聚居点逐步发展为农村商品交换的地点。此类贸易场所并无固定形制，或与村舍相间，或与田园错落。集市运行一般按照“午而集，昳而散”的原则，晌午时周边村落中前来赶集的农民蜂拥而至，而日头偏西后小商小贩陆续收摊，人群随之散去。为了方便农民和商贩两者之间的交易机会，还会以时空交错的方式统一安排区域内集市的开放次序，从而形成多个错开的同级市场共同附属于高级市场的层级网络结构。在后期的发展演进过程中，由于农业剩余产品率提高，商品交换日渐频繁，部分层级较高的流动性集市则转变为“终日为市”的经营模式。其中发展较好、规模较大的集镇还会进一步扩大和集聚，拥有常年经营的客栈、饭庄、手工作坊等场所，甚至衍生出线状的商业街。基于乡村居民物资交换与保障的空间需求，形成了以集镇为中心联结周围村庄的基层市场网络，建构了一种既相对独立又有机联系的乡村住区系统。伴随着商品经济影响的扩大，集镇作为地区重要的工商业集散中心的功能日益突出，新集镇的兴起与原有集镇的扩大推动乡村空间趋向“密集化”，近代以来城镇数量大幅增加（表2–1）。在资本主义萌发较早的地区，集镇的发展更加迅速，比如19世纪中叶的苏锡常地区就形成了“半里一村，三里一镇，炊烟相望，鸡犬相闻”的繁荣景象。

1843年与1893年城镇及城镇人口数据比较　　表2–1

时间（年）	城镇数量（个）	城镇人口（万人）	平均人口规模（万人/个）
1843	1653	2072	1.25
1893	2779	2351	0.85

资料来源：作者整理自参考文献[176]

2.1.2.2 住区系统结构的调整

乡村住区早期的交易活动呈现出以小农之间横向交换为主的网状结构，范围小、成交量少，且多限于系统内部。西方资本经济的入侵推动以通商口岸为代表的现代经济型城镇繁荣，冲破了小农时代“不发达经济均衡”状态。城市经济以近代铁路、海运等交通运输条件改善为基础，通过不断加强对周边乡村的辐射，促成城乡经济联系与功能分化。学者杨懋春在《一个中国村庄》中，详细描述了20世纪40年代山东青岛台头村与周边集镇、城市的经济联系，充分证明了上述对于近代乡村住区系统结构变动的判断。通过比较发现，处于自给自足经济阶段的台头村村际联系的范围十分有限，距离最远处大致为村西南的渔港灵山卫，村民仅会为购买时令海鲜偶尔前往。与台头村贸易联系最密切当属它所在乡镇唯一的集市中心——辛安镇，其承担了周边20多个村庄日常生活用品的生产与供给职能，镇上还设有饭馆、客栈、铁匠铺、木工铺等服务行业。然而在胶州湾东岸青岛市的工业经济迅速发展之后，台头村及其所在地区社会经济建设对外部城市的依赖性愈发强烈，主要表现在以下方面：其一，村庄与城市的直接联系加强。农户开始结合城市的市场需求，调整自身农业生产的内容，包括增加大豆、小麦、蔬菜和水果的种植比重以及增加家禽与肉猪的养殖数量。其二，台头村以邻近集镇为中介，交换城乡工农产品。例如，台头村或以辛安镇为中转，或以直接运输的方式，向村东北的红石崖和东南的薛家岛的市场输送农作物，然后通过跨海运输到青岛；而来自青岛工厂制造的面粉、棉纱、火柴等物品也自海上集中于集镇，流向广大农村。其三，由于城市中工厂、运输、商业等行业都需要劳动力，村中出现年轻人流失现象，以往稳定的人口结构难以保持。此时，相对封闭、均衡的网状市场结构逐渐被乡村农产品与城市工业品垂直交换下的枝状体系所替代（图2-1）。青岛属于枝状体系顶端的港口城市，既是农产品消费中心又是工业生产中心；红石崖和薛家岛则发挥运输枢纽的作用，成为连接城乡市场的战略性城市；辛安镇代表地方市场，依赖战

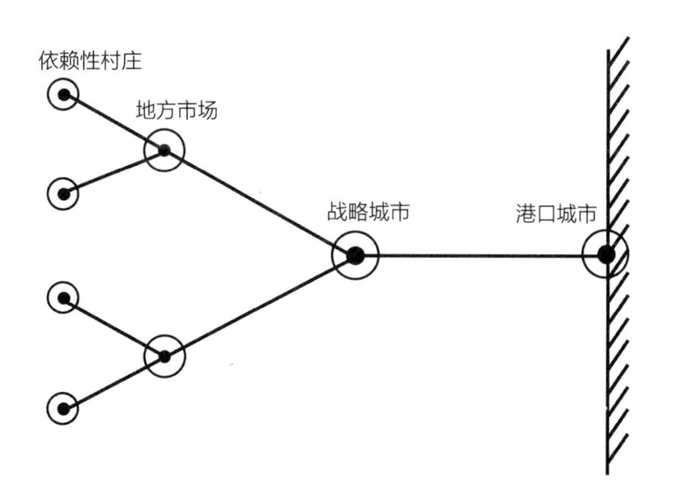

图2-1　近代山东青岛台头村与周边城镇关系示意图

资料来源：参考文献[177]

略城市提供农村不能生产的消费品，同时向上转运收集的农产品。虽然在贸易流向上貌似以双向交流为主，但农产品自下而上的输出和工业产品自上而下的输入的性质，往往使乡村在贸易中处于不利的境地[177]。

2.1.3 住区单元稳步生长

2.1.3.1 自然条件影响住区的最初形态

村庄是人类聚居点最初的起源。自远古时代，人类利用“刀耕火种”改进农业耕种方法，摆脱了对天然食物的依赖，逐步形成定居的生活方式。但受时代科技水平的限制，原始人类在与自然环境的对抗中明显处于被动，个体力量的弱小促使血缘亲近的人群聚集，形成最早的合作型经济实体——氏族公社。从保存相对完整的陕西临潼姜寨聚落遗址（公元前4600～前4400年）可以发现，公社中建筑单体的体量会依房屋功能而不同，小型房屋主要供家庭里成年女子生活使用，中型房屋是供一个“三代之家”使用，大房子则作为“公共建筑”用于议事、节庆等集体活动[178]；在形态布局方面，多个小房子围绕大房子形成相对独立的组团，各组团则围绕中央的公共空间进行布局，而且所有房子都会面朝聚落的中心（图2-2、图2-3）。在此后村庄的发展中，以血缘宗族作为维系村庄纽带的特征得以保留，并与后期聚集产生的地缘、业缘一道，构成了乡村“熟人社会”的基础；而围绕公共空间，组织村内各家族成员的空间生长逻辑，虽经历长期的演进而有所变化，但也基本得以延续。此外，出于安全防卫、食物补给等原因，村庄多建造于依山傍水的形胜之

图2-2 陕西临潼姜寨遗址复原图

资料来源：百度图片

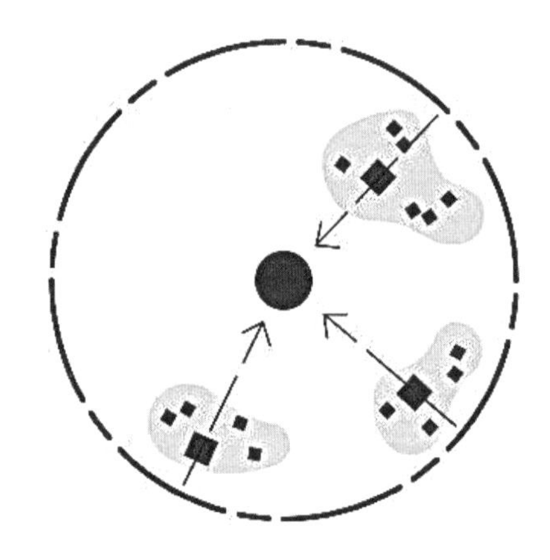

图2-3 氏族公社聚落空间结构示意图

资料来源：作者自绘

处，也对后来乡村住区的布局产生了深刻影响。为此，村庄与周边的山水环境关系通常也成为住区物质空间特征的重要构成。

2.1.3.2 生产力发展促成住区规模扩张

经过长期的发展，农业生产水平不断提升，由原始农业过渡到相对稳定的传统农业阶段。此时的农户不仅能够从农业耕作活动中获得稳定的收益，还可以通过家庭手工生产得到补贴，简单的经济结构最终发展为自给自足的小农经济。受其影响，我国乡村多以家庭为单位，聚族而居，且少有迁徙。在历代的自然繁衍中，村庄人口规模迅速扩大。以河北定县为例，数据显示19世纪中叶其村庄的最大人口规模不超过300户，而到20世纪20年代末期时，规模在300户以上的村庄已占到全县的1/4（表2-2）。村庄的空间规模主要受到土地供养能力与农业耕作半径的共同约束，地形平坦、土地肥沃地区的村庄规模普遍较大，偏僻荒野的村庄一般仅有几户。

1848年与1928年定县村庄规模变化　　表2-2

村庄规模（户/村）	村庄数量（个）	
	1848年	1928年
0～49	135	12
50～99	122	16
100～199	100	27
200～299	18	20
300～399	—	20
400～499	—	2
500～599	—	1
600～699	—	1
700～799	—	1

资料来源：整理自《定州志》卷六及燕京大学张折桂1928年调研

至于村庄空间扩张的过程则完全属于自发性建设活动。由于社会经济组织单位的家庭化，村庄空间组织往往以合院式住宅展开，并且以姓氏血缘组团聚居。这就导致定居时间长、人口众多的大家族聚居的区域构成村庄聚落的主体，其他的小众、外来家族则散布在村庄周边。仍然以前文提到的台头村为例，村中的潘、陈、杨、刘四大家族的住宅就长期

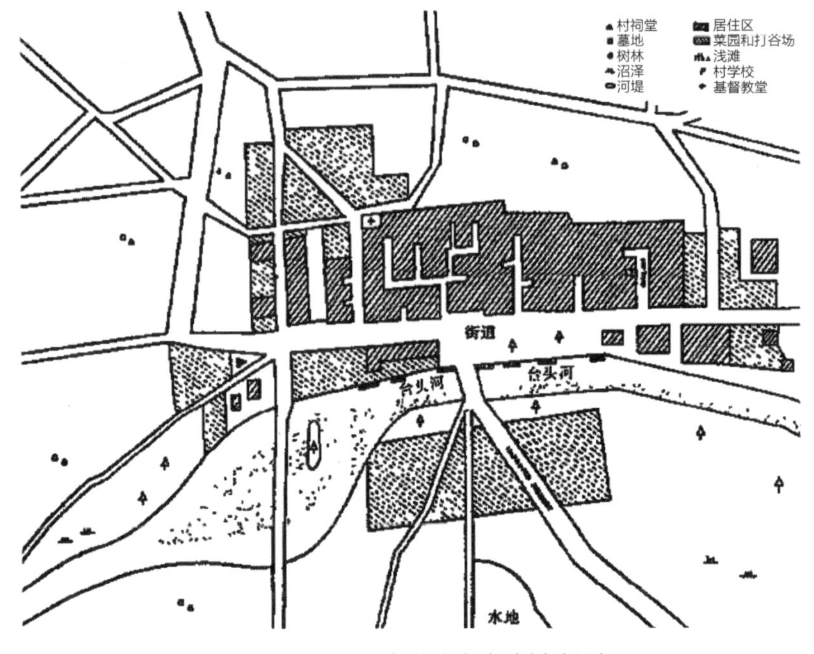

图2-4　20世纪30年代山东台头村建设概况

资料来源：参考文献[179]

占据台头河堤坝北侧，区位条件最佳的地块。一些散户的住宅，以及晒场、畜舍、作坊、仓库等辅助性生产场所则会见缝插针，紧邻核心片区布置（图2–4）。另外，在自给自足的生活状态下，村中农户虽毗邻而居，但经常“鸡犬之声相闻，老死不相往来”。因此村中拥有的公共建筑一般极其有限，仅少数村庄存在寺庙、祠堂等建筑，可以举办庙会、庆典、祭祀等活动。村中部分富户会利用自家住宅开办“家塾”“村塾”等民间教育机构，但基本只有家境殷实的人家和子女才能拥有接受教育的权利。此外，许多村庄中会留存与村民生产生活密切联系的古树、石碑、水井等要素，是村庄发展历史的重要见证。

2.1.4 住区发展的制约因素

2.1.4.1 外部条件：自然灾害与战争的破坏巨大

新中国成立以前，乡村住区基本处于与外界隔绝的状态。道路设施十分落后，一般全县的硬化道路屈指可数，村内道路则几乎全为土路；电信设施基本没有，邮政业务主要依靠城镇中的客栈、商铺代办。而造成彼时住区发展困难的主要原因包括：

第一，自然灾害频发严重干扰乡村发展建设秩序。根据《国民政府黄河水灾救济委员会灾贩组工作报告书》的记载，仅在1933年黄河中下游地区暴发的洪灾中，最严重的冀、豫、鲁三省受灾村庄高达1.1万个，被损房屋近270万间。由于预防旱涝的水利工程极度匮乏，仅依靠自发建设的小型水利设施难以抵御气候变动和雨量不均的影响，导致乡村旱灾和洪涝频发。并且受制于有限的生产力水平，"靠天吃饭"的乡村在遭受自然灾害后还会进一步引发农户经济破产、匪患流民横行等问题，引发社会动荡。

第二，战争的破坏力对乡村住区的影响更甚。自1840年至1949年的百余年间，我国境内爆发的战争不断增加，严重影响乡村社会经济的正常运行，导致乡村人口锐减、耕地荒废。战争巨大的破坏力还会大面积毁坏村庄的生产生活设施，导致住区的发展水平迅速倒退。如广东省东莞县的石龙镇，解放前夕房屋数量与建筑面积相较于抗日战争前分别减少了68.5%和57.7%。

2.1.4.2 内部环境：小农经济社会秩序崩坏

封建社会，统治阶级通过地租和赋税大肆盘剥农民生产劳动，导致生产力水平停滞不前，农民生活极端贫困。广大农民为谋食营生，利用农隙从事纺织副业，形成了"耕织结合"的自然经济。然而1840年鸦片战争之后，"糊口经济"下乡村低水平生活的平衡被打破，传统内向型经济与外界资本主义经济体系之间的联系加强。客观而言，商品经济发展初期，西方殖民主义的入侵对原有社会经济秩序的破坏并不明显，甚至一度因为开拓了地方产品的海外市场，繁荣了乡村经济。但是在本土经济不发达、国内购买力不足背景下，我国形成了以国外工业品输入与国内原材料输出为主的外贸结构，导致本土经济发展容易受外部贸易环境波动的影响。因此随着1929年世界经济危机爆发，西方国家为转移危机引发的萧条，对内利用"关税保护"抵制进口商品，对外以暴力获得的通商口岸为据点，利用外贸特权大规模倾销工业产品，严重冲击了我国乡村脆弱的自然经济环境。受此影响最深的当属经济富庶的江南地区，自20世纪30年代以来该地区纺织品特产的出口量就呈不断下滑趋势。截至1937年时，丝织品和土布合计出口108923担，相较于1913年的出口总量已减少了51.2%（图2-5）。

随着自然经济的解体，乡村家庭手工业地位被城市工业所替代，原有的城乡经济联系瓦解，家庭经济的自给性衰退，经济结构趋于单一。但此时生产资料的封建所有制性质并未改变，城乡之间固有的对立关系没有改善。城市对乡村仍然保持政治上的控制与经济上的剥削；乡村持续为城市的"消费"活动透支地区的资源、财富。乡村在城乡要素交换中越来越处于单向输出的不利地位，地区经济日渐凋敝，广大农户因贫破产。

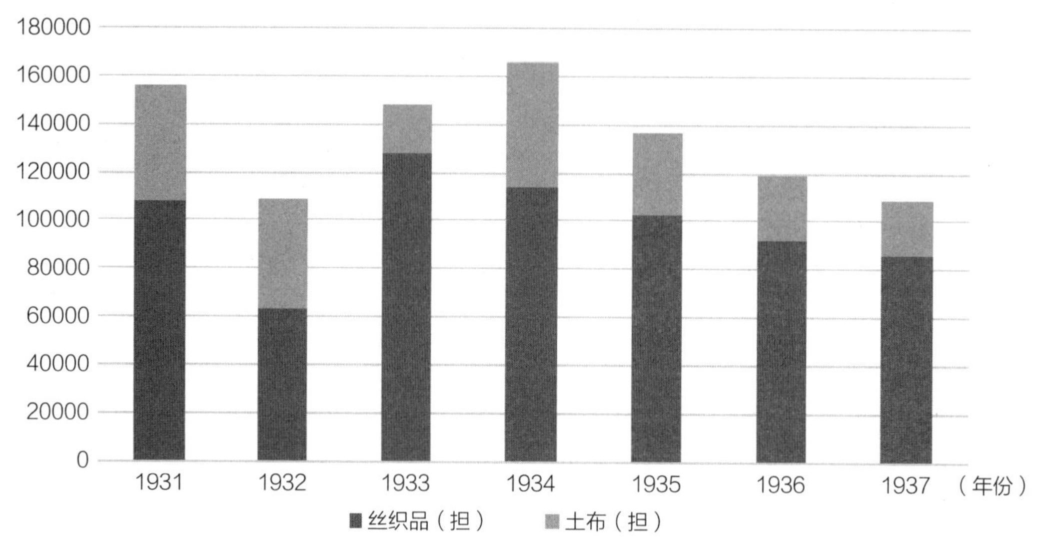

图2-5　1931～1937年苏南主要纺织品出口情况

资料来源：作者整理自参考文献[180]

2.2　国家总体性支配下的乡村住区建设（1949～1978年）

2.2.1　二元结构下乡村封闭的发展环境

2.2.1.1　缺乏自主性的集体经营体制

新中国成立初期，国家农业生产资料十分匮乏，农业生产水平难以在短期内迅速提升。但是伴随大规模的工业建设和城市的急速发展，“年年增长的商品粮食和工业原料的需要同现时主要农作物一般产量很低之间的矛盾”①日益凸显。为解决落后的小农经济与大工业发展之间的矛盾，保障城市工业发展所需的商品粮食与工业原料供给，国家提出改造小规模的、使用畜力农具的家庭农业，发展大规模的、机械化的集体农业。

其实，农业集体化实施前期成立的劳动互助组，既符合民间邻里间自愿互助的传统习惯，又缓解了农业生产中劳力、畜役、农具和资金缺乏的问题，实现了集体组织中劳动力和生产工具相对合理的配置，提高了农业生产的效率与水平。借鉴互助组运动的成功经验，国家决定将以生产资料私有制为基础的个体农业，改造为集体所有制的农业，推进农业合作化水平。伴随《全国农业发展纲要（1956～1967）》《高级农业生产示范章程》等文件出台，国家的鼓励与支持刺激高级社的数量迅速增加。截至1956年底参加农业生产合

① 见于1955年7月31日，毛泽东主席的《关于农业合作化问题》。

作社的农户有11783万户，占全国农户总数的96.3%，其中参加高级社的共10742万户，占全国农户总数的87.8%[181]，合作的组织形式由初级社向高级社演进。二者的区别主要体现在分配方式上，初级社社员不仅获得劳力分配（按照劳动付出折算为工分），还可以获得折入合作社生产资料（土地、牲口、农具等）的股份分红；高级社则取消了股份分红，完全实行按劳分配，说明农业的核心生产资料土地已经由农户私有转变为集体所有制。高级社的建立取消了初级社时期农民尚且拥有的私有财产权，打破了以“血缘、地缘”为基础组织小农生产的载体，塑造了大众对集体的认同。

国家直接面对农户的治理关系，则建构了一个等级明显、“上行下效”的科层结构①。国家行政力以前所未有的深度和广度渗透于基层乡村，影响资源配置的方式与水平。比如，国家曾希望利用集体农业大规模推广技术改良、增加机械化劳作，提升农业生产水平。然而当时农业生产力水平相对落后，在农业简单工具普遍使用和劳动力难以减少的状况下，公社规模效益难以超越农业技术措施的实施成本。反倒是采取的诸多强制性制度安排演变为“长官意志”和“瞎指挥”，导致地方为应付上级部门虚报浮夸，扰乱了正常的资源配置，严重破坏农业生产力。也正因如此，在农业合作化经营后期人民公社化运动一经出现，便成为经济建设中农业“大跃进”的重要内容，在全国范围内迅速地蔓延。按照“一大二公”的目标，人民公社片面追求平均分配，盲目提高公有制水平，采取行政命令或动员的方式剥夺农户自留地和家庭副业的经营决策权、将村中国有非农产业收归公社统一管理、施行以生产队为单位的统一核算分配制度等措施，割裂了劳动努力程度与分配之间的关系，导致“出工不出力”“丰产不丰收”“免费搭车”等问题出现，打击了农民的生产积极性。

2.2.1.2 高度集中的计划配置制度

伴随“一五”计划中工业项目建设的推进，在国家重工业迅速发展的情况下，农业与工业、积累与消费之间的矛盾以农副产品供应短缺的激烈形式表现出来。20世纪50年代，我国陆续出现了4次粮食供应危机[182]。为此，国家不得不选择控制农产品的购销，确保工业原料供给和粮食价格稳定，以保证城市工业建设和职工口粮。1953年和1954年，党和国家先后颁布《关于实行粮食的计划收购和计划供应的决议》《关于棉花计划收购的命令》，开始对粮食、棉花等大宗农产品施行严格的统购统销，规定农民在消费和积累定额之后，其余农产品全部由国家计划性征购和分配。该政策一经出台就取得显著效果，1954年粮

① 以等级为基础，信息从下向上流动，命令从上向下发出的“金字塔”式结构。

食的收购量较上一年增长了18.21%。统购统销政策为后来计划经济制度的建立奠定了基础，并配合先期施行的农业合作化运动，成功地将农业生产和销售全盘纳入国家计划管理之中，有效克服了基层农户生产与消费中的自给自足偏向，保证了军需民食、工业原料以及外销物资的生产。

此外，施行统购统销政策还是中国工业化资本积累的客观需要。宏观层面，中国是一个社会主义国家，不可能采取牺牲普通民众或殖民掠夺他国等积累模式推动工业建设，只能依靠自身的内部积累实现工业化。但相关数据显示，1952年我国现代工业产值仅占工农总产值的26.6%，失衡的产业结构决定了工业化战略必须依赖占国民经济比重更大的农业部门。微观层面，作为普通的经营者，个体农民肯定希望农产品的价格能充分地反映商品的价值，并将生产所得的积累用于农业的再生产。因此，唯有采取统购统销才可将农民、农业与市场强制分离，实现社会经济发展与农民农业生产行为之间目标一致。而具体的做法，主要是通过抬高工业产品的出售价格和压低农产品的收购价格，以产品价格的“剪刀差”的积累方式，完成农业剩余向工业部门的转移。虽然从国家财政的收支状况来看，1950～1977年间国家农业税总额为792.1亿元，约占财政支农总额的55.53%，呈现出“予”大于“取”的特征。但据相关专家测算，仅1959～1978年间，通过工农产品“剪刀差”，从农业部门聚集的净累计达到了4075亿元，占同期财政收入的21.3%[183]。为了从极低的经济水平推进工业化建设，国家被迫限制农村发展的机会，利用衍生出的集体化乡村组织结构与城乡计划经济环境，严格限制城乡商品交换活动，获得强制性的积累。

2.2.1.3 限制流动的劳动力管理方式

新中国成立初期，我国城乡间劳动力的流动基本符合经济学经典理论的解释，受工业创造就业岗位形成的“拉力”和农业生产力提升产生剩余劳动力形成的“推力”共同作用。例如“一五”时期大量工业项目上马建设，城市经济对劳动力的需求增加。1952～1957年间，城镇企业招收了大约200万乡村人口参与工业建设。然而，在同时期国家大力推行农业合作化运动，将小农经济纳入统一的计划管理过程中，集体农业资源配置低效导致农业生产力提升缓慢，加之受农业生产“过密化”问题以及自然灾害的影响，全国范围内出现了粮食歉收的状况。而在统购统销政策实施后，村民的口粮更加短缺，导致大批生活困难的农民进城避难谋生。

为减少农村人口无序流动及其对城市的冲击，国家首先于1955年在城市施行严格的粮食配给制度，防止其在城市获得粮食。进而在1956年和1957年出台了《关于防止农村人口盲目外流的指示》和《关于制止农村人口盲目外流的指示》，要求进一步强化户口管理工作，防止农村人口外流。上述过程加速了城乡户籍隔离的制度设计。1958年1月，第一部户籍管理法规《中华人民共和国户口登记条例》颁布，以法律的形式确立了以户口迁移审批制度和凭证落户制度为基础的“二元”户籍管理制度。该制度建构的初衷是试图配合农业集体化运动和统购统销制度，将农村剩余劳动力限制于农村和农业，进而控制城乡人口分布，在保证农业“充足”的劳动力供给同时，稳定城市中享受低生活成本的企业职工数量，从而支撑重工业优先发展。但事实证明，“农村建设与城市建设一盘棋”发展思路下，国家采取的计划性限制居住地和职业变动，固化劳动力配置的做法，导致我国劳动力就业结构调整明显滞后于产值结构变动的特征（图2–6）。长期以来乡村地区农业经济绩效和劳动效率低下，占比较大的农村劳动力创造了比重较小的国民收入，占比较小的城市劳动力却创造了更多的国民收入。并且上述状况还导致乡村劳动力的迁移极易受国家政策影响，出现违背行业部门发展供需结构与规律的非常规的波动，对社会经济的稳定造成冲击。比如“大跃进”期间，地方为响应国家“鼓足干劲，力争上游”、建立各自独立工业体系的号召，仅在1958年就从农村招工1104万人，但却因苏联援建项目下马、国民经济调整等原因，在1959到1960年间从城市遣散、迁出近2000万工人。又如“文化大革命”时期国家片面强调全民所有制经济的主导地位，忽视、排挤集体经济与个体经济的发展，以政治动员方式催生了城市知识青年“上山下乡”、干部群众插队下放等“反城市化”过程。由于集体农业具有的无限就业特征与平均工资制度，政府将乡村视为容纳更多劳动力的蓄水池，城镇转移人口背负的吃饭和就业“包袱”则加剧了乡村生活的困难。

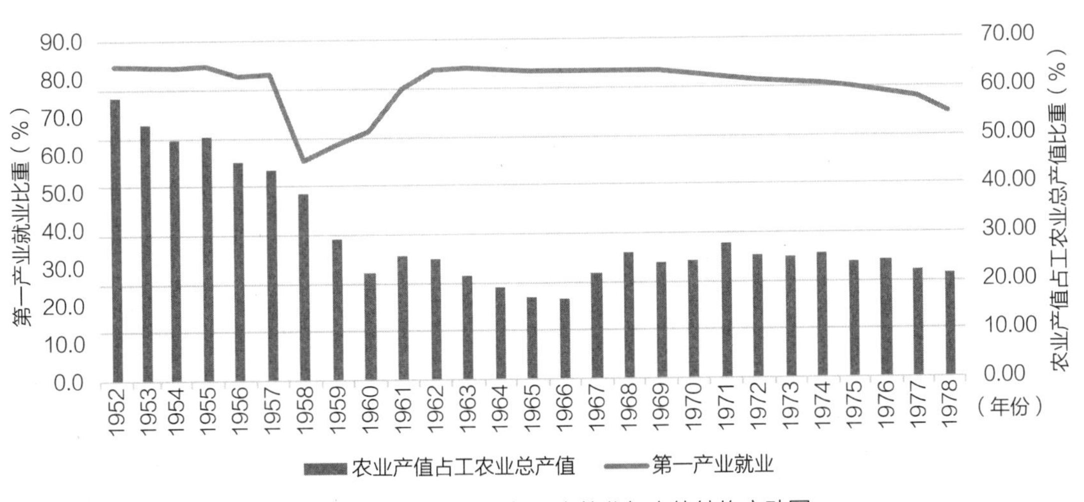

图2–6 1952～1978年工农就业与产值结构变动图

资料来源：作者整理

2.2.2 社会经济功能变迁分化住区格局

2.2.2.1 行政调控住区的空间格局

新中国成立初期，国家围绕“以农养工”的前提制定相关政策，有序推进乡村基层组织重建。以1950年底颁布的《乡（行政村）人民政府组织通则》为标志，国家陆续颁布法令，在全国基层建立起乡、村（行政村）两级的组织管理体制。其中，乡的辖属范围与基层市场的腹地基本一致，是国家管理的主要基层政权；行政村的设立一般按照地缘性原则，由多个自然村组成，是国家基层管理的一级辅助机构。加之，党组织配合行政下沉，在农村地区广泛延伸，成功地在乡村建构国家权威，提升基层管理组织的工作效率。而集体农业阶段出现的初级社、高级社和生产大队等组织单位，均是以村域为组织边界、以行政村为生产分配单位（表2-3）。虽然社会组织化过程并不能直接改善乡村的生活水平，但是其有力配合了土改后施行的农业集体化运动，恢复农业生产的同时保证城市低成本汲取乡村剩余。

新中国成立初期乡村基层行政管理组织变迁　　表2-3

组织层级	时间阶段		
	1949~1955年	1956~1957年	1958~1983年
县	县	县	县
乡镇	乡	乡	人民公社
行政村	行政村	高级社	生产大队
自然村	初级社	初级社	生产小队

资料来源：作者整理

另一方面，国家调控政策还对集镇的发展过程产生了深刻的影响。新中国成立初期，国家尚未设立统一的标准，地方上仍然存在大量基层集镇，承担着乡村腹地农副产品集散中心的职能。但随着集体农业与统购统销体制的施行，城乡分治的格局日益明晰。为此，国家在先期完成基层组织管理体制改革后，即刻推出建制镇标准，完善城乡划分与管理的依据，强化中央对地方的行政领导。1955年和1956年，国务院颁布《关于设置市、镇建制的决定》《关于划分城乡标准的规定》，明确了镇作为县下一级行政单位的关系。依据“规定”确定的设镇标准，地方开始整顿存在的一地多镇、镇乡分设等问题，通过撤并明确管理单位及其行政范围。大量不符合条件的集镇被撤销，建制镇数量减少。虽然在之后的“大跃进”阶段，市镇数量曾因人民公社建立过程中乡的合并与升级出现了短暂的非正常增长，但得益于乡村政治经济体制改革，国家行政控制力已经深入乡村，市镇数量激增问题很快因有关政策的出台得到有效控制。1963年《关于调整市镇建制、缩小城市郊区的指示》出台，进一步修订和提升设镇标准之后，其人口规模便得到有效控制（表2-4）。而相关数据显示，改革开放前我国乡村建制镇数量呈持续下滑的态势，由1954年的5402个减少至1978年的2173个，平均每年减少135个（图2-7）。这也符合工业化初期，国家采取限制性政策减少市镇数量、压缩城镇人口，以缓解农业生产低水平阶段粮食供应不足的调整思路。

1955年与1963年建制镇设置标准对比　　表2-4

	1955年		1963年	
	常住人口（人）	非农人口比例	常住人口（人）	非农人口比例
一般情况	≥2000	≥50%	≥3000	≥70%
特殊情况	≥1000	≥75%	≥2500	≥85%

资料来源：作者整理

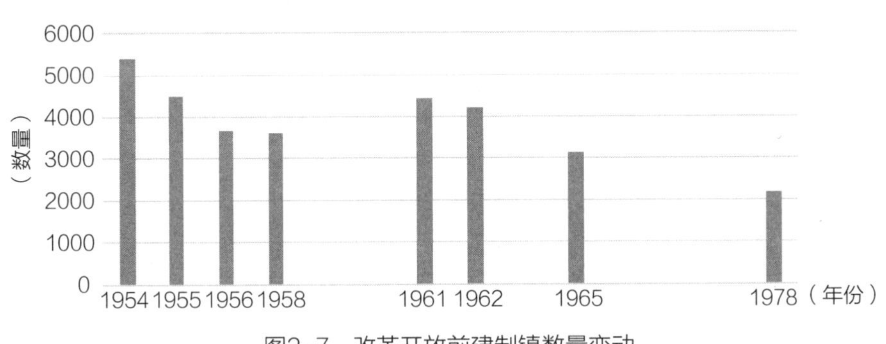

图2-7　改革开放前建制镇数量变动

资料来源：参考文献[184]

2.2.2.2　经济功能分化降低住区的活力

作为乡村住区中心的集镇最初多位于经济发达的东南沿海地区，至明清时才在全国范围发展起来，成为乡村重要的功能节点。按照《中国农村经济资料》的记载，截至1934年，全国居住在集镇的人口约为1亿，接近全国总人口的1/4。集镇工商业发达，代表当时乡村的最高生产力，因此承载了众多人口，也活跃了整个乡村市场。但是伴随20世纪50年代中期国家推行统购统销制度和私营工商业改造，城乡产品的自由流通受限，农村商品仅能依靠国有供销合作社的单一渠道买卖。村民进城经商活动受到严格的限制，只被允许在市场贩售蔬菜、鱼虾等土特产。乡村私营农副产品销售部门在国家供销合作体系冲击下迅速衰落，大批个体手工业商户因缺乏原料和市场而被迫关闭。自此，集镇商品生产与经营功能减弱，承载农副产品贸易的经济基础被动摇。单一的经济结构使农民的生产生活水平难有较大提高，大量一般集镇逐步凋敝甚至裁撤，仅有公社所在的集镇因行政职能而有所发展。

2.2.3 住区单元建设的主要内容及特征

2.2.3.1 恢复期（1949~1952年）：农业恢复开启住区建设

新中国成立初期，历经了战争破坏与洗礼的乡村社会经济凋敝、农民饥荒破产。美国政客扬言“中国人口在18、19两个世纪里增加了一倍，……人民的吃饭问题是每个中国政府必然碰到的一个问题。一直到现在没有一个政府使这个问题得到了解决。”①其实国家在最初就已意识到“农业的恢复是一切部门恢复的基础”②，迅速组织农业生产，改善民众的吃饭穿衣问题，是恢复战争创伤、巩固新生政权的根本方法。为此，政府继续在乡村推行新中国成立前在解放区施行的土地改革政策，将近7亿亩的土地分给广大无地、少地农民。土改过后，最为直接的影响就是全国农民保留了原本每年向地主、富农交租的粮食（约3500万吨），并且大量佃农拥有了自己的土地，农民生产积极性空前高涨。加之，政府积极领导与扶助农业生产，发动爱国增产运动与生产互助运动，鼓励改进耕作技术，农业生产在新中国成立之后的三年间持续取得大丰收，粮棉产量均超过了历史最高水平（表2–5）。

1950~1952年粮食与棉花产量的年增长率（单位：%）　　表2–5

	1950年	1951年	1952年
粮食	17	28	45
棉花	60	135	191

资料来源：作者整理自参考文献[185]

虽然在土改过程中，大量社会底层的农民分得了房屋，但结构多为草屋土墙，居住条件仍十分简陋。因此伴随农村经济的短暂恢复，部分经济发展较好的乡村就出现了修葺、建设住房的活动。另外受爱国卫生运动的推动，全国范围内的乡村开展环境整治工作，通

① 见于1949年，时任美国国务卿艾奇逊致总统杜鲁门的信中，有关中国人口问题的相关内容。
② 见于1949年12月，北京召开的全国农业会议中，周恩来总理在会上的发言。

过清理废物垃圾、保持水井洁净、改良卫生设施、加强植树绿化等措施，提升落后的村容村貌，也成为当时住区建设的重要内容。

2.2.3.2 过渡期（1953～1957年）：合作农业推进住区更新

国民经济发展进入“一五计划”阶段，国家大力推进城市工业化建设的同时，在乡村地区开展农业合作化运动。农业合作化运动初期，我国农业生产的效益与水平得到进一步提升。农民不仅按劳获得农业生产收入，还可按照入股份额获得集体生产分红。同时，集体生产能有效防止部分农民因缺乏生产资料、婚丧疾病、天灾人祸等原因出卖土地[186]，克服小农经济的不稳定缺陷。加之手工业逐步恢复，乡村经济日益活跃，住区各项建设进入新阶段。此时，更多村庄有能力为村民建设砖墙瓦顶的新房，部分村庄甚至拥有学校、会议室、文化站、卫生站等公共建筑，村民居住条件得到显著改善。

2.2.3.3 波动期（1958～1977年）：理想社会主义乡村建设的探索

1. 集体公社的“全面”规划

“一五”时期，城市规划合理布局全国工业体系、指导重点工业城市建设，有效地推动工业化进程与繁荣城市经济，奠定了物质空间规划支撑与引导社会经济建设方面的地位与作用。因此，伴随着乡村住区建设活动的数量与规模大幅增加，国家开始重视和引导乡村土地利用与物质空间建设问题，按照“有准备地、有计划地、分期分批”①的原则，有序改善农村的居住条件。

然而，在紧随其后到来的“大跃进”运动中，“鼓足干劲，力争上游，多快好省地建设社会主义”总路线的提出，实际突出的是多和快，导致规划工作受“左”倾错误思想影响，出现急于求成，脱离实际的问题。一方面，规划编制程序过于简化，周期大幅缩短，“快速规划”相当普遍。例如河南省就提出“一年市，二年县，三年公社规划完”的工作目标。另一方面，在空想思潮的影响下，人民公社被视为集“生产、交换、分配和人民生活福利”②多功能于一身的乌托邦，国家对其组织管理、设施配套、公共服务、环境绿化提出了超出当时社会发展水平的建设标准与内容③。

另外，为应对公社化运动开展所带来的大量乡村建设项目，国家相关部门号召和动员

① 见于1956年出台的《一九五六年到一九六七年全国农业发展纲要》。

② 见于1958年，中共八届六中全会。

③ 例如，1960年全国城市规划工作座谈会上提出的“十网”（生产网、食堂网、托儿网、服务网、教育网、卫生保健网、商业网、文体网、绿化网、车库网），“五化”（家务劳动社会化、生活集体化、教育普及化、卫生经常化、公社园林化），“五环”（环形的供水、供电、供（煤）气、供热和交通运输）。

规划设计部门的技术人员和大专院校建筑系的师生，积极支援公社规划工作。如图2-8所示，小曹巷居民点最初选址于河道一侧，村内建筑普遍采取垂直于岸线的布置方式，但建设呈散乱无序状态，建筑的规模、形制参差不齐。规划方案首先将村庄人口规模由原来的几十户猛增至2000人左右。功能组织则受当时国内“组织军事化”与片面的集体、平均主义原则的影响，其中由2个生产队构成居民点组织的基本单位——连队（约500人），主要配有1个食堂作为连部的活动中心，兼有浴室等功能，同时单位内还建有工具室、托儿所、幼儿园等设施；2～3个连队合用1个练武场，开展射击、打靶等活动，实现全民皆兵；商场、小学、电影院、图书室等社区级生活服务设施，集中布置于住区中心，保证为全体

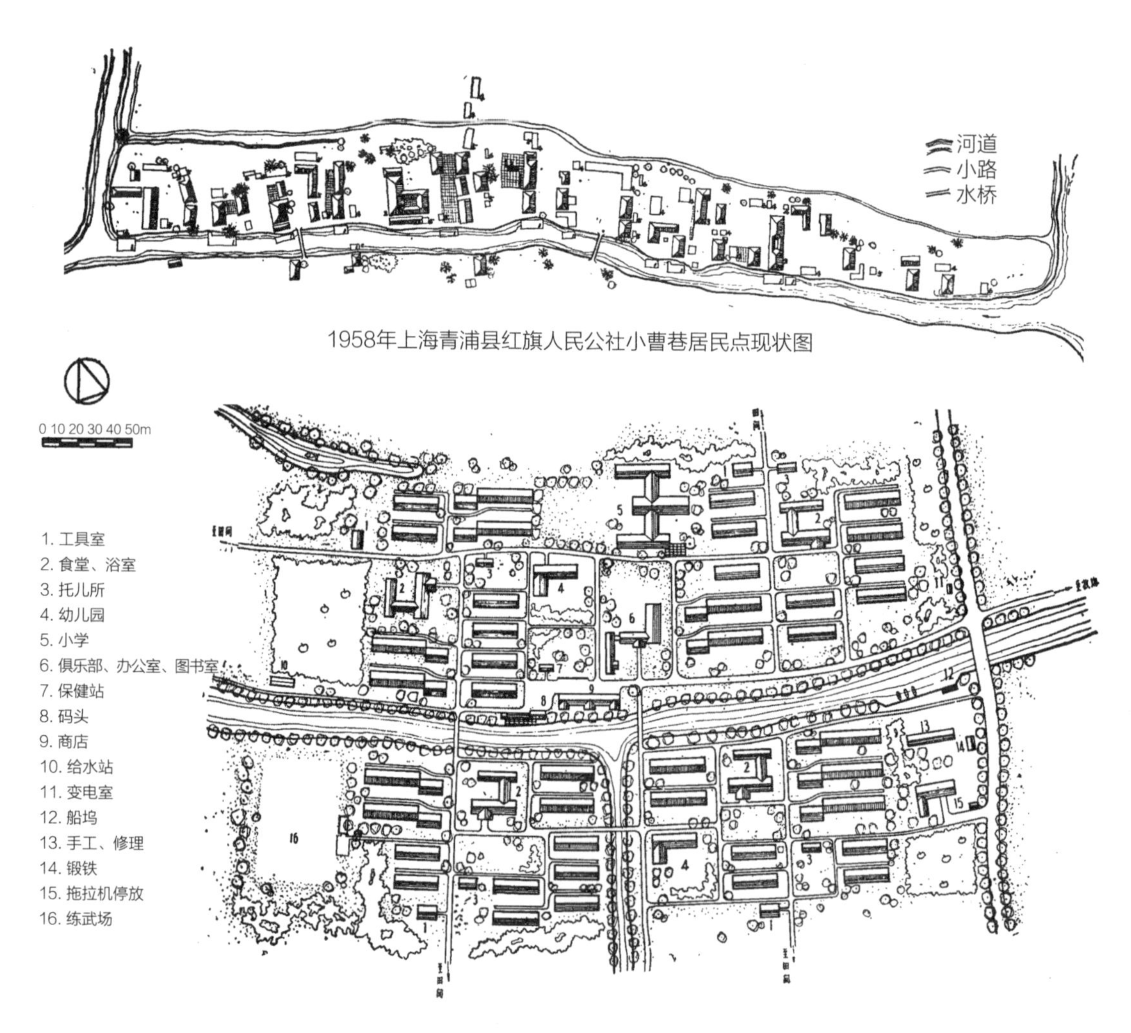

图2-8 1958年上海青浦县红旗人民公社规划

资料来源：参考文献[187]

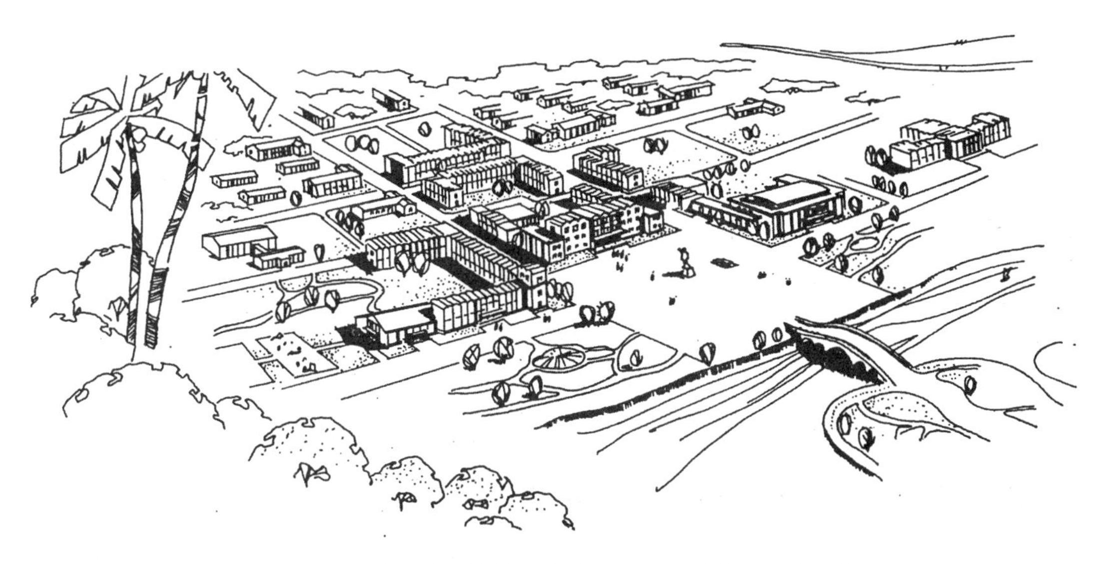

图2-9　河南遂平县卫星人民公社中心居民点规划鸟瞰图

资料来源：参考文献[188]

社员共享；修理部、锻铁厂、拖拉机停放处等生产性服务部门则布置在住区的一隅，尽量减少对日常生活的干扰。此时期，乡村住区规划已严重脱离农村经济发展的实际可能，在功能上为实现“消灭城乡差别”的目标，按照“工农兵学商五位一体”的原则，机械组织工农生产，给日常生产生活带来诸多不便；在空间上，将城市营造仪式性空间所惯用的对称、轴线、宏大尺度等手法挪用于传统乡土空间，导致地域个性化的文化与景观丧失（图2-9）。

2. 生产性乡村的典型图景

客观而言，1958年开展的人民公社运动对乡村住区建设起到了一定的积极作用，只因为“大跃进”历史环境形成的牺牲农业发展工业政策，造成基础农业生产水平发生剧烈波动，社会经济发展出现严重倒退。为此，党中央自1960年底先后发布《关于农村人民公社当前政策问题紧急指示信》（即《十二条》）和《农村人民公社工作条例（草案）》（即《六十条》）等重要指导性文件，纠正以“五风”为标志的“左”倾错误思想，通过明确三级所有、队为基础的公社体制，以及减少粮食收购、提高收购价格，恢复家庭副业、开放乡村集市，工业支援农业、重视农业科技等措施，解决并度过了“三年困难时期”，促进乡村发展逐步回到正轨[189]。乡村住区建设主要围绕“农业学大寨”和“三线建设，备战备荒”运动开展并取得有限发展，基本保证了村民生产生活水平的稳定增长（图2-10、表2-6）。

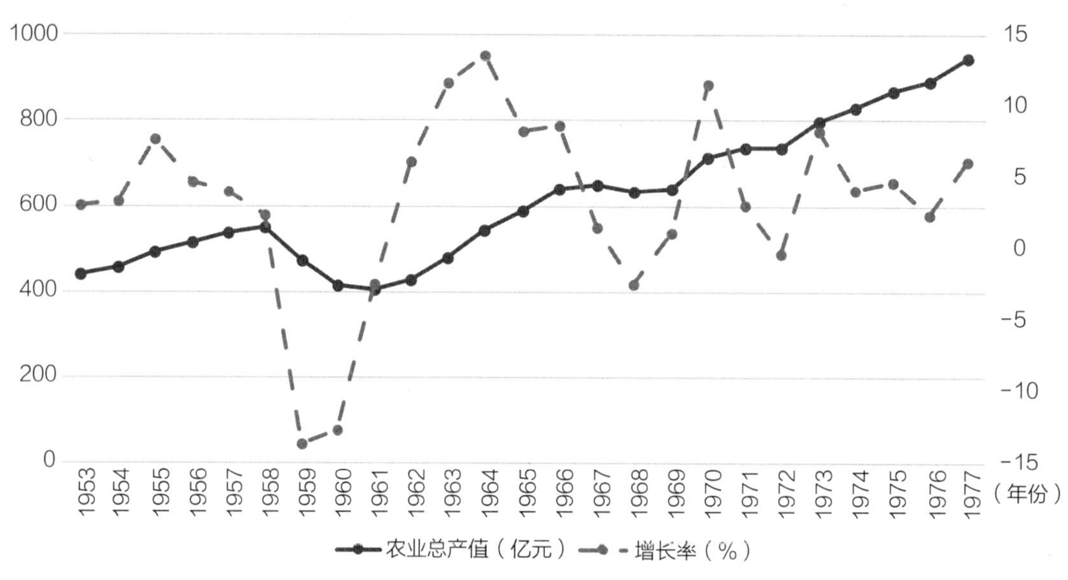

图2-10　1953～1977年全国农业生产总值及增长率

资料来源：作者整理自参考文献[190]

农村社员储蓄存款年底余额　　表2-6

年份	余额（亿元）	年份	余额（亿元）
1966	14.6	1972	20.1
1967	14.1	1973	27.1
1968	16.0	1974	30.7
1969	14.9	1975	35.0
1970	15.0	1976	36.9
1971	17.0	1977	46.5

资料来源：作者整理自《中国统计年鉴》

1）集体农业的“大寨样板”

为了恢复困难时期丧失的农业生产积极性，体现人民公社集体经济的优越性，鼓励忘我劳动和发展国民经济，大寨被视为农业经济与乡村建设的样板，成为国家在农业战线的一面旗帜。其中，大寨生产队发挥“自力更生，艰苦奋斗”的精神，在1963年遭遇暴雨洪水灾害后，依靠村集体的力量组织灾后重建，不仅修复了层层梯田，还“陆续修建了220孔青石窑洞，530间砖瓦房，铺设了水管，装上了电灯”[188]建成了崭新的大寨新村，深刻影响了一个较长历史时期内的乡村住区建设（图2-11）。伴随“农业学大寨”运动发

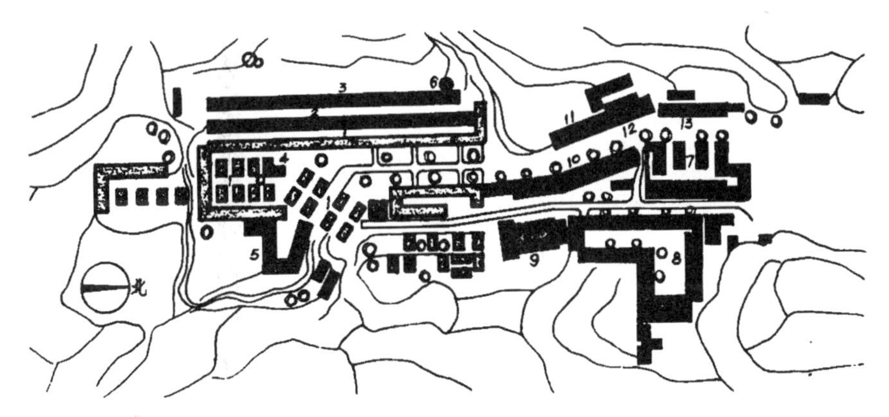

1. 住宅　2. 学校　3. 卫生院　4. 托儿所幼儿园　5. 农机房　6. 高位水池
7. 接待站　8. 招待所　9. 礼堂　10. 供销社　11. 邮电所　12. 饭店　13. 新华书店

图2-11　山西省昔阳县大寨大队新村总平面图

资料来源：参考文献[188]

展为全国性政治运动，部分经济条件较好的生产队开始借鉴其集体建房的经验①，为社员建设新房，改善居住条件，建成了一批新村（图2-12）。但这一阶段的新村规划，普遍存在机械照搬大寨新村建设模式的问题，建筑布置普遍公式化、样板化，呈兵营式的“排排房”，缺乏对周边环境的综合考虑。这也反映出自农业集体化以来，农民不仅在生产环节丧失了自主调整劳动要素的权利，成为一个简单的农业生产者，而且在日常生活中集体社会漠视个人差异，过分强调片面集体主义，导致住区空间呈现出“平均化”的特征。

2）工农结合的“大庆模式”

自20世纪60年代初期以来，中苏关系恶化、美越战争升级、中印关系紧张，我国始终处于较为紧张的国际环境。为此，国家决定借助“三五计划”推进“三线建设”，改善工业布局，加强国防建设。在此过程中，大量工业企业建设于偏僻的乡村地区，并一度形成工业建设与乡村公社的紧密结合，利用工业“乡村化”消灭城乡差别的“大庆模式”[52]（图2-13）。若干专业化工厂遍布于偏僻的田野之中，极度分散的布局方式不仅对工业生产与职工生活产生诸多不便，而且“二元”体制下单位社会与乡土社会之间存在明显的隔阂，对乡村的运行秩序产生了一定影响[191]。

① 主要包括两种方式：（1）部分村庄完全照搬大寨经验，采取大队统一组织施工，建成住宅产权归集体所有，社员分配获得房屋使用权，并缴纳维修费用；（2）部分村庄有所突破，采取“自建公助”的模式，由大队与社员共同筹集建房所需的资金，建成住宅产权归社员，但需逐步偿还集体帮扶提供的资金。

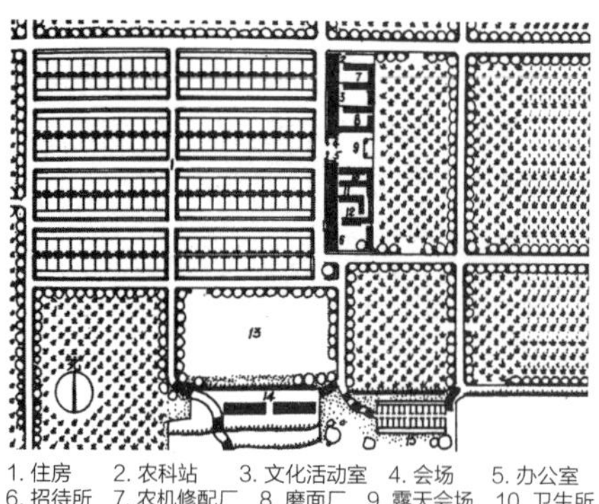

1. 住房　2. 农科站　3. 文化活动室　4. 会场　5. 办公室
6. 招待所　7. 农机修配厂　8. 磨面厂　9. 露天会场　10. 卫生所
11. 会议室　12. 食堂　13. 晒场　14. 学校　15. 养猪场

（a）陕西省礼泉县烽火大队新村规划示意图及现状图

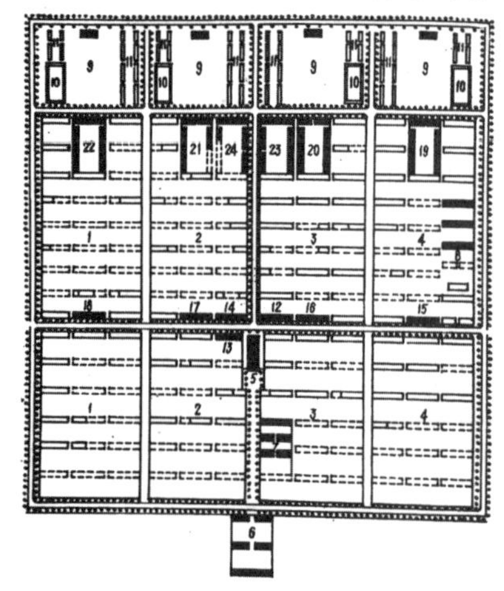

1. 一队居住区　2. 二队居住区　3. 三队居住区　4. 四队居住区
5. 礼堂　6. 学校　7. 知识青年宿舍　8. 接待站
9. 晒场　10. 贮水池　11. 养猪场　12. 大队革委会
13. 供销店　14. 合作医疗站　15. 一队活动室　16. 二队活动室
17. 三队活动室　18. 四队活动室　19. 一队畜舍　20. 二队畜舍
21. 三队畜舍　22. 四队畜舍　23. 机务组　24. 副业组

（b）河北省衡水市深州县后屯村大队新村规划示意图及现状图

图2-12　集体农业阶段乡村建设的典型案例

资料来源：作者整理自参考文献[188]及Google Earth卫星图

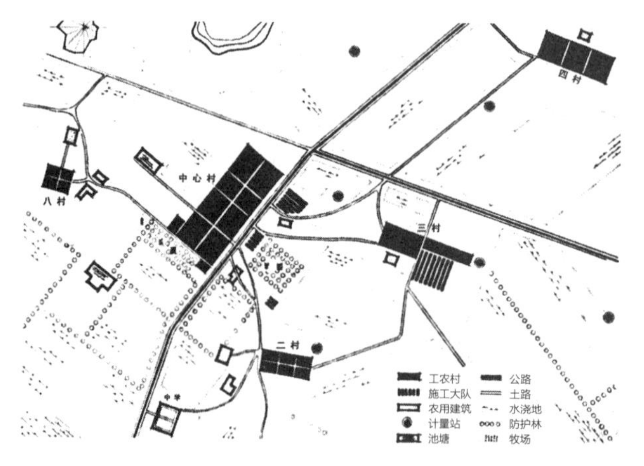

图2-13　大庆“红卫星”工农村总图

资料来源：参考文献[52]

2.3 城镇化与工业化共同推动乡村住区建设（1978～2002年）

新中国成立后的30年间，国民经济发展跨越了温饱阶段，基本建成一个相对完整的工业体系，改变了“一穷二白”的落后面貌。但与此同时，忽视长期利益为代价的超高速发展模式附带的“后遗症”逐步显现。人民生活水平长期得不到改善，始终在低水平徘徊；生活性基础设施建设落后，无法满足全面发展的要求；基础产业发展与加工工业差距较大，国民经济处于结构性失衡等。因此，国家开始调整工业化和城市化战略，利用社会主义市场经济体制改革，推动城乡关系转变和强化市场的资源配置作用，乡村发展进入贡献回转期。

2.3.1 城乡关系调整改变乡村发展环境

2.3.1.1 农业领域的改革释放社会生产潜能

新中国成立后的30年间，国家制度性建构了一系列“城市偏向”型政策，乡村发展始终处于弱势地位。地区落后的发展水平倒逼变革行动率先于乡村发生。自1978年十一届三中全会召开，国家逐步将工作重点转移至经济建设，并采取诸多“让利放权”政策，为乡村短期内的快速发展创造了条件（表2-7）。

1982～1986年中共中央的五个“一号文件” 表2-7

时间	文件	主要内容
1982年	《全国农村工作会议纪要》	确立“双包”（包产到户和包干到户）的合法地位，都属于“社会主义农业经济的组成部分”
1983年	《当前农村经济政策的若干问题》	从理论上肯定家庭联产承包责任制，并鼓励全面推行
1984年	《关于一九八四年农村工作的通知》	延长土地承包期，稳定和完善联产承包责任制，鼓励农民增加对土地的投资
1985年	《关于进一步活跃农村经济的十项政策》	推动农业结构调整，调整农副产品统购派购的制度，对粮、棉等少数重要产品采取国家计划合同进行收购，扩大市场调节
1986年	《一九八六年农村工作的部署》	摆正农业在国民经济中的地位，深化农业结构调整，改善农业生产条件

资料来源：作者整理

1. 家庭承包制优化生产要素配置方式

改革开放以来，国家通过施行家庭联产承包责任制，重新恢复和确立家庭在农业经营中的主体地位，实现生产要素的合理流动和优化配置。农业生产虽然是一个受多因素影响的长期过程，但其劳动成果却只表现为农作物产量的单一形式。因此，在新中国成立初期农业集体化运动演进至高级社阶段时，“农业社会主义”理想及其在生产、分配等环节暴露出的“共产风”“大锅饭”等集体性特征，严重影响了农户的生产积极性，致使农业生产效率长期在低水平徘徊。改革开放新时期，农村改革推行的“包产到户”与“包干到户”，通过给予农户更大的生产自主权，发挥家庭在支撑制度创新和提升经济效益方面的核心作用，成功地在生产单元内部实现劳动力高效利用。在承包整个生产过程的前提下，农户按照“缴够国家的，留足集体的，剩下都是自己的”的逻辑，统筹管理农业生产活动，灵活发展副业补充家用，推动生产生活水平迅速提高。

2. 农产品市场化提升农业劳动的价值

改革开放之前，提供“低价”的农副产品成为乡村支持城市建设的主要方式。因此，农副产品市场化成为推进农村经济体制改革的必然要求。1979年，党的十一届四中全会出台《关于加快农业发展若干问题的决定》，提出“粮食统购价格从一九七九年上市起提高百分之二十，超购部分在这个基础上再加价百分之五十”，并主张酌情提高其他农副产品的收购价格，降低农用工业制品的出厂与销售价格。统计数据显示，农副产品收购的价格在改革初期获得大幅提高之后，便持续稳定增长（图2-14）。尤其在1985年，国家决定调

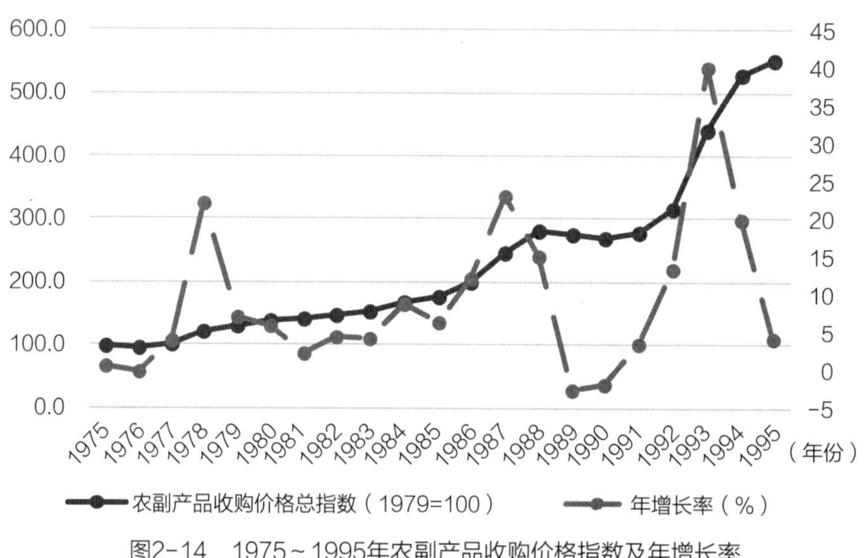

图2-14 1975～1995年农副产品收购价格指数及年增长率

资料来源：作者整理自《中国统计年鉴》

整统购统销制度，“除个别品种外，国家不再向农民下达农产品统购派购任务，按照不同情况，分别实行合同订购和市场订购”①。国家通过活跃市场流通，提升农产品价格，降低农业剩余流出让利乡村，有效提高了农业劳动的价值和农民的收入水平。得益于农产品市场化流动的增强，城乡之间市场交易的机会结构发生改变，农户家庭作为机会参与主体的积极性与活跃度空前高涨，对于提升农业生产潜能、改善种植结构等方面也发挥了极大的促进作用。

2.3.1.2 财政包干激励乡镇企业发展，承载冗余劳动力转移

乡镇企业前身为人民公社时期的社队企业，在初期形成时曾经历过短暂的繁荣。1959年，公社工业企业数量约为70万个，产值达到100多亿元。然而，1962年国家颁布《关于发展农村副业生产的决定》，规定“公社和生产大队一般地不办企业”。社队企业发展的形势急转直下，大量关闭、停产。截至1963年，全国农村社队企业数量锐减至1.1万个，产值仅为4.2亿元。虽然伴随国民经济状况的变动，社队企业建设在后期发展中也得到了一定的恢复。特别是“文化大革命”期间，部分城市工厂停工，大量技术人员与知识青年下放，为乡村工业化提供了市场与技术。但是，在“以粮为纲”的总体指导方针下，农业长期占据乡村经济生活的主导地位。

改革开放后的20世纪80年代中后期，乡镇企业重新崛起并不断壮大，成为中国乡村发展与建设的主要力量。一方面，从外部发展环境来看，“财政包干”有效地扩大了地方自主权，刺激乡镇政府助力属地企业的发展。1983年，中共中央发出《关于实行政社分开建立乡政府的通知》，要求各地乡村有序推行政社分开，建立乡镇政府。国家利用调整集体农业时期遗留的“一元”组织体制的机会，将农业生产责任制的成功经验以“包干”的形式移植到乡镇政府的财政收支管理工作中，即在完成制定的包干总量基础之上，超额完成的财政收入由乡镇自留。由于“包干”并未限定财政税收的构成，地方财政只要完成“计划”的基数，便可在分享县政府财政预算的同时，截留自身完成的超额税收。因此在众多的税收所得中，隶属地方的乡镇企业对乡镇税收的贡献日益突出。这在很大程度上刺激了地方政府发展乡镇企业的积极性。另一方面，就自身条件特征而言，乡镇企业能够充分利用经济自主的优越性，抓住改革开放过程中出现的发展机遇。改革开放初期，中国社会经济制度正经历计划经济向社会主义市场经济的过渡，产生了独特的“双轨制”。其中，在

① 见于1985年1月 1日，中共中央、国务院颁布的《关于进一步活跃农村经济的十项政策》。

作为经济改革核心问题的价格改革中也出现了所谓的“价格双轨制”①。这使乡镇企业能够发挥其决策自主、经营灵活的特点，率先尝试摆脱国家计划的控制，采取“放调结合”的方式调整产品价格，主动适应市场的需求。数据显示，1987年乡村非农产值比重首次超过农业，而且非农生产部门在接受1664.8亿元城市工业产品的同时，也为其提供了1238.89亿元产品（表2–8）。乡镇企业代表的非农部门打破原有的城乡功能分工和二元就业结构，一跃成为城市现代工业与乡村传统农业之间的“第三元”，增加乡村冗余劳动力参与城乡利益再分配的机会。特别在乡镇企业高速发展的1984 ~ 1992年间，其累计吸纳转移人口7346.46万人。大量农业剩余劳动力摆脱种植业的束缚，呈现出“井喷式”的转移特征。

2.3.1.3 土地城镇化改变政府行为，城乡空间资源争夺加剧

1. 分税制改变地方政府的经营行为

一方面，在财政包干制的施行过程中，“分灶吃饭”的财政体制造成中央难以对地方经济实现有效的控制。例如，乡镇企业与地方政府间的普遍联系过密，企业会将部分原本上缴财政的“税收”转换为上缴政府的“利润”，成为后者转移预算外资金的载体；政府则以费用摊派等形式，依靠企业的支持缓解公共财政紧张[192]。数据显示，1994年中央政府占全国财政收入的比重还不足33%[193]，国家宏观调控能力不足，区域非均衡发展问题凸显。为此，国家开始施行分税制改革，通过建立国税、地税两套税务征管机构，分别对中央税、地方税和共享税三类税种进行征收。新税制在调整中央与地方收入分配方式的同时，对地方发展的机会结构也产生了重要的影响。按照相关规定，以乡镇企业为主体财源征收的增值税，75%交国家，25%留地方，乡镇企业对地方财政支持的边际效益大幅降低。而且，分税制规范了国家税收的刚性约束，取消了地方优惠减免政策，一定程度上增加了企业的税负，尤其对经济规模较小的企业的冲击更大。乡镇企业的发展速度在1993年达到65.1%的峰值之后出现回落，出现效益下滑，亏损增加等问题[194]。由此，乡镇企业在吸纳乡村剩余劳动力、增加农民收入、改善地区生活水平等方面的作用日渐势微，借助乡村工业化开创的地区繁荣局面逐渐消退。

改革开放之后，我国基层政府在“路径依赖”效应的影响下，仍旧延续着计划经济时期的“压力型体制”，即“一级政府（县、乡）为了实现经济赶超，完成上级下达的各项指标而采取的数量化任务分解的管理方式和物质化的评价体系”[195]。该体制以“政治锦

① 与农副产品收购价格包括“统购价”与“超购价”的情况类似，企业生产的同一工业品生产资料具有两个价格，一种是由国家定价的“计划内价格”，另一种是由买卖双方协商达成的“计划外价格”。

1987年城乡经济投入使用产出概况（单位：亿元） 表2-8

项目			中间使用					最终使用				总产出
			农村		城市		合计	农村消费	城镇和社会消费	其他	合计	
			农业	农村非农产业	城市工业	城市其他部门						
中间投入	农村	农村	847.69	286.00	1130.85	94.36	2358.90	1749.15	504.64	362.40	2616.19	4975.09
		农村非农产业	140.81	748.02	1238.89	700.22	2827.94	384.67	397.55	1145.75	1927.97	4755.91
	城市	城市工业	535.22	1664.77	3867.82	1435.84	7503.65	1043.18	1110.40	870.91	3024.49	10528.14
		城市其他部门	146.03	374.07	682.10	536.45	1738.65	490.63	1662.24	1811.56	3964.43	5703.08
	合计		1669.75	3072.86	6919.66	2756.87	14429.14	3667.63	3674.82	4190.62	11533.08	25962.22

资料来源：参考文献[196]

标赛”和量化政绩考核指标的物质激励形式，将经济建设转化为政府的自觉行为。如1995年中央组织部下发的《关于加强和完善县（市）党委、政府班子工作实绩考核的通知》中，就将国内生产总值（GDP）及其增长率列为经济建设类考核指标的首位，造成一些地方政府将“以经济建设为中心”片面解读为“以GDP增长为中心”。加之分税制的出台造成“财权层层上移，事权层层下移”的情况下，地方财政增收缓慢，却又必须承担农村义务教育、计划生育等刚性支出。为迅速缓解财政收支矛盾，达到绩效考核标准，政府愈加重视收益规模较大、自主支配度高的土地经营活动，逐步由早期通过经营企业获得税收与利润，过渡到依赖出让土地带来的相关税费与融资收入的“以地生财”模式。

2. 二元土地制度催生新的“剪刀差”

经历20世纪50～60年代的农业集体化运动，我国基本形成由城市国家用地和乡村集体用地共同构成的“二元”土地所有权体制。但改革开放前土地是采用行政划拨的方式，无价、无流转、无期限地分配给使用者。自改革开放之后，计划经济逐步向社会主义市场经济转型，土地的资产价值才得以显现。一方面，按照1982年《宪法》的规定，仅有“国家为了公共利益的需要，可以依据法律规定对土地征用”。1986年的《土地管理法》又进一步明确了国家在集体用地征用与农用非农转换等方面的作用，保证了政府对土地一级市场的垄断，能够获得土地所有权及用途转换过程中产生的级差地租。另一方面，伴随大量的国外投资进入国内，国家通过制定相关的政策法规，允许采用费用缴纳、土地入股等形式对合资企业收取“场地使用费”，确立土地有偿使用制度的最初形式（表2-9）。在后期的发展中，深圳特区率先将该制度的适用范围扩展到所有的城镇土地，逐步形成了以地方政府为主体，以协议、公开招标和公开拍卖为主要方式的土地出让使用制度。与此同时，中央政府主要通过修订《宪法》，承认土地出让制度的合法性①，进而出台《城镇国有土地使用权出让和转让暂行条例（1990）》，标志以收取土地出让金为核心的土地有偿使用制度的建立，从而结束了单一的行政划拨土地供给制度。受上述两方面因素以及出让制度试行初期相关约束机制缺乏等影响，地方政府往往利用土地征收的权力，追求出让收益最大化，通过行政划拨或协议出让的方式低价征用乡村土地，用于建设工业园区、开发园区，以求吸引外来投资，拉动地方经济总量。虽然在20世纪90年代前后，国家采取了一系列措施约束、规范土地使用权转换过程中的相关问题（表2-10），但分税制的施行将土地出让收益全部划归地方，以及同期推行的住房制度改革，均加剧了“土地财政”的热度。大部分地方城市为补贴地方财政收入，推动城市现代化建设，将绝大部分的土地出让收益作为

① 见1988年4月12日，第七届全国人民代表大会第一次会议通过的《中华人民共和国宪法修正案》。

预算外收入投入城市的公共服务与基础设施的建设，出现了土地要素及其附属价值为主的发展要素由乡村单向流向城市的状况。相关研究表明，1978～2001年国家通过“土地剪刀差”为城市建设至少积累了2万亿元的资金[197]。

改革开放初期针对中外合资企业场地使用费出台的相关政策文件　表2-9

时间	文件名称	相关重要内容
1979年	《中华人民共和国中外合资经营企业法》	中国合营者的投资可包括为合营企业经营期间提供的场地使用权。如果场地使用未作为中国合营者投资的一部分，合营企业应向中国政府缴纳使用费
1980年	《关于中外合营企业建设用地的暂行规定》	规定“场地使用费，可以作为中国合营者投资的股本，也可以由中外合营企业按年向当地政府交纳”，明确将地方政府作为国家土地所有权的受益者
1983年	《中华人民共和国中外合资经营企业法实施条例》	进一步对场地使用权及其费用做了全面说明，并同意地方政府酌情给予优惠政策
1986年	《关于鼓励外商投资的规定》	地方人民政府可以酌情在一定期限内，免收产品出口企业和先进技术企业的场地费

资料来源：作者整理

20世纪90年代前后国家针对土地出让出台的相关约束政策　表2-10

时间	文件名称	相关重要内容
1988年	《中华人民共和国城镇土地使用税暂行条例》	各地停止征收土地使用费，改由土地所在地税务机关依法征收土地使用税，并纳入财政预算管理
1989年	《关于加强国有土地使用权有偿出让收入管理的通知》	土地使用权有偿出让收入必须上缴财政，主要用于城市建设和土地开发
1989年	《国有土地使用权有偿出让收入管理暂行实施办法》	具体实行收支两条线方式，管理国有土地使用权出让收入和城市土地开发建设费用，其中，取得收入的城市财政部门应预留上缴财政资金的20%，成立城市土地开发建设基金，剩余部分的40%上缴中央财政，60%留归取得收入的地方财政
1989年	《关于出让国有土地使用权批准权限的通知》	严格遵照行政划拨国有土地使用权的批准权限，严禁采用“化整为零”，变相扩大批准权限
1992年	《关于国有土地使用权有偿使用收入征收管理的暂行办法》	在“出让金”的基础上增加“增益金”，土地使用权的转让或出租也需按规定向财政部门缴纳价款；其中，中央对土地出让金与增益金的分成比例为5%，地方比例自定
1992年	《关于严格依法审批土地的紧急通知》	依法审批土地，加强地价管理，打击违法占地、越权批地、大片圈地等问题
1992年	《关于严格制止乱占、滥用耕地的紧急通知》	加强土地管理，坚决制止乱占、滥用耕地
1994年	《城市房地产管理法》	从法律层面明确了划拨和出让土地的范围，以防地方政府低地价出让土地以获取其他利益

续表

时间	文件名称	相关重要内容
1994年	《关于深化土地使用制度改革的决定》	标志土地使用制度由划拨走向出让
1995年	《协议出让国有土地使用权最低价确定办法》	协议出让最低价由省级人民政府土地管理部门拟定，地方人民政府土地管理部门只有执行最低价格的义务，并且要求市县人民政府土地管理部门应当向社会公布协议出让国有土地使用权出让金

资料来源：作者整理

2.3.2 居住改善的需求推进住区建设

虽然自20世纪60年代以来，我国乡村经济在波动中缓慢发展，但农村家庭的生活水平始终停留在贫困边缘，绝大部分消费支出仍用于解决吃饭、穿衣等温饱问题，住房支出所占比重始终较低（表2-11）。同时，受制于严格的“二元”户籍制度，农村人口不断激增，乡村住区的居住条件始终未有明显改善。1957～1979年间全国农村人均住房面积甚至由11.30平方米下降至11.03平方米。建成的房屋土坯、茅草结构的建筑面积占比高达58.8%，大量房屋年久失修，破败不堪。伴随两次生育高峰①出生的人群陆续进入婚龄或

1954～1978年农村居民生活主要支出（单位：亿元；%） 表2-11

年份	人均纯收入	人均生活消费品支出	食品		衣着		燃料		住房	
			费用	比例	费用	比例	费用	比例	费用	比例
1954	64.14	57.95	40.86	70.51	7.79	13.44	3.92	6.76	1.23	2.12
1956	72.92	64.88	45.40	69.98	8.84	13.63	5.01	7.72	1.35	2.08
1957	72.95	69.63	46.59	66.91	9.52	13.67	7.11	10.21	1.49	2.14
1962	99.09	89.88	56.13	62.45	7.73	8.60	12.77	14.21	4.57	5.08
1963	101.32	91.35	59.41	65.04	8.75	9.58	10.52	11.52	4.42	4.48
1965	107.20	92.53	65.11	70.37	10.00	10.81	7.90	8.54	2.69	2.91
1976	113.05	—	—	—	—	—	—	—	—	—
1977	117.09	—	—	—	—	—	—	—	—	—
1978	113.57	112.9	78.59	69.61	14.74	13.06	8.28	7.33	3.67	3.25

资料来源：作者整理自参考文献[198]

① 我国于20世纪50年代和60年代期间，分别出现了两次人口生育高峰。

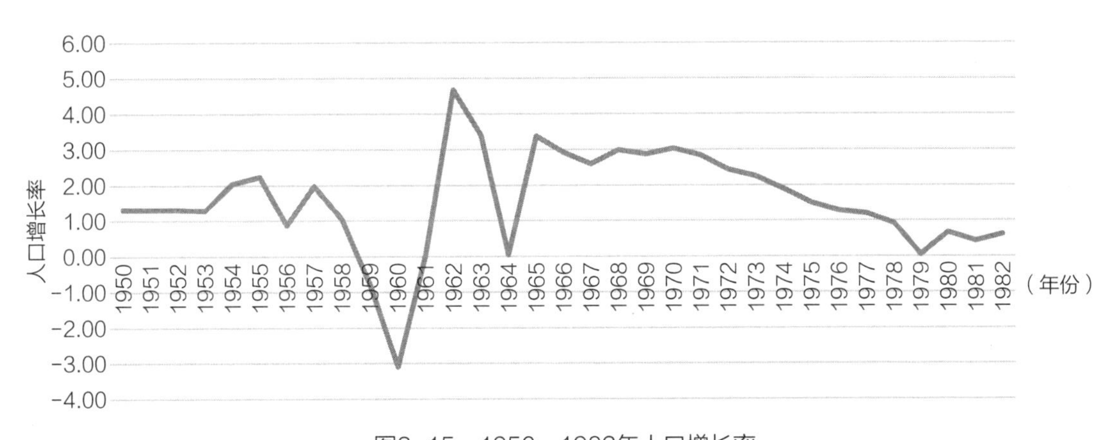

图2-15 1950～1982年人口增长率

资料来源：作者整理自《中国统计年鉴（1983）》

生育期，建房的潜在主体规模不断扩大，其改善居住水平的愿望愈加强烈（图2-15）。并且年轻家庭的家庭观念出现变动，他们更愿意“另立门户”，几代同堂的传统大家庭愈发少见。上述主体需求变动均成为推动乡村住区建设的重要因素。

伴随改革开放初期政治经济改革的推行，广大乡村先于城市获得制度性变革的红利。家庭联产承包责任制的施行，人民公社、统购统销等制度的破除，极大提升了乡村经营的自主性与农民生产的积极性，长期困扰农民的温饱问题基本解决，乡村经济获得迅速发展。截至1984年底，全国农村社员的储蓄数额增长至438.1亿元，为1978年的6.97倍。由于收入水平的提升，农民有能力将改善居住条件的迫切愿望转化为具体的建设活动。数据显示，仅“1979～1984年的6年间，全国农村新建住宅35亿平方米，公共和生产建筑4亿平方米，超过了前30年乡村建房面积的总和”[199]。

2.3.3 乡村工业化延续分散格局

二元隔离阶段，乡村长期按照“以粮为纲”原则安排各项生产建设，经济结构相对单一，发展建设缺乏动力。而20世纪80年代兴起的乡镇企业在国家无力顾及乡村建设之时，成功促成“工农剪刀差”回流，为地区发展提供有力支持。

2.3.3.1 非农收入提升农户改善居住条件的能力

整体而言，自1978年家庭联产承包责任制兴起并迅速推广，乡村经济在短暂时间内实现了“超常规”增长。在农村经济结构调整过程中，多种经营生产与商品经济意识不断

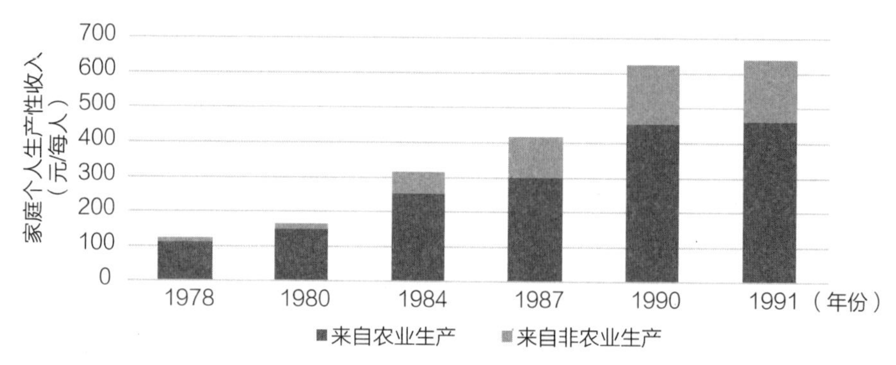

图2-16　农村家庭个人生产性收入状况变化

资料来源：作者整理自《中国统计年鉴》

增强，为乡村工业化的快速发展做好了铺垫。这一变化对江南地区的影响尤其深刻。由于该地区原本就拥有较好的农业基础，“承包制”的施行并未对农业生产形成明显的激励作用。反而受80年代严格的户籍管理约束，家庭经营模式激化了紧张的人地关系，暴露了小农经济的“内卷化”“过密化”等问题，产生了大量剩余劳动力。恰逢乡镇企业的崛起承载剩余劳动力的转移，改变了传统乡村家庭以农为主的收入结构。如图2-16所示，农户个人收入中来自非农生产的比例由1978年的7.64%迅速提升至1991年的27.91%。得益于乡镇企业的财源补充，我国城乡居民收入和消费差距大幅降低，前者在1985年降至1.72：1，后者则降至2.24：1。乡村工业化极大改善了农户的贫困状况，农民手中握有更多可用于房屋建设活动的资金，住房消费支出大幅增加。数据显示，1979～1984年间，农民用于建房的投资金额由64.5亿元猛增至270.7亿元，年均增长幅度高达33.2%；80年代以来，农村年度新建房屋面积达到了峰值阶段，人居居住面积持续稳定增长，都反映出此时乡村住区建设的蓬勃景象（表2-12、表2-13）。部分经济发达的工业乡村甚至跨入“瓦房变楼房”的更新阶段，房屋的结构安全与居住条件都得到极大的改善。至于聚落的空间形态，受强大集体经济和愈发严格的宅基地管理影响，此阶段住区内部空间呈现出单一化与均质化的特征（图2-17）。

1979～1984年全国农民建房投资概况　　表2-12

时间（年）	1979	1980	1981	1982	1983	1984
投资金额（亿元）	64.5	108	160	169	214.5	270.7
年增长率（%）	—	67.44	48.15	5.63	26.92	26.20

资料来源：作者整理自国家统计局和农业研究发展中心相关统计资料

1978～1990年农村新建住宅面积和居民居住状况　　表2-13

时间（年）	1978	1980	1985	1986	1987	1988	1989	1990
新建房屋面积（亿平方米）	1.00	5.00	7.22	9.84	8.84	8.45	6.76	6.91
人居居住面积（平方米）	8.1	9.4	14.7	15.3	16.0	16.6	17.2	17.8

资料来源：作者整理自《中国统计年鉴（1997）》

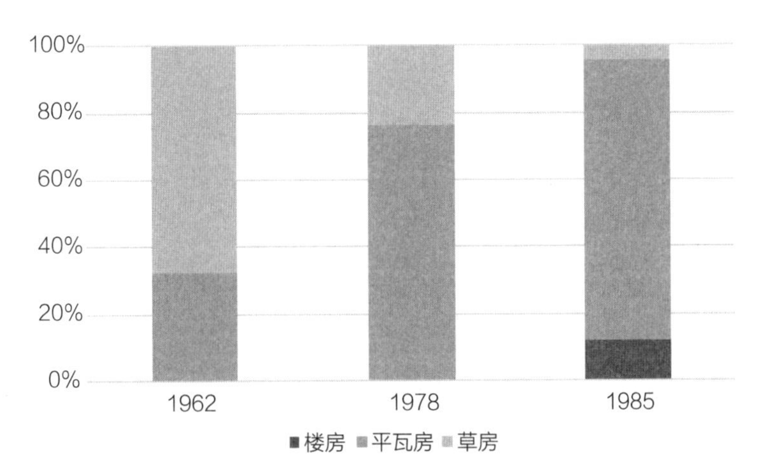

图2-17　经济发达地区乡村住宅更新状况

资料来源：作者整理自参考文献[200]

2.3.3.2　乡镇企业推动住区配套设施完善

在政府层面，为支持和稳定乡村地区的发展，发达国家往往采用保护性的财政补贴政策，推动城市与乡村的协调发展。20世纪80年代异军突起的乡镇企业，在短暂的数年间迅速发展，开始占据乡村经济中的主导地位。比如江苏省1984年乡镇工业总产值达到236亿元，第一次超过225亿元的农业总产值。由于地方政府普遍大量掌握乡镇企业的产权，模糊的产权关系造成二者之间存在“紧密”的联系。在国家财政紧张，无力顾及乡村之时，乡镇企业担负起支援地区建设的任务。“1978～1987年间，乡镇企业的税后利润用于农村文化、教育、交通等各项事业建设资金684亿元，以工补农、建农资金162.8亿元，相当于同期国家投资的1/3以上，相当于国家‘六五’期间财政用于农业基本建设的拨款。”[201]另外，政府还会每年从乡镇企业的利润中抽出一部分作为小城镇建设基金，用于能源、供水、交通等基础设施及教育、医疗、文化等公共设施的建设。小城镇的面貌发生很大变化，不仅改善了生产生活环境，也利于形成集聚效应，成功缩小了城乡差异。例如江苏省昆山市的城北镇，在1985年还是一个不足200人的小村庄，发展至90年代初期建成面积就达到2.5平方公里，人口近5000多人，镇内有镇村企业120家，“三资”企业71家，年度工农业产值超过10亿元；各类公共基础服务设施齐全，成为辐射周边15个村庄的经济文化中心。

2.3.3.3 就近发展保持乡村分散居住模式

尽管20世纪80年代乡村工业的繁荣改变了农户相对单一的就业结构，家庭劳动力在乡镇企业中的兼业数量不断攀升，一度令乡镇企业发达地区出现农业“副业化”的倾向。但该阶段乡镇企业多定位于服务居民日常生活和农业生产，经营项目以自给、半自给性的加工行业为主，普遍按照“三就地”原则（就地取材、就地生产、就地销售）进行建设。“全国有80%的乡镇企业分布在村落，12%在村集镇，7%在建制镇，仅1%在县以上城镇”[202]，大量企业在广阔的乡村中遍地开花，造就了乡村“离土不离乡，进厂不进城”就地就近发展模式。相关数据显示，改革开放后从农村中离析出的劳动力仅有15%转移至城镇及乡镇企业[203]。其实绝大多数农民并未因户口管理与就业限制等制度性障碍的松动而选择进城经商务工，仍然以兼业工作的方式滞留于乡村，令住区分散的形态格局得以延续。此阶段村庄的更新活动基本围绕原有的建设范围展开，地域肌理、形态、风貌等固有自然人文特征得以延续。例如在自然水网发达的苏南地区，乡村始终沿河线性布局，呈邻水而建的地域特色（图2-18）。

（a）开弦弓村平面图　　（b）黎里镇村落布局图

图2-18　20世纪80年代苏州市吴江区乡村建设概况

资料来源：作者整理自参考文献[204]

但值得注意的是，此阶段农民意识中根深蒂固的“乡土”价值观念出现松动。由于传统农业相较于非农产业经济效益不断降低，国家尚未建构完善的乡村规划建设、农地用途管制等制度，多因素共同导致乡村建设活动呈现较强的自主性与随意性。例如部分新建的住宅、企业选址于交通运输便利的地区，成为脱离原有成长空间的“飞地”。这种建设模式不仅破坏了乡村传统的地域风貌，还会影响村庄的土地集约利用、生态环境保护等方面。

2.3.4 乡村城镇化促进均衡集中

宏观层面，住区中心（集镇）的发展推动乡村住区空间结构的网络体系趋于稳定，生产生活的组织与发展要素的流动趋于有序。伴随城乡交流加剧和商品经济发展，原本因统购统销政策而丧失物资集散功能的集镇重新焕发了活力，实现了历史上前所未有的繁荣，成为新一轮乡村住区复兴和扩张建设的重点。它不仅具备经济、文化、科技、服务和交通中心地位，而且乡镇企业经济还因被赋予更多的生产功能，有效促进乡村发展要素就近空间转移和小规模集聚，自下而上地推动地域城镇化进程。特别是以劳动密集型加工工业为主的乡镇企业成为此阶段刺激集镇用地、人口规模不断扩张的主力。大量隶属地方的乡镇企业选址于住区建成区附近，形成新的独立功能片区，导致住区原有建设规模在短时间迅速扩大。从1988～1995年苏锡常集镇发展的状况来看，地区内集镇人口规模增加了近15%，但新增的建制镇数量与集镇镇区平均用地面积比例增加了1倍以上（表2-14）。通过GIS空间分析软件，分别对该地区20世纪80与90年代的遥感影像进行提取与识别可以发现，经过10年左右的发展，不仅中心城区的建成空间获得了相当的增长，更为重要的是在

1988～1995年苏锡常地区集镇变动概况　　表2-14

	设镇比例（%）			镇区平均用地面积（公顷）			平均人口规模（人）		
	1988年	1995年	变化比例（%）	1988年	1995年	变化比例（%）	1988年	1995年	变化比例（%）
江苏省	23.41	41.4	79.22	52.5	85.5	62.86	3877	4450	14.78
苏锡常地区	—	—	138.14	—	—	167.31	—	—	30.01
苏州市	34.8	98.6	183.33	61.6	178.7	190.10	3895	4930	26.57
无锡市	35.3	75.2	113.03	73.6	252.0	242.39	58.62	7655	30.59
常州市	26.6	58.0	118.05	39.6	67.1	69.44	2599	3453	32.86

注：设镇比例=建制镇个数/集镇个数，其中集镇包括建制镇和非建制镇（乡镇）；

资料来源：作者整理自参考文献[177]

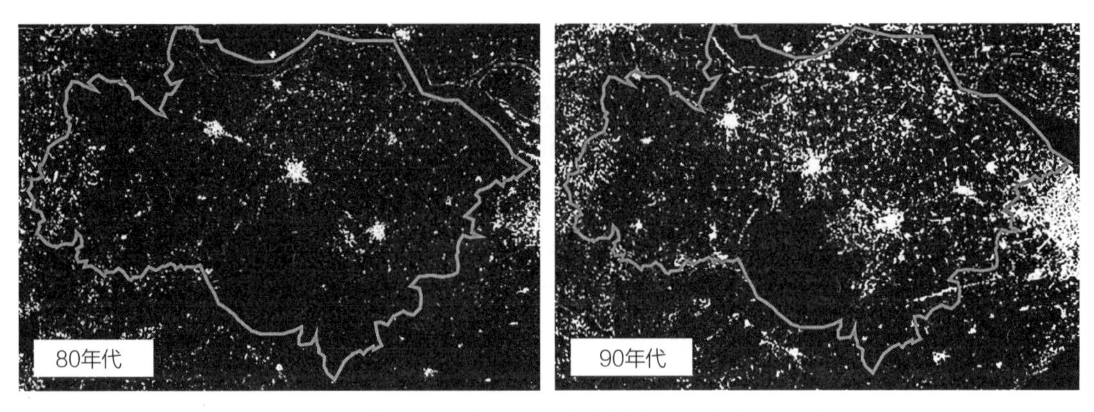

图2-19　20世纪80年代与90年代苏锡常地区建成环境对比图

资料来源：作者自绘

周边广阔的面域空间内乡村住区迅速蔓延，集镇层级单元在聚居体系中的比重提升，逐步建构了“市—镇—村”三级的稳定空间结构，推动地域空间由“分散均衡”向“集中均衡”的新型功能格局转变（图2-19）。

2.3.5　园区建设大量侵占农地

虽然伴随“统购统销”制度废止和农产品市场化，农业剩余对工业化和城市建设的直接支持不断减弱，但乡村支持城市的整体格局并未改变。尤其受20世纪90年代分税制改革的影响，逐步形成乡村土地资源输出配合城市经营城镇化项目的利益获取机制，中国城乡发展逐步进入一个以城市为中心的单向要素集聚发展阶段。产生这种行为的原因主要包括：一方面，地方企业缴纳的增值税成为成本最高、边际收益最小的税种，降低了政府对乡镇企业的扶持。相较于20世纪80年代，乡村地区乡镇企业就业人数的增长在90年代明显放缓，甚至在乡镇企业经济发达地区也出现农业劳动力转移的绝对数量和相对比重均持续下降的状况（图2-20）。另一方面，分税制改革与土地有偿使用制度的完善与确立，颠覆了地方以经营乡镇企业为主体的工业化发展模式。土地开发收益具有的数额巨大、支配自由等特征，促成地方政府由发展企业向开发土地转变。为缓解财政增收的巨大压力，政府尝试利用市场手段经营城市空间资源，从城乡土地的二元转换过程中获得高额的“地租剩余”，逐步形成“土地财政”发展模式。该模式下，政府以“行政征用”“协议出让”等方式圈占大量乡村土地，通过完善配套设施和提升园区环境推动招商引资，这不仅降低了工业化成本，还可获取土地用途改变的增值效益，一度形成了“开发区热”现象，刺激了各类项目园区建设。以苏州工业园区内的娄葑镇为例，其在1994～1999年间合计被征用

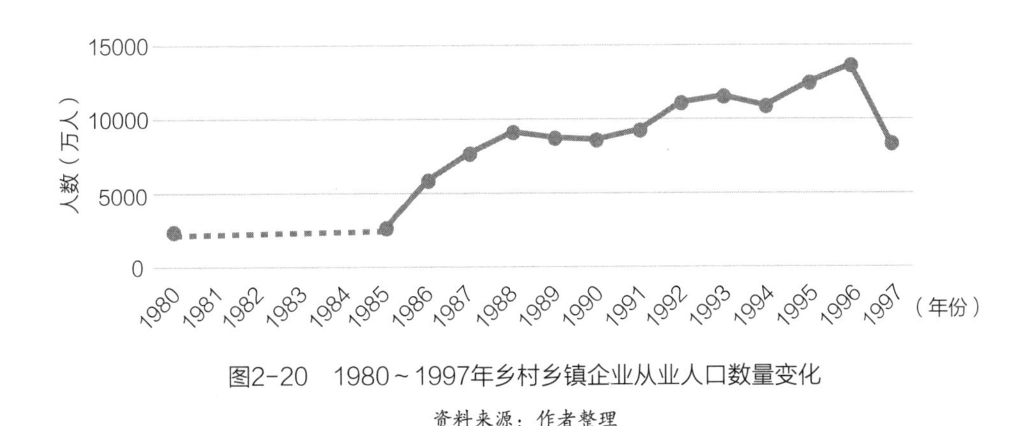

图2-20　1980～1997年乡村乡镇企业从业人口数量变化

资料来源：作者整理

土地达到了7556.18公顷，其中耕地面积由1393.00公顷锐减至344.67公顷，减少比重高达75.26%。[28]产业园区的建设虽然有效促进城市化与工业化的互动，实现了超常规速度的发展，但生产要素的集聚推动城市功能空间剧烈扩张，压缩了周边乡村及农业的发展空间。

2.3.6　村镇规划的介入与引导

长期以来，国家一直将城市视为各项建设工作的重点，无力顾及量大面广的乡村。伴随农村经济改革的成功，出现了乡村集体和农民个人的建房热潮，大规模的住区建设连带引发了空间布局、功能配套等不合理问题，尤其是全国耕地的保有量出现下滑，耕地保护的形势日渐严峻。受当时发展和建设形势的影响，开展乡镇规划以及以乡镇域作为统筹社会经济发展空间单元，对指导乡村生产生活的重要意义被重新认识。

2.3.6.1　“房屋建设”规划的最初指导

1979年，在青岛召开的第一次全国房屋建设工作会议，成为新中国成立30年以来首次针对农村房屋建设问题召开的全国性会议，标志乡村空间规划起步。会议不仅允许农民自筹自建住房，明确了房屋属生活资料，产权归个人所有的原则性问题，还提出按照“全面规划、正确引导、依靠群众、自力更生、因地制宜、逐步建设”的方针，在全国范围开展住房建设规划，并着重处理与协调好农业生产与日常生活、建设发展与节约用地等关系。紧接着于1981年在北京召开的第二次会议，主要内容是要求乡村规划在农业区划的基础上，统筹安排村域内的山、水、田、林、路、村要素，以期实现有利生产、方便生活和缩小城乡差别的目标。以上述两次全国房屋建设工作会议为开端，我国乡村规划逐步进入一个有序建设、平稳推进的历史阶段。

2.3.6.2 村镇规划转向“面域”与“综合”

在两次房屋建设会议之后，我国乡村规划的范畴就开始由最初单纯关注农房建设，逐步拓展到对包括村庄和集镇在内开展的统一规划、综合建设。至1982年指导性文件《村镇规划原则（试行）》（下文简称《原则》）正式颁布，村镇规划开始承担统筹全域范围内各项建设的职能。《原则》中最重要的内容是确立了村镇规划编制的两个层级，即村镇总体规划和村镇建设规划。其中，村镇总体规划主要是将乡镇范围内的村庄、集镇视为一个体系，统筹考虑地理区位、社会经济、发展趋势等因素，合理安排居民点布局及公共基础服务设施配置；村镇建设规划则是围绕一个具体的村庄或集镇，统一部署、协调其内部的各项建设活动。虽然面临规划任务量多面广、专业技术人员匮乏、项目资金严重短缺等诸多困难，但是通过对于相关规划内容进行一定的简化，在“合理布局、控制用地、安排近期建设”的最低编制原则的指导下，乡村住区无序的建设状况得到了有效引导。村镇规划区别于传统城市规划，建构起专门针对乡村住区的设计体系。“至1986年底，全国3.3万个小城镇和280万个村庄编制了初步规划，结束了村镇自发建设的历史。”[205]

2.3.6.3 设计竞赛发挥引领示范作用

进入20世纪80年代以来，乡村建设突飞猛进，面貌日新月异。据统计，我国农村每年新增房屋面积都保持在6亿平方米左右，人均住房面积由1978年的8.10平方米升至1985年的14.70平方米，增长比例高达81.5%。然而，此时大量的乡村建设活动严重缺乏科学合理的设计，房屋普遍存在形式呆板单一，工程质量堪忧等问题。为此，国家有关部门先后组织了一系列的设计竞赛活动，加强地方乡村建设的设计意识与经验，提升建设水平。例如，1980年国家建委农村房屋建设办公室和中国建筑学会联合组织了新中国成立后首次全国性乡村住宅设计竞赛。对比“浙江1号”与“天津3号”获奖方案可以看到，设计方案充分考虑了地域社会经济发展状况差异和村民日常的生活生产习惯，对住宅布置、院落组织、结构构造等方面进行了革新和探索[206]（图2-21、图2-22）。

发展至后期，国家将乡村住区建设的工作重点转移到集镇，提出要率先将广大的中心集镇建设为农村一定区域内的中心，实现“以集镇建设为重点，带动整个村镇建设”[207]。城乡建设环境保护部于1983年开展了一次自下而上的村镇规划竞赛活动。经过历时一年的方案征集与评议，共有79个优秀方案从众多作品中脱颖而出。如获奖的《天津蓟县官庄规划》方案，在归纳原镇区存在的功能布局结构混乱、土地集约利用低下、道路交通混杂、公共设施匮乏等问题基础上，尝试通过预测合理人口规模，逐一解决当前乡镇发展遭遇的瓶颈，成为当时具有代表性的规划方案实例（图2-23）。

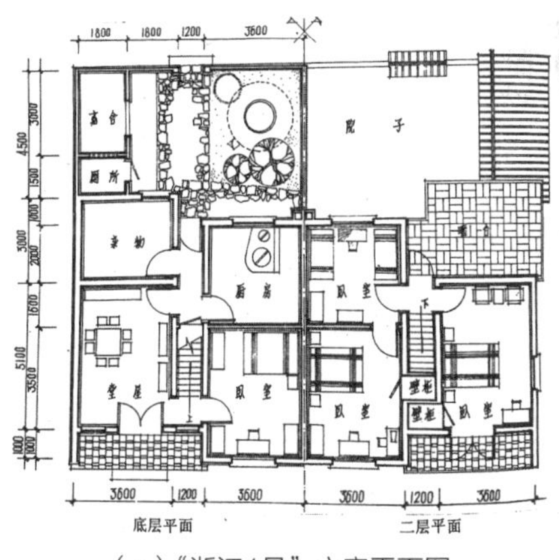

（a）“浙江1号”方案平面图

（b）“浙江1号”方案实际建成图

图2-21 “浙江1号”方案设计与建成图

资料来源：作者整理自参考文献[208]

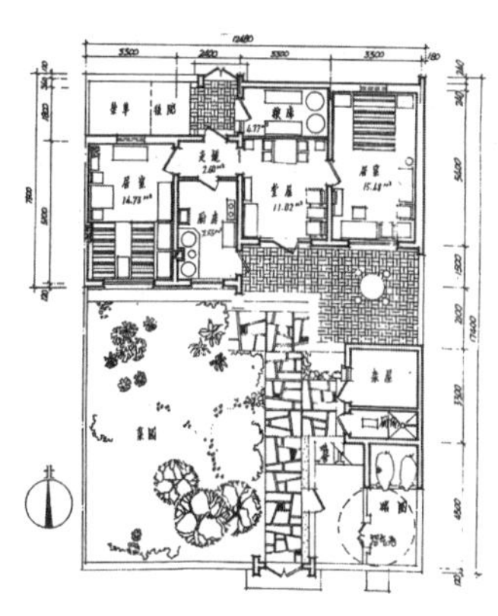

（a）“天津3号”方案平面图

（b）“天津3号”方案透视图

图2-22 “天津3号”方案设计图

资料来源：作者整理自参考文献[208]

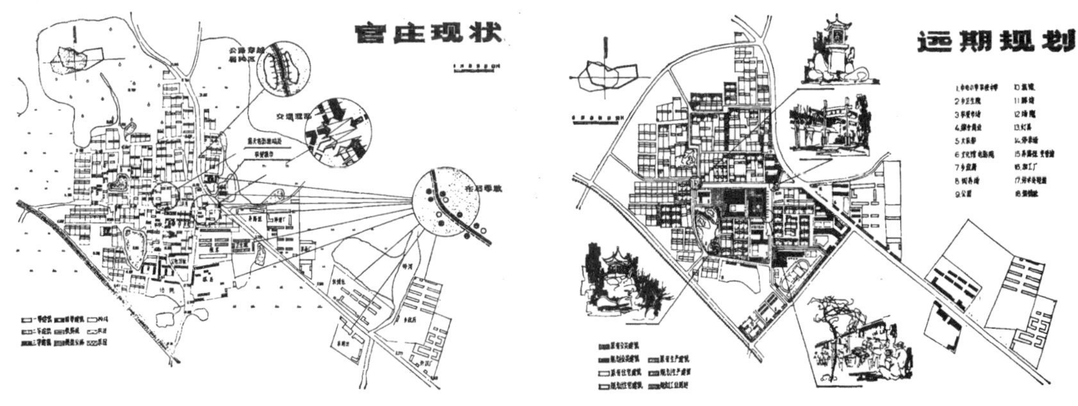

图2-23 天津蓟县官庄规划

资料来源：参考文献[209]

2.4 讨论：城乡关系变迁下乡村住区的演进规律与机制

2.4.1 城乡相互作用决定住区发展趋向

伴随城乡联系日益密切，城乡相互作用已成为改变乡村地域要素组织方式，驱动乡村发展演变最为重要的因素。在早期的城乡关系中，城市在政治层面构成对乡村的统治，乡村则是为城市运转提供各种物质资料的经济基础。所以，近代以前中国的城乡没有截然的区分，它们是一个渐进的统一体。但经历社会经济的现代化变革，普遍带来“一个至关重要的政治后果便是城乡差距”[210]。新中国成立后开展的社会主义现代化建设促成城乡分异与关系演进的同时，深刻影响了资源配置与要素流动的方式，构成了观察我国乡村发展的主线。随着城乡关系由低水平的均衡过渡至二元隔离、有限联系，乡村住区的发展在城乡关系变迁中不断获得发展，呈现出显著的阶段性特征（图2–24）。

2.4.1.1 第一转型：城市主导，兼顾乡村

作为传统的农业古国，中国早期乡村自给自足的小农经济造就了住区封闭、内向的社会经济形态，并在空间上反映为住区的孤立和分散。伴随农业生产力与家庭手工业的发

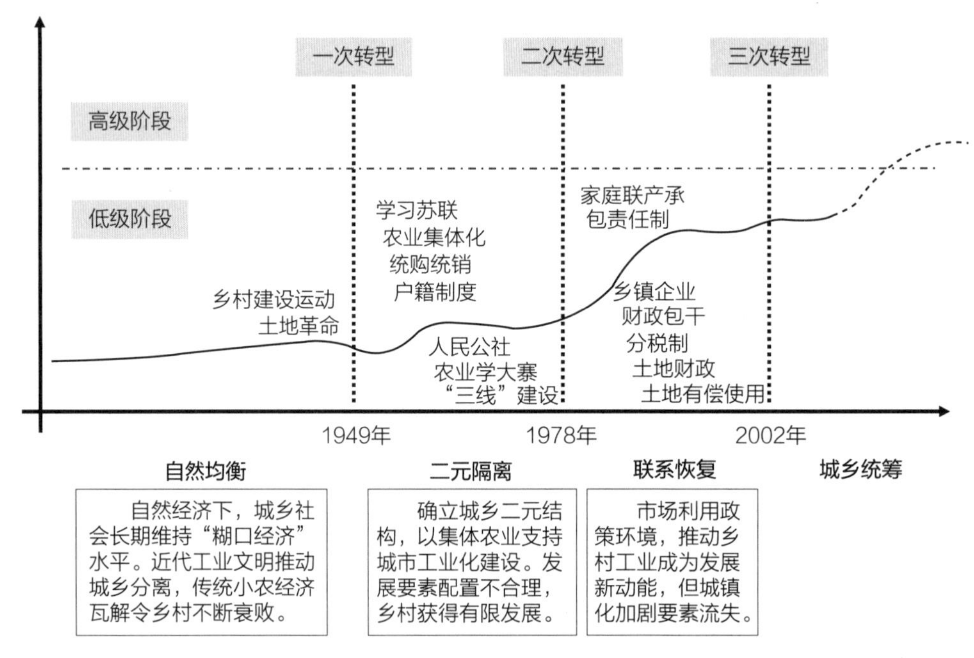

图2–24　城乡关系视角下乡村住区发展演进过程

资料来源：作者自绘

展，简单的商品经济出现，部分乡村凭借区位优势分化出集市经济功能，推动地区基层网络建构与完善。虽然该阶段商品经济活跃了地方市场和经济，但落后的生产力及生产关系加剧城乡差异，导致乡村发展长期在低水平状态徘徊。

直至新中国成立后，国家以革命手段推动生产资料所有制的根本转变，广大农民拥有农业生产核心资料——土地。生产关系的改善极大提升了资源的利用效率，释放了乡村农业生产的潜能，在短期内全面改善了农村的落后面貌，乡村也在真正意义上开始融入社会现代化的整体进程。但同时必须承认，出于巩卫国家安全和维护政权稳定的目的，新中国成立初期国家面临加速工业化建设，摆脱对乡村经济“依附”的历史任务。因此，施行了一系列组织管理制度建构“二元”发展环境，保证国家行政力对乡村运行的强制干预，深刻改变了其高度自组织的社会运行特征。例如，新中国成立后至改革开放，我国人口城镇化水平仅由10.6%提升至17.9%，基本处于停滞状态。在高度集中的计划经济体制及“有限”的城乡联系下，乡村大量的经营性剩余以工农产品价格“剪刀差”的形式流入城市。“生产”功能主导乡村的各项建设，集体农业加剧了农业内卷化问题。乡村发展始终难有突破。

2.4.1.2 第二转型：二元分隔解体，城乡差异扩大

新中国成立后的30年间，国家主导的“重工业优先发展”战略令广大乡村难与城市共享发展资源与条件。改革开放初期，一系列的制度变革打破了城乡之间严格的职能分工与僵化的资源利用方式。“二元”结构松动加速城乡要素流动，为乡村发展积累了一定的资金、人才与技术，改善其发展的机会结构。一方面，家庭联产承包责任制的推行与统购统销制度的取消打破了乡村封闭的发展环境，恢复了农业生产力，弥合了割裂的城乡市场。另一方面，财政包干体制激励地方政府自主发展的意愿，加速了乡村工业化进程，承载了转移的农业剩余劳动力。

但伴随着社会主义市场经济体制的建立与完善，国家建立的财政“包干”“分税”和土地有偿出让等制度，逐步恢复城市在工业化与城镇化进程中的主导地位。乡村发展不可避免地陷入劳动力、土地、资金等要素单向净流出的困境，城乡差距日渐扩大。此阶段地方发展的动力由经营乡镇企业转变为依赖土地开发，城市地域出现开发区、工业园的建设热潮，生产要素集聚和功能空间扩张大量侵占农地；乡村地区则在“去工业化”的过程中，丧失自身有限的“造血”功能，发展动力日益不足。总体而言，“以乡促城”的固有格局和乡村发展的弱势地位并未发生根本改变。

2.4.2 要素重组驱动地域空间功能变迁

2.4.2.1 人口迁移与格局调整

作为重要的社会经济发展要素，人口空间分布的变动必然引发其他要素的重组，进而对乡村住区的空间格局产生深刻影响。新中国成立前，乡村以农为生，少有迁移，城乡人口流动几乎处于静止状态。新中国成立后，城乡二元分割格局与若干保护城市政策的确立，导致非自发的计划调配主导此阶段人口的迁移。截至1986年，我国乡村人口迁移至城镇的形式仍然以婚姻、升学、参军复员、企业招工等为主，村民自主性职业选择原因而迁移的人数仅占1.7%（表2-15）。大量人口被僵化的户籍管理制度束缚在乡村，导致此时住区建设活动内容有限，普通村庄基本维持就地发展格局，部分集镇因是否设置建制而出现功能和形态的分化。

基于74个城镇调查数据的人口迁移原因分析　　表2-15

类型	原因	所占比例（%）
劳动型	工作调动	19
	招工顶替	9.6
	分配工作	7.4
	复员转业	5.7
	务工经商	1.7
社会型	婚迁	9.0
	随迁	23.4
	投亲寄养	8.6
	离休退休	0.9
政策型	知青返乡	4.0
	落实政策	1.6
学习型	学习培训	3.1
其他		5.6

资料来源：参考文献[211]

20世纪70年代末，国家战略决策调整推动经济转轨与社会转型，人口要素的流动性加强，改变了乡村住区发展的环境与条件。这一转变在80年代前期尚不明显。承包责任制释放了农民生产积极性，实现了农业生产力和生产效益的大发展。农民的精力仍集中于土地和农业生产，向城市流动的愿望不强。发展至后期，传统农业与现代工业之间劳动生产率和工资水平存在的差异凸显，乡村剩余劳动力为获取“期望收入”，放弃原有设定的职业和先赋的社会身份，进入城镇就业做工。20世纪的最后十年间，乡村人口规模逐步转入一个衰减的阶段，市镇吸引人口集聚的作用明显增强（表2–16）。在此过程中，农民为实现脱贫致富，先后创造了乡镇企业主导的“离土不离乡，进厂不进城”和城镇化主导的“离土又离乡，进厂又进城”模式。前者促成剩余劳动力就地转移进入乡镇企业，全面推动所在小城镇的各项建设，后者表现为城镇大量吸纳异地乡村精英，城市空间蔓延侵占和压缩了乡村空间。但无论是在乡镇企业工作还是进城务工的农民，此时的基本选择是将所得收入的大部分用于改善家庭的居住与生活条件。因此，城乡间人口的流动在打破城乡二元的社区结构与工农二元的阶级结构同时，促成农村剩余劳动力转化为乡村社会经济建设的社会资本，为住区空间拓展与更新提供了积极的力量。

市—镇—村三级人口普查变动状况　　表2–16

	第三次人口普查（1982年）		第四次人口普查（1990年）		第五次人口普查（2000年）	
	数量（人）	比例	数量（人）	比例	数量（人）	比例
市	144679340	14.02%	211230050	18.21%	292632692	23.55%
镇	61909242	6.00%	85282061	7.35%	166138291	13.37%
村	825293929	79.98%	863505270	74.44%	783841243	63.08%

资料来源：作者整理自历次人口普查公报

2.4.2.2 职能调整与功能分化

与第二次世界大战后西方发达国家采取的保护性农业政策相似，新中国成立后我国推行集体农业运动，初衷是通过改造传统家庭农业，迅速提升农业生产水平，为工业化与现代化建设提供保障与支持。但此时的中国还处于工业化起步阶段，羸弱的城市经济无法为乡村与农业提供资金、技术等方面的支持，过分强调乡村的粮食生产功能反而割裂了广泛的城乡联系。事实证明，单纯依靠农业经济难以增强乡村发展的动力，工农分化下的乡村始终处于“二元”结构中的从属发展地位。

改革开放后，社会主义市场经济的发展刺激了乡村的工业化建设，改变了地域单一的经济结构。特别是乡镇企业一方面承接外部发展的各类要素，另一方面为转移农业剩余劳动力创造就业，发挥了城乡经济联系与资源有效配置的载体作用。乡村非农经济部门的活跃，为传统农业主导下的乡村建设注入了新动力。1986～1992年间，全国乡镇企业利润中用于支持农村各项事业建设的比重平均占到了53.24%[212]。在国家财政紧张的情况下，由以乡镇企业为主体的集体经济组织收益流入“补农”“建农”资金，成为支撑基层乡村住区农业生产与社会福利的重要来源。

2.4.2.3　空间演进与风貌变迁

自然经济条件下，乡村住区空间分布主要受自然因素的影响，整体呈现出相对散漫与无序的状态，且以传统农业与原始自然风貌为主。虽然新中国成立后，乡村社会经济取得长足进步，在很大程度上改善了地域的落后面貌，但此阶段住区的空间建设活动主要是居住空间更新与改造。20世纪80年代以来，工业化和城镇化进程共同作用于传统要素塑造的地方性空间，导致地域环境出现差异与分化。一方面，高密度、多功能的城市空间及其要素不断向低密度、农业生产为主的乡村空间渗透；另一方面，人口迁移、交通设施等环境条件的变动则在住区内部引发了集聚与分散。特别是在城乡互动与联系密切的城市近郊及部分产业功能节点，形成了兼具城乡双重经济功能和非城非乡景观特征的连续体，极大地改变了地域的传统风貌。

3 转型阶段我国乡村住区发展面临的困境

3.1 乡村住区转型发展的背景

3.1.1 加强要素供给，改善发展条件

城乡统筹初期，落实以城带乡、以工促农政策的有效途径就是通过公共财政向农村倾斜，加大乡村转移支付的力度。尤其在2006年中共中央和国务院颁布《关于推进社会主义新农村建设的若干意见》之后，中央财政中支农支出资金总量迅速增长。数据显示，“十一五”期间我国支农支出累计2.93万亿元，是“十五”时期支出总额的2.59倍（图3–1）。而相关政策的落实主要表现在两方面：

第一，建立财政支农专项补贴，巩固农业生产。2004年以来，我国高度重视农业在经济结构中的基础地位，通过采取“四补贴”政策①，提升和保障综合生产能力。资本要素的大量投入在降低生产成本、保持耕种面积、提升农具使用等方面作用显著，对粮食作物生产形成了正向激励作用。

第二，扩大财政覆盖，全面提升乡村公共服务与基础设施建设水平。在深化农村经济改革的过程中，家庭联产承包责任制的施行与人民公社的解体，标志着国家从“不经济”的农业领域“退出”，不再承担农民社会保障和农村公共开支的义务。自此，公共财政逐步将乡村和农民边缘化，乡村公共物品的供给与基础设施建设资金的来源日益匮乏，导致生活水平差距成为城乡发展失衡的重要表现。伴随“城乡统筹”的提出，国家在加强乡村

① 政策包括农作物良种补贴、农机购置补贴、种粮直接补贴和农资综合补贴。

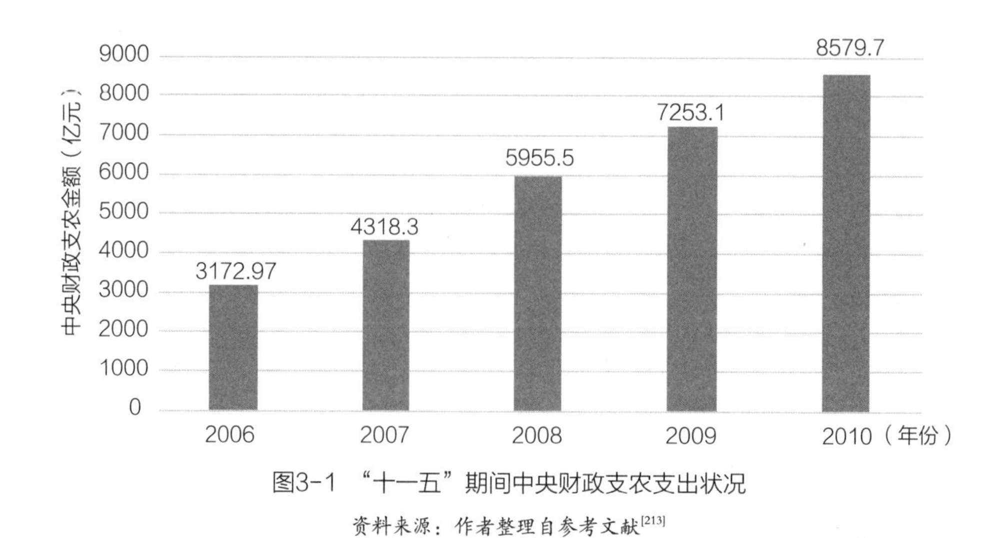

图3-1 “十一五”期间中央财政支农支出状况

资料来源：作者整理自参考文献[213]

的生产性投入同时，扩大公共财政覆盖范围，重视主体的日常生活需求，完善生活配套设施建设。此外，国家还不断加强各项公共事业的投入，例如通过完善养老、医疗和最低生活保障在内的社会保障体系，施行农村义务教育经费保障机制等方式，初步建构城乡社会经济一体化发展的制度框架。

3.1.2 推进税费改革，减轻农民负担

自20世纪90年代，国家便通过限定税收比例①、减免不合理负担②、遏制违法乱收费③等方式，遏制农民负担过重问题。但分税制的施行在一定程度上造成地方财政困难，包干制影响下地方政府只能将部分压力转嫁给农民。“1990～2000年，农民的常规负担④总额从421亿元增加到1085亿元，年平均增长率达到15.8%。”[214]这还不包括项目繁多、数额巨大的非常规性收入。因此伴随1997年农业减产，农民收入增长陷入持续下滑的僵局，农民负担问题成为影响社会稳定的重要因素。

实际上在改革开放之后，我国国民经济在保持高速增长的同时，逐步建立起稳定的财政收入增长机制，国家已经有能力推动城乡关系向以工促农、以城带乡转型。因此，国家在2002年开展乡村税费改革的基础之上，接着于2005年彻底取消农业税，终结了在中国存

① 见《农民承担费用和劳务管理条例（1991）》。
② 见《关于减轻农民负担的紧急通知（1993）》。
③ 见《切实做好减轻农民负担工作的通知（1996）》。
④ 常规负担主要包括规范性的税费，例如涉及农业和农民相关的税收；“三提五统”“两工”和各种事业性收费；非常规负担主要指“三乱”，即乱收费、乱集资和乱罚款等。

在长达2600年的“皇粮国税”。虽然免除农业税最多能够减轻每个农民的负担不过百元，但以此为突破口国家的政策制定和工作重心重新转向乡村，长期以来广大农民遭受的不公平待遇逐步得到改善。

3.1.3 创新经营体制，破除制度壁垒

有别于上述“自上而下”的政策实施路径，国家“放活”乡村发展自主权方针的确定，更多源自于农民自发改善家庭经济状况而形成的“诱致性制度变迁”。这一点集中体现在基于“三权分置”农地制度形成的农地经营权流转改革。改革开放之后，乡村逐步确立了集体所有、家庭承包经营的农地制度，让土地承包经营权回归农户，成功调动了生产主体的积极性。但家庭承包经营采取的按照距离远近与耕作条件平均分配土地的方式，在一定程度上造成农地的分散化、细碎化问题。伴随生产力的提升以及城镇化、工业化大幅增加非农就业机会，这一问题的弊端逐渐暴露，出现了小规模家庭农业经营模式下农业生产占家庭收入比重及其边际效益不断降低的问题。尤其是在农业税费改革后，大量因负担过重而放弃土地的农民回乡务农，土地流转问题日益成为关注的焦点。因此，国家通过颁布《关于土地承包经营权流转的规定》（2001）、《土地承包法》（2003）、《农村土地承包经营权流转管理办法》（2005）等法律政策，稳定土地承包关系、确保农户主体地位、规范土地流转市场，激励土地流转的参与规模持续增加。2000～2012年间，参与土地流转的农户比例由14.98%上升至32.00%，平均流转面积由7.53亩扩大至18.7亩[215]。与此同时，国家开始鼓励工商资本下乡（表3-1），尝试借助企业的资金、技术等要素，提升农业的现代化水平。根据农业部的相关统计数据，自2012年以来，流入工商企业的承包地面积年均增速一度保持在20%以上。工商资本从非农部门向农业部门回流，强化市场配置资源要素的水平，促成土地承包权价值和农业生产效益同步提升。

近年国家主要文件中鼓励工商资本下乡的相关内容　　表3-1

时间	主要文件	相关内容
2008年	十七届三中全会	推进农业经营体制机制创新，加快农业经营方式转变，增加技术、资本等生产要素投入
2013年	《加快发展现代农业进一步增强农村发展活力的若干意见》	建立工商企业租赁农户承包耕地准入和监管；鼓励社会资本投向新农村建设
2013年	十八届三中全会	鼓励和引导工商资本到农村发展适合企业化经营的现代种养业，向农业输入现代生产要素和经营模式

续表

时间	主要文件	相关内容
2014年	《关于全面深化农村改革加快推进农业现代化的若干意见》	建立工商企业流转农业用地风险保障金制度，严禁农用地非农化
2015年	《关于加大改革创新力度加快农业现代化建设的若干意见》	鼓励工商资本发展适合企业化经营的现代种养业、农产品加工流通和农业社会化服务；引导农民以土地经营权入股合作社和龙头企业；制定工商资本租赁农地的准入和监管办法，严禁擅自改变农业用途
2016年	《关于完善支持政策促进农民持续增收的若干意见》	鼓励工商企业投资适合产业化、规模化、集约化经营的农业领域；支持工商资本进入农村生活性服务业；加强对工商企业租赁农户承包地的监管和风险防范，建立健全资格审查、项目审核、风险保障金制度

资料来源：作者整理

3.2 乡村住区转型发展的限制与问题

3.2.1 城乡统筹阶段乡村住区发展的限制因素

伴随国家加快推进资源要素向农村配置，全国范围内出现了诸多以乡村人居环境建设为重点的政府工程，农村的生产生活条件得到极大提升。在此基础之上，快速的工业化和城镇化进程及其强大的市场力量，裹挟着乡村加入市场化的竞争环境之中。面对剧烈变动的外部环境，部分乡村通过调整要素配置和功能结构，重新确立新型城乡关系中的地位和分工，涌现出了江阴华西、南京高淳等少数“明星村庄”，同时更多的乡村在城市的虹吸作用下，陷入系统紊乱和要素流失的困境。

3.2.1.1 乡村劳动力流动加剧

新中国成立后施行的乡村管理体制封闭僵化，导致城乡间人口的自由流动严重受限。截至1978年，我国城镇化率还不足20%。改革开放后，城乡二元结构中限制人口流动的嵌入性制度安排与结构性约束解构，社会发展环境转型促成农民这一乡村社会主体角色发生根本性变化。大量农民尝试从传统农耕中解放出来，摆脱传统农业限定的生产生活方式。尤其是这一时期的东部沿海地区，得益于国家政策而迅猛发展，开发建设规模扩大，资金投放量增多，就业机会相对充分，劳动报酬收益更为可观。农业剩余劳动力为追求个人最大化利益，获得高于乡村水平的收入，自发地向沿海经济发达地区的城市聚集。伴随20世纪八九十年代，农村人口迁移与流动的数量迅速上升，城乡人口间大规模的流动形成所谓的“民工潮”。

进入21世纪，乡村社会在融入现代化进程中开放性不断增强。农民群体由农业转移至其他非农产业的过程也呈现出一定的特征：

1. 人口流动趋势的变动

改革开放初期至20世纪90年代，国家一直秉持“严格控制大城市发展”的方针。这一时期，乡镇企业的兴起创造了“离土不离乡”的家庭兼业发展模式，实现了小城镇拦阻和积蓄流动人口的作用，有效防止人口向大城市过度集中。2001年，农村转移劳动力中近三分之二并未进入大城市，而是选择沉淀在县城及其以下经济发达的乡镇和村庄。但是在2000年之后的十年间，受工业化和市场经济的推动，城乡流动人口总量不断攀升，规模大约增长了2.8倍，达到了惊人的2.21亿。继乡镇企业之后，城乡人口流动成为解放冗余农业人口的第二条重要途径。对比发达国家的城镇化水平，我国尚有20%～30%的转移潜力。而根据“五普”“六普”的统计数据，当前全国范围内超过65%的外出农民选择向城市集中，并且表现出不断提高的趋势（图3-2）。因此，未来乡村人口外流的趋势必将进一步强化，并且在目的地选择时会以发展机会更多、配套设施更加完善的大中城市为主。

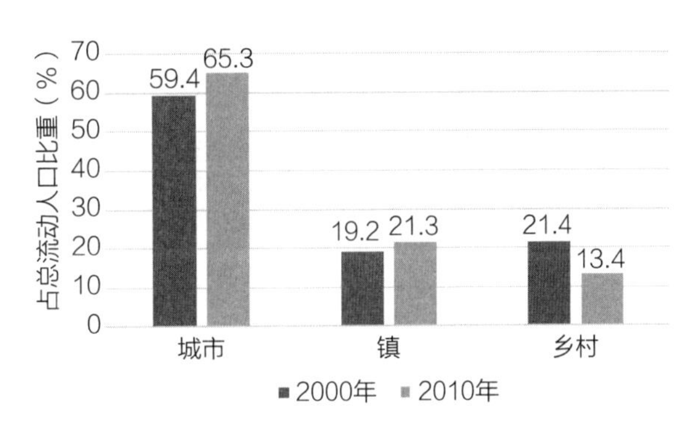

图3-2　2000年和2010年流动人口城乡分布情况

资料来源：作者整理自“五普”“六普”数据

2. 人口流动方式的调整

就整体而言，得益于国家对外出务工农民权益保护与社会保障等工作的重视，我国乡村进城务工人员总量长期保持稳定增长态势。但应当注意到，在2008～2016年农民工总量增长25.97%的基础之上，外出农民工数量与本地农民工[①]数量之比却从1.65∶1下降到1.51∶1，且外出农民中跨省流动人员的规模与比例也不断降低（图3-3）。这说明改革开放后，各省城市经济迅速发展提升了自身吸引流出人口的能力，更多农民在综合考虑交通、生活等成本后，选择在居住地周边就业。

微观层面，早期受户籍管理、社会福利、教育医疗等制度的限制，绝大部分农民往往

① 本地农民工指在户籍所在乡镇地域以内从业的农民工。

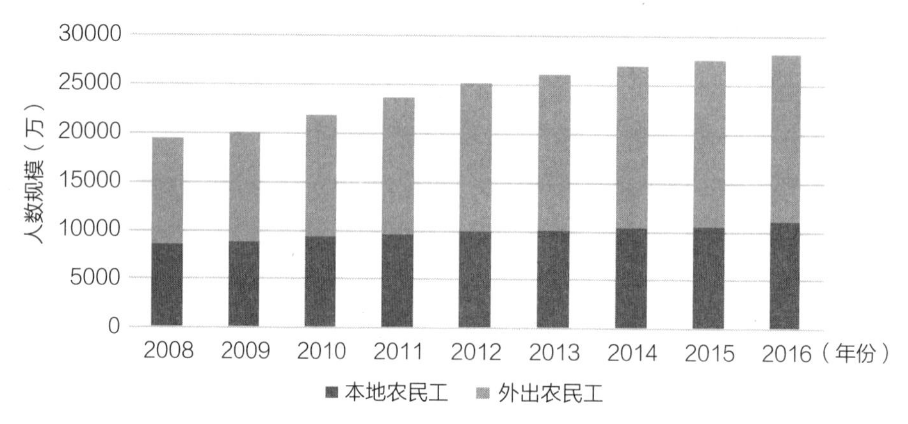

图3-3 2008~2016年农民总量及其构成

资料来源：作者整理自《农民工监测调查报告》

以个体流动的方式，利用农闲时间只身前往城市务工经商。留在家乡的家庭成员不仅可以通过务农获得经营性收入，继续享有自家的住房、副业收入和邻里社会，还可以分享打工成员的工资收入，过着“温饱有余、小康不足”的生活。这种循环流迁方式成为联系城乡的重要纽带。然而最新数据显示，2008~2016年间举家外出的农民工数量已经增长了490万人（表3-2）。村民外出务工的兼业性减弱，举家外迁的比例不断增加，家庭化流动成为农民工外出打工的新迹象，在克服家庭离散化、降低流动成本等方面发挥重要作用。

2008~2016年举家外出农民工规模变动 表3-2

年份	2008	2009	2010	2011	2012	2013	2014	2015	2016
举家外出（万人）	2859	2966	3071	3279	3375	3525	3578	3142	3349
增长率（%）	—	3.74	3.54	6.77	2.93	4.44	1.50	-12.19	6.59

资料来源：作者整理自历年《农民工监测调查报告》

3. 流出人口的构成

乡村流出人口在年龄、性别、文化等方面的结构特征，都对现在和未来城乡发展产生重要的影响。近年来，我国农村外出务工人员中青壮年劳动力（16~50岁）的比重始终在80%以上。最新的《2017年农民工监测报告》显示，目前农民工平均年龄为39.7岁，其中外出农民工平均年龄为34.3岁，本地农民工平均年龄44.8岁。不仅青壮年劳动力构成了农村流出人口的核心人群，而且外出流向城市群体具有显著的年轻化特征。此外，流出人口的素质普遍较高，接受过一定的基础教育和技能培训，其中初中及以上文化程度人员比例占85.80%，接受过农业或非农职业技能培训的人员比例占32.9%。

3.2.1.2 农业基础地位降低

1. 农业占国民经济的比重逐年降低

一方面，在任何社会形态的任何发展阶段，农业与农村长期向外部输出物质资料和劳动力，保障其他部门的发展。因此，农业作为国民经济发展的基础，支撑和推动其他部门的进一步发展，是不以主观意志为转移的客观规律。另一方面，随着中国社会经济的快速发展，我国农业经济的总量与增加值均呈上升趋势，但在第二、第三产业飞速发展背景下，其占国民经济的比重却呈不断下降趋势。如图3-4所示，2003～2016年我国第一产业产值大幅上涨，由16970.2亿元上升至63670.7亿元，涨幅超过了3.75倍；第一产业的就业比重却从49.1%下降至27.7%，就业人员大约减少了14550万人。上述情况符合“配第-克拉克定理”对于产业结构演进趋势的判断：随着国民经济的发展和产业体系的完善，劳动力会由第一产业向产品附加值高、薪资更加丰厚的第二和第三产业转移。相较于第二、第三产业的飞速发展，发展中出现农业占国民经济比重下降的趋势属于正常范畴。此外，收入水平的提高还会改变家庭的消费结构，食物消费占整个支出的比重会随收入的增加不断降低。所以，家庭层面农产品需求的降低，仍将使传统农业份额继续保有下降的可能。但必须注意的是，尽管农业所占份额逐年下降，但粮食安全要求农业总量绝对不减，同时应提高供给质量以适应社会生活水平的提高。

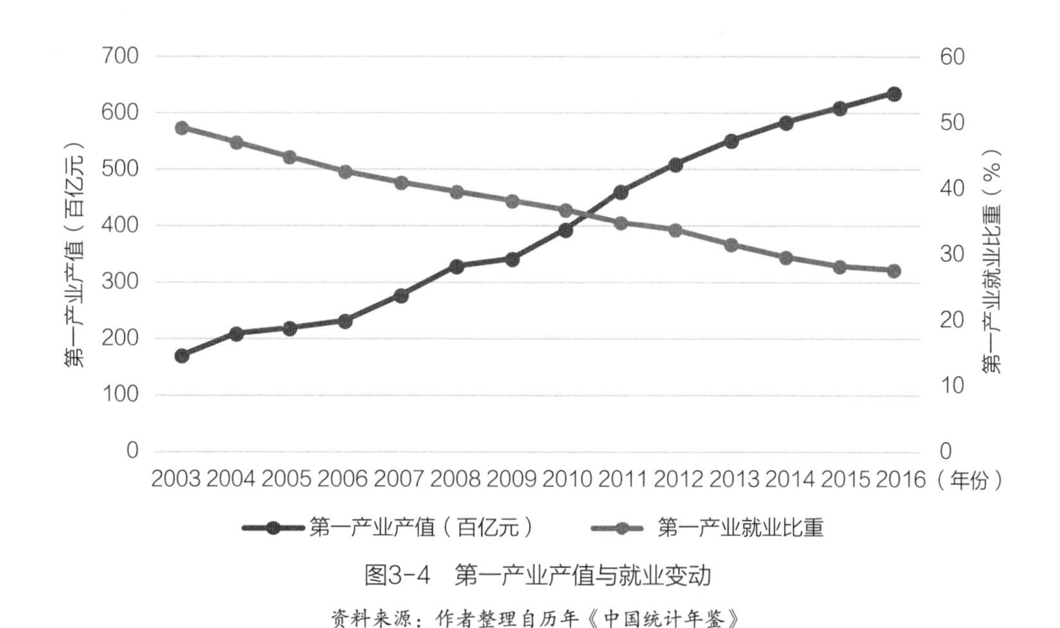

图3-4 第一产业产值与就业变动

资料来源：作者整理自历年《中国统计年鉴》

2. 农业对农户家庭增收的贡献不足

国际经验表明，当国家经济水平处于人均GDP800～1000美元的发展阶段时，理想的城乡居民收入差距指数应保持在1.7前后。然而自20世纪80年代末，我国城乡经济差距不断拉大，在不考虑现金和财产的情况下可支配收入的差距已经在2.7倍以上。而且统计数据显示（图3-5），尽管2000～2016年乡村农户家庭的可支配收入由2253.4元增长至12363.0元，但其最主要的构成部分——工资性收入和经营性收入的比重却分别呈持续增大与不断缩小的态势；其中，前者占比增长了9.46个百分点，后者则大幅减少了24.99个百分点。2015年前后，农户家庭的工资性收入开始超过经营性收入，说明以外出务工为代表的工资收入对维持生计的重要性不断提升，地区传统农业生产活动难以成为农民增收的途径。至于造成上述情况的原因，主要包括两方面：

第一，农业的弱质性不断凸显。传统农业所具有的生产周期长、收益水平低、抗风险能力差等特征，使其极易受市场、自然等因素的影响，难以成为乡村增收的稳定来源。

第二，生产成本降低收入弹性。在当前农产品价格与人均耕地面积均无较大提升的前提下，上涨的种粮成本加剧了农业内卷化问题，限制了农民收入的增长。一方面，随着

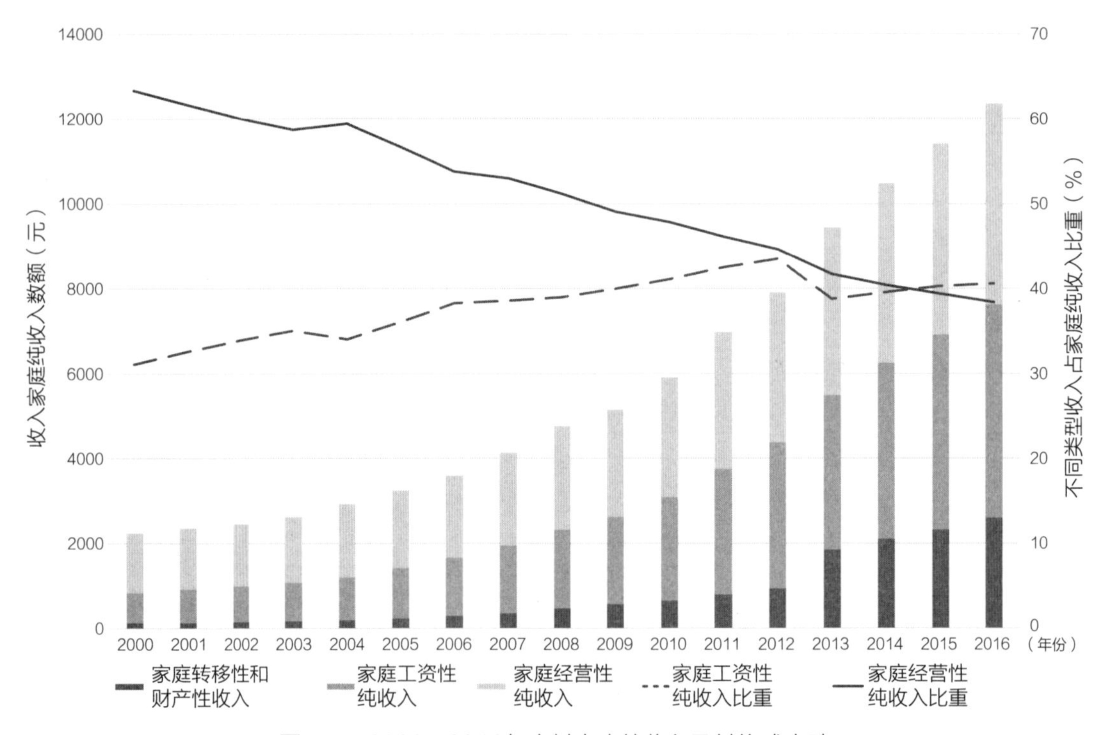

图3-5 2000～2016年农村家庭纯收入及其构成变动

资料来源：作者整理自历年《中国统计年鉴》

现代农业的推进，综合生产能力提升的同时，增加了农业生产中种子、化肥、农药的消耗，生产资料支出构成农业生产成本的主体。另一方面，主要受废除农业税、农业补贴增加、耕地大幅减少、青壮年劳动力外出、消费需求扩大等因素的影响，农业生产的机会成本上升，直接导致生产所需的人工、土地价值提升，种粮收益降低。如表3-3所示，2010～2016年，我国主要粮食的亩产仍保持稳定增长，但收益却在徘徊中呈现下滑态势，甚至在2016年首次暴露出丰年不“丰收”的问题。可见，涨幅高达94.70%的人工成本与66.77%的土地成本均是农业生产难以支持农民增收的主要原因。综上所述，低效的投入产出使粮食生产难与农民增收保持同步，农业对于农户家庭经济的重要性自然降低。

2010年与2016年三种粮食平均成本收益对比 表3-3

		2010年	2016年	变化率（%）
主产品产量（公斤）		423.50	457.13	7.94
总产值（元）		899.84	1013.34	12.61
成本（元）	物质与服务费用	312.49	429.57	37.47
	人工成本	226.90	441.78	94.70
	土地成本	133.28	222.27	66.77
收益（元）		227.17	-80.28	-135.34

资料来源：作者整理自《全国农产品成本收益资料汇编》

3.2.1.3 自主发展资本不足

1. 相对单一的“项目”来源

进入21世纪以来，国家通过推行税费改革停止征收农业税，客观造成可为基层所用的治理与建设资金更加匮乏。例如，针对农田水利设施建设筹资方式的抽样调查结果显示，改革开放前以村集体作为农田水利设施出资主体的村庄占调查村庄的52.6%，但之后上述情况日益减少，在2000年以后村庄自身已基本丧失投资能力（表3-4）。由于缺乏集体资产和相关经济收入，村集体组织公益事业和提供公共物品的能力逐步丧失。另外，受分税制确立的集权收入体制影响，基层乡村基本以专项支付与项目资金的形式，获得来自“条条”部门的转移资金。但这部分资金不仅需要各村自己争取，而且多与道路、桥梁、水利等公共品项目“打包”，并凭借国家强烈的现代化意愿输入影响住区的发展与建设。受上述制度设计的影响，在具体实施时难免存在违背自主发展意愿、公共品公益作用丧失等问题[174]。

调查村主要农田水利设施建设筹资方式　表3-4

修建时间	具体内容	资金来源				合计
		村民自筹	村集体	上级政府	前三者共同出资	
改革开放以前	村庄数（个）	3	40	10	23	76
	占此阶段修建总数比例（%）	3.9	52.6	13.2	30.3	100.0
	占总有效样本的比例（%）	2.6	34.2	8.5	19.7	65.0
20世纪80年代	村庄数（个）	4	3	0	11	18
	占此阶段修建总数比例（%）	22.2	16.7	0.0	61.1	100.0
	占总有效样本的比例（%）	3.4	2.6	0.0	9.4	15.4
20世纪90年代	村庄数（个）	6	1	3	7	17
	占此阶段修建总数比例（%）	35.3	5.9	17.6	41.2	100.0
	占总有效样本的比例（%）	5.1	0.9	2.6	6.0	14.5
2000年之后	村庄数（个）	3	0	1	2	6
	占此阶段修建总数比例（%）	50	0.0	16.7	33.3	100.0
	占总有效样本的比例（%）	2.6	0.0	0.9	1.7	5.1
合计	村庄数（个）	16	44	14	43	117
	占总有效样本的比例（%）	13.7	37.6	12.0	36.8	100.0

资料来源：作者整理自参考文献[216]

2. 过度依赖的“土地财政”

“土地财政”概念主要是用于描述地方政府高度依赖土地出让金扩充财政的发展模式。回顾发达国家现代化崛起的路程，各国在进入快速城镇化阶段后均面临为大规模建设筹集资金的压力，并普遍因税收收入规模的有限，转而依靠土地生财。我国在推进社会主义市场经济改革的过程中，通过一系列的制度安排（如分税财政体制改革、住房商品化改革、土地有偿使用制度等）强化土地资源配置的市场化水平，适应快速工业化、城镇化过程中技术扩张与资本积累对土地需求的增长，同样确立了土地在地方经济增长链条中的基础作用与核心价值。但相较于资本主义国家暴力“没收”原住居民土地的方式，我国以土地国有化制度以及“收购—储备—开发—出让”机制为支撑，不仅“高效”地实现土地资本化，还可利用“工业反哺农业”与“城市反哺乡村”思路减少经济发展的负面影响。简单而言，当年美国以零成本直接没收的土地，而我国至少要拿土地拍卖款中的60%左右用作拆迁补偿款。

当前，在我国人多地少和快速城镇化的基本国情下，城镇建成区扩张不断增加土地需求的压力。土地要素的稀缺性与市场机制配置生产要素方式相结合，进一步刺激地价高涨，土地出让收入将保持不断攀升的态势。2010～2014年间，我国国有土地出让收入的规模由2.7万亿增长至4.3万亿，且占政府性基金收入的比例已提升至85.99%。地方政府财政收入中土地出让金的主体地位提高，土地增值的财政导向趋势明显。但同时期出让金收益中农业农村类支出的比例却逐年降低，在“土地发展权国有”与“涨价归公”的总体把控思路下，绝大多数乡村与农民未能与城镇共享土地的增值收益（表3-5）。

2010～2014年国有土地出让收益及其农业农村类支出状况一览表　　表3-5

年份	国有土地出让收入（万亿元）	地方政府性基金收入（万亿元）	比例（%）	土地出让金中农业农村类支出（亿元）	比例（%）
2010	2.7	3.7	73.40	1881	6.97
2011	3.3	4.1	79.78	1969	5.97
2012	2.8	3.4	81.83	1792	6.40
2013	4.1	4.8	85.36	1941	4.73
2014	4.3	5.0	85.99	1648	3.83

资料来源：作者整理自国家财政局网站

3.2.1.4　自然生态本底恶化

回顾人类社会发展的历程，广大乡村始终凭借自身的自然资源禀赋，持续为城乡住区的发展提供空间支撑。在自然资源充足和生态环境优良时，乡村可为城市发展稳定输出劳动力、农产品等要素，促进人口集聚和工业发展；反之则会因生态环境恶化干扰日常的生产生活，即具有负外部作用的生态空间会限制城市发展。

一方面，在快速城镇化的进程中，城市功能外溢与建设用地蔓延，不断冲击乡村住区传统的土地利用与景观风貌特征。尤其在20世纪90年代后，我国城市边缘地带工业空间的拓展开始将城市工业和生活污染向乡村转移。在此过程中，城市近郊乡村住区首当其冲面对建成环境扩张与生态功能破碎之间的冲突。以规模较大的开发区为例，仅在2004年国家集中整治开发区的专项运动中，全国各类开发区中规划的3.86平方公里就被压缩了64.5%，复垦占而未用的农地面积高达2617平方公里。伴随大量工矿企业用地在城市外围乡村地区的粗放式蔓延，客观上侵占大量耕地，造成生态空间破碎化，迅速消耗乡村环境容量，降低城乡可持续发展能力。

另一方面，长期以来我国绝大部分污染治理的资源投向了城市的环保建设。由于地域辽阔的乡村社会经济发展相对滞后，且本身具备一定的自净能力，生态环境保护问题并未凸显。直至2009年，中央财政才设立农村环境保护专项资金，但也仅是通过“以奖促治”的方式，鼓励饮用水源地保护、农村生活排污、农业污染治理和历史遗留工矿污染治理等工作。宽松的环保管制政策成为乡村吸引乡镇企业的重要因素，加速工业污染向农村腹地扩展。在乡镇企业发展最为迅速的20世纪90年代，因企业废水处理、废气消烟除尘和固体废物综合利用等方面能力严重不足，导致COD、粉尘、固体废弃物等污染物排放规模大幅上涨，甚至超过全国排放总量的一半（表3-6）。此外，当前乡村住区内部除点源污染外，还呈现典型的面域化特征。造成这一趋势的原因主要包括两方面：

第一，乡村住区严重缺乏生活垃圾、污水处理等配套设施。大部分村庄还没有统一的垃圾处理机制，“垃圾围村”现象严重。村庄下水系统中的污水在未经处理的前提下，或排放到房前屋后空地渗入土壤，或流向附近河流直接污染地表水体，成为村庄污染的主要类型。

第二，“绿色革命”确立的化工型农业，引发生产环境污染。虽然农业化工技术的应用大幅提高农作物产量，解决粮食自足的问题，但同时令村庄日益呈现出多种污染并存的局面。相关调查显示，当前乡村中覆盖最广的农业污染主要包括农药、化肥和地膜，同时存在两种以上污染问题的村庄甚至超过了六成[217]。受日益严重的农业污染影响，乡村地区大面积出现水质下降、土壤板结、食品污染、物种多样性降低、人口患病率增加等问题。

1989年与1995年乡镇工业污染指标对比 表3-6

主要指标		1989年	1995年	变化比例（%）
废水	工业废水排放量（亿吨）	26.8	59.1	120.5
废气	化学需氧量排放量（万吨）	176.9	611.3	245.6
	挥发酚排放量（吨）	5742.9	11958.5	108.2
	氰化物排放量（吨）	1116.9	438.3	-60.8
	悬浮物排放量（吨）	120.2	749.5	524.0
	二氧化硫排放量（万吨）	359.7	441.1	22.6
	烟尘排放量（万吨）	543.0	849.5	56.5
	工业粉尘排放量（万吨）	470.0	1325.3	182.0
废物	固体废弃物（亿吨）	0.27	1.8	552.0

资料来源：作者整理自《乡镇工业污染调查公报》

3.2.2 城乡统筹阶段乡村住区发展面临的问题

3.2.2.1 高流动性社会冲击生活基础

与西方国家资本主义生产关系确立初期，大量破产农户涌向城市的状况相似，我国在推进社会主义市场经济改革时，也因城乡劳动力市场的开放性与流动性加剧，出现数以千万计的农民摆脱农业进入城市的状况。随着就业领域和就业空间的拓展，外出农民对国民经济的贡献也由乡村农业拓展到城市的非农产业，其创造的GDP占全国的比重不断上升（表3–7）。并且在冲破城乡分割的社会结构，保证城市各项建设劳动力供给的同时，大量农民工往返城乡的务工活动极大改变了住区稳态的发展轨迹。

2008~2012年农民工发展状况及贡献 表3–7

年份	农民工数量（万人）	外出农民工平均工资（元/月）	农民工创造GDP（亿元）	农民工创造GDP占全国比重（%）
2008	22542	1340	100688	32.1
2009	22978	1417	1085333	31.8
2010	24223	1690	146456	34.0
2011	25278	2049	172648	36.5
2012	26261	2290	200459	38.6

资料来源：作者整理

1. 住区主体的紧密关联瓦解

正如费孝通所著的《乡土中国》所言，以农为主、世代累居的传统乡村是一个由“有限”社会、地理空间构成的“地方性社会”。小规模的家庭手工业与商品经济并不能改变其内向、静态、稳定的社会特征，村民之间依靠复杂的社会关联[①]建构了依赖熟人社会网络的“差序格局”。在熟人社会中，主体行为不完全遵照法律和契约，反而在很大程度上受地方性共识[②]的制约。且在主体的长期交往过程中，封闭的熟人“圈子”不仅能够最大限度发挥舆论的道德约束和正向激励作用，同时可以在权利的非正式运行中实现面子、人情、关系等“社会资本”的再生产与积累。

20世纪中叶前后发生的政治运动以及80年代开展的市场经济改革，城乡间高度的开放

① 社会关联指乡村内部，村民与村民之间具体关系的总称。

② 地方性共识是一种全体农民公认的，约束主体行为的道德规范和行动指南。

性与流动性导致乡村住区“边界”日渐模糊。伴随村庄原有的封闭结构解体，内部成员出现集体记忆断裂、成员身份认同降低、地方性共识瓦解等特征，“去村落化”过程不断削弱传统乡村的共同体意识，改变乡土社会的组织方式。

1）无主体熟人社会形成

新中国成立后，我国传统熟人社会网络被逐步瓦解，开始由“半熟人社会”向“无主体熟人社会”过渡。相较于自然农业阶段，集体农业时期生产小队内部成员在共同劳动、集体分配的过程中，形成了“具有效率的熟人共同体所允许的最大范围，具有劳动协作的规模要求和监督效果”的典型熟人共同体，但因各小队之间普遍缺乏沟通与联系，所以发展至后期生产小队演变为村民小组，若干村民小组共同构成村委会时，出现村民分散的日常活动脱嵌于村庄集中管理的现象，即村民在一个半熟人社会的村委会管理下活动[218]。进入市场经济阶段，大量劳动力常年离土离乡，农村社会进一步解体，空心化现象日趋严重。构成流出人口主体，首先就是在年龄、知识、才能等方面居优势地位的农村精英。在经历社会经济变革后，老辈权威性减弱，年轻人成为社会生活主体的背景下，大量青壮年成员的长期“离开”，导致乡村住区失去可能参与公共事物的最活跃主体，进而形成所谓的“无主体熟人网络”。在此情况下，因为村庄社会生活参与主体不“在场”，高度依赖熟人社会网络及主体社会关联的乡规民俗，其作用开始下降甚至失灵。例如道德舆论对成员的限制作用因不具备“规模效应”而下降；“名声”“面子”“关系”等“社会资本”积累效能锐减，成员间不惜为眼前小利放弃邻里的和谐关系[219]。乡村原有的家庭和睦、邻里互助、秩序井然的景象减少，因乡村伦理失范而引发的纠纷与混乱不断增加。

2）村民组织呈原子化状态

虽然伴随20世纪80年代集体公社解体，乡村自治体制随即展开。但受生产方式、经济市场化、税费改革等因素影响，乡村共同利益弱化、自治功能虚化问题严重，村庄与村民的组织原子化趋势显著。

第一，家庭经营奠定原子化基础。得益于集体农业阶段交通运输、水利灌溉、土地开垦等农业生产条件的改善，以及20世纪80年代农业科技的迅速发展与推广，我国得以通过分田单干政策，恢复“小农”生产方式的同时，实现农业与农村的大发展。但也必须认识到，正是家庭联产承包责任制终结了人民公社及其代表的分工协作式集体农业。农户间生产合作活动减少，直接降低主体的社会关联，自此村庄集体意识与协作能力不断减退。

第二，市场经济加深原子化程度。一方面，尽管农业生产主要以农户为基本单元，但至少还存在少量与亲戚或邻里间的共同劳动。但是随着城乡社会流动性的提高，住区中外出务工人数增多，导致大量成员脱离地方共同体并在村外获得发展机会。因此，传统的基于地缘、血缘的社会关系网络重要性降低。另一方面，乡村外流人口卷入市场化活动，建立商品经济观念，推动村民个体意识和理性观念的觉醒。市场经济及其理想主义思维不断淡化集体意识，社会交往由早前的重视道义和伦理，转变为以己为重、以利为重。

第三，税费改革进一步降低集体的行动力。税费时代，村级组织与个体农民保持相对密切的联系。村集体在向农民征收税费的同时，还可通过调整物质、人力资源，协调道路、水利等公共事物的供给。农业税取消后，国家各项惠农资源直接对接农户，基层政权由“汲取型”转变为“悬浮型”，村集体再难有力量整合分散的村民，维护村庄共同利益。而且，大量务工人员外出导致“一事一议”制度难以实施，村庄公共事务难以顺利开展。村民在纵向上日益脱离上级政府的管理与服务，横向上缺乏与其他主体的合作，社会组织的“原子化”趋势明显。

2. 家庭失衡引发留守问题

传统乡村的家庭本位意识强烈，家庭承担农民生存发展的各种功能，是维系和谐代际关系的纽带。但新时期乡村人口的大规模流动和长距离异地分居，动摇了稳定的代际关系和乡村社会的家庭基础。受城乡二元户籍制度的限制，我国农村的转移劳动力长期以青壮年劳动力为主，兼具时间的长期性以及地域的广泛性。上述特征导致在劳动力外流的过程中产生了所谓的“386199”现象，引发了农村留守家庭与人员的社会问题。

一方面，由于城市生活成本较高，且基本公共服务的供给不对乡村人员开放，外出农民通常选择将孩子留在乡村。数据显示，我国农村的留守儿童的规模不断扩大，占全国留守儿童的比重始终在80%以上（表3-8）。家庭主要劳动力大量流出，给乡村留下了庞大的留守儿童群体。尤其是他们的成长与教育问题事关未来劳动者素质的提升，意义十分重大。另一方面，外出劳动力的平均年龄始终低于农村的平均水平，加速住区留守人口的老龄化。相关学者估计，我国农村留守老人数量已由2000年的1794万增加到2007年的5000万左右[220]。绝大多数的农村留守老人的生活境遇并未因子女外出务工而明显改善，他们不仅需要从事农活，还要照看外出子女的孩子，身心负担沉重。另外，由于外出劳动力仍然

近期我国农村留守儿童规模变动　　表3-8

年份	全国留守儿童规模（万人）	农村留守儿童规模（万人）	农村留守儿童占全国比例（%）
2000	2290.45	1981.23	86.50
2005	7326	5861	80.00
2010	6972.75	6102.55	87.52

资料来源：作者整理自参考文献[221]

以单身迁移为主，离散型家庭在一定程度上降低了婚姻的稳定性，离婚现象不断高升。上述状况均改变了以往乡村以农为生、世代定居的基本状态，增加了其发展的不确定性。

3.2.2.2 土地利用方式限制生产发展

作为支持社会经济发展的物质基础，土地及其配置方式、效率对乡村发展的意义深远。我们既要对城市化加速时期土地占用保持高度警惕，更需要反思如何改善乡村普遍存在的粗放利用和过度浪费问题，真正发挥土地的资产价值，改变乡村的衰败面貌。

1. 农地利用效率下降

由于有限的耕地资源供给与人口持续增长之间的反差持续扩大，粮食消费需求未来仍将进一步提高。按照世界粮农组织（Food and Agriculture Organization of the United Nations，简称FAO）的建议，为保证国内粮食供给安全，各国应尽量将粮食自给率维持在95%以上，低于90%时则超出了安全界线。数据显示，我国粮食自给率虽然基本保持在安全范围以内，但自2002达到历史峰值后就呈不断下降趋势，且谷物的自给水平已在2012年前后跌至非安全区域（图3-6）。因此，农业生产与粮食供给的整体形势仍不容乐观。

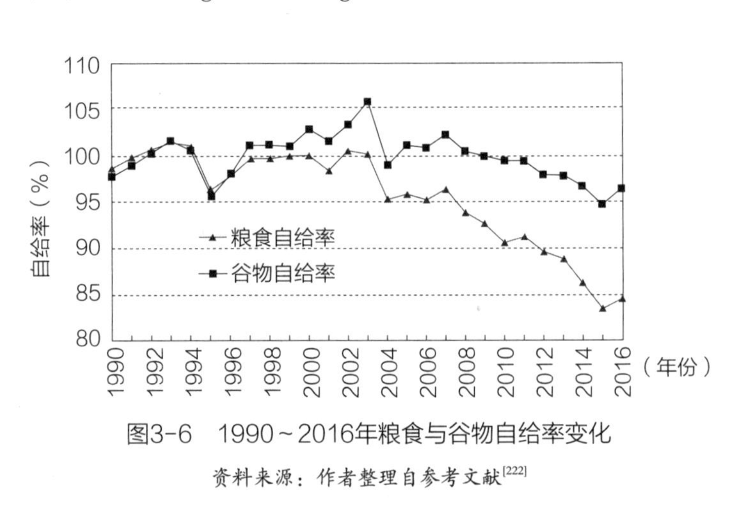

图3-6 1990～2016年粮食与谷物自给率变化

资料来源：作者整理自参考文献[222]

面对上述严峻的发展压力，我国农地利用却出现效率低下状况，主要表现出“抛荒弃耕”与“无田可种”并存的怪象。一方面，相关学者的实证显示，土地对农民收入的重要性不断降低，大量劳动力因非农部门就业所得报酬远高于农业生产收益，选择抛荒承包耕地外出[223]。根据国土资源部2012年的调查，我国每年撂荒近200万公顷耕地，土地抛荒现象呈扩散与蔓延态势。考虑到在实际生产中还存在比显性、常年性抛荒更加普遍且难以统计的隐性、季节性抛荒现象。当出现种粮无利可图甚至存有风险的状况时，利益驱使更多农户选择种“应付田”，也会令农地利用效率大打折扣。另一方面，乡村还普遍存在一种“无田可种”的现象。虽然近年来我国耕地供应的总量基本稳定，但人均耕地面积不足世界平均水平的40%，耕地资源严重不足。而农业生产中析出的劳动力一般采取循环流动策略，往往选择保留土地作为融入城市失败的“退路”，导致农户经营规模始终难有突破。

2. 居住“空废化”严重

理想状态下，人口与土地二者的城镇化应保持动态同步，即乡村人口转化为城镇人口同时，农村建设用地也相应地转化为城市建设用地。所以，我们在关注耕地资源紧缺问题时，格外重视城市扩张对周边乡村空间的侵占。然而统计数据显示，在2002～2006年间乡村人口减少5000万的背景下，乡村户数却增加500万户，新增村庄建设用地面积1.71万公顷，导致人均村庄建设用地规模高达225.90平方米（图3-7）。而根据最新一般《全国国土规划纲要（2016～2030）》中的数据，2015年时全国人均农村居民点用地达到了惊人的300平方米/人，远超《国家村镇规划标准》所规定150平方米的村庄人均建设用地上限。从城乡角度分析，上述乡村建设用地持续增长问题的出现主要在于：

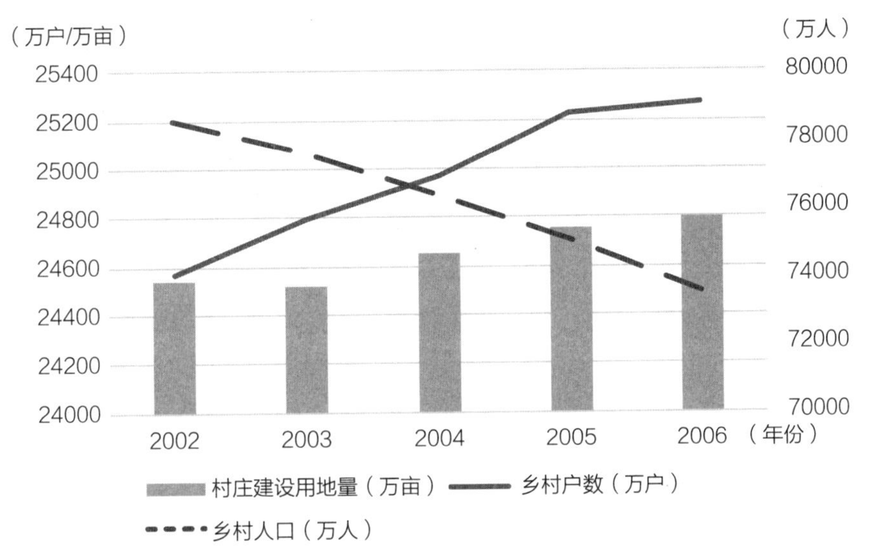

图3-7　2002～2006年乡村建设用地与人口变动图

资料来源：作者整理自参考文献[224]

第一，“外扩内空”的拓展模式。伴随乡村经济迅猛发展，富裕后的村民为改善居住条件，推动了住区的大规模建设。但早期村庄建设既缺乏科学的规划指导，又缺乏完备的宅基地审批管理机制，大多数村民因为旧村聚居环境较差、翻盖住房成本高等原因，选择直接在村庄外围新建住宅。新建的住宅一般沿已有道路、河流两旁线性展开，布局较为松散和随意。这种“新房外扩、旧房不拆”的发展模式忽视对村庄内部原有土地的整理和利用，不仅侵占了大量的农田，还可能让农民同时拥有多处宅基地，造成土地利用方式粗放浪费。此外，新村往往在交通区位、设施配套、绿化景观、通风采光等方面条件优越，更加吸引经济实力较强的年轻成员迁入，从而在住区内部引发居住空间分异。随着更多成员迁出，村民日常活动重心外移，旧村活力随之丧失，村庄内部衰败加剧。

第二，“空废”的住宅代谢缓慢。空心化实质上反映的是乡村系统要素在城乡间流动中形成的结构特征。在城乡转型过程中，大量农民进入城市填补了城市就业的空缺。然而受户籍、社保等二元制度以及城市就业不稳定等因素的影响，进城劳动力难以彻底转换为城市居民，使得农村人口的流动呈现反复性。所以，农村劳动力非农化不仅没有转移乡村建设的空间需求，反而刺激越来越多的两栖流动型成员重视保有宅基地以确定自身农村居民身份。加之土地权利制度与传统乡土文化的长期影响，农房私有意识与祖宅风水观念在农户思想意识中根深蒂固，决定了大范围的房屋交易基本不可能发生。废旧房屋交易梗阻直接影响了住区闲置宅基地的开发与再利用，导致村庄建设呈现“有新房没新村”的特点。

3.“经营乡村”的局限

一方面，20世纪90年代施行的分税制改革造成地方政府巨额的财政缺口，诱使政府利用土地一级市场的垄断地位，获取巨大的土地出让收益，逐步确立了以土地经营为核心的“经营城市”发展模式。伴随近年来国家出台一系列宏观调控政策，土地供给计划不断收紧，盘活存量巨大的农村集体用地，支撑下一阶段城镇化进程中建设空间拓展的需求日益突出。在此背景下，借助“城乡统筹”建设的宏观社会环境，以及在建立城乡统一的建设用地市场过程中出台的“增减挂钩”“土地流转”“三权分置”等具体政策，“经营城市”活动作用与影响的范围逐步超出城市下沉至周边的乡村，土地成为地方经济增长的核心要素。另一方面，主要受税费改革及项目型财政体制的影响，乡村不仅丧失了自主发展的能力，而且缺乏可以被使用的发展资源。如何利用手中仅剩的土地，改善相对贫困的经济状况，真正成为当前村庄以及每个普通农户最为迫切的现实需求。

其实，早在20世纪80年代末90年代初，我国已陆续出现平度模式、南海模式、苏南模式等土地经营权改革实践，开启了乡村土地经营的探索，积累了诸多有益经验。新时期土地财政影响下形成的政府创收行为，则基本发展为以建设用地腾退和耕地复垦流转为核心的系统性操作，具体涉及宅基地腾退与新农村建设、农地流转与现代规模经营、城乡建设用地增减挂钩等。如图3-8所示，现阶段农村土地经营活动一般过程主要表现为：在乡镇一级政府的强力主导下，村庄借助“新农村”建设，改造自身的居住环境。在此过程中，村民一般可根据协商的补偿办法，根据自家的宅基地面积及其地上房屋，自主选择获得住房、资金等拆迁补偿，并且享受到更加现代的配套设施，如活动中心、卫生院、图书馆等。村集体则可利用新村的“集中化”建设，获得土地整理、宅基地置换、非农用地复垦产生的集体建设用地和耕地（包括规划方案配套的集体建设用地、部分复垦新增的集体建设用地和腾退土地复垦新增的耕地），进而通过招商出租或直接经营扩大集体经济收入，提高成员收入和福利，改善公共物品供给。而从城乡要素交换的角度来看，乡村将在住区

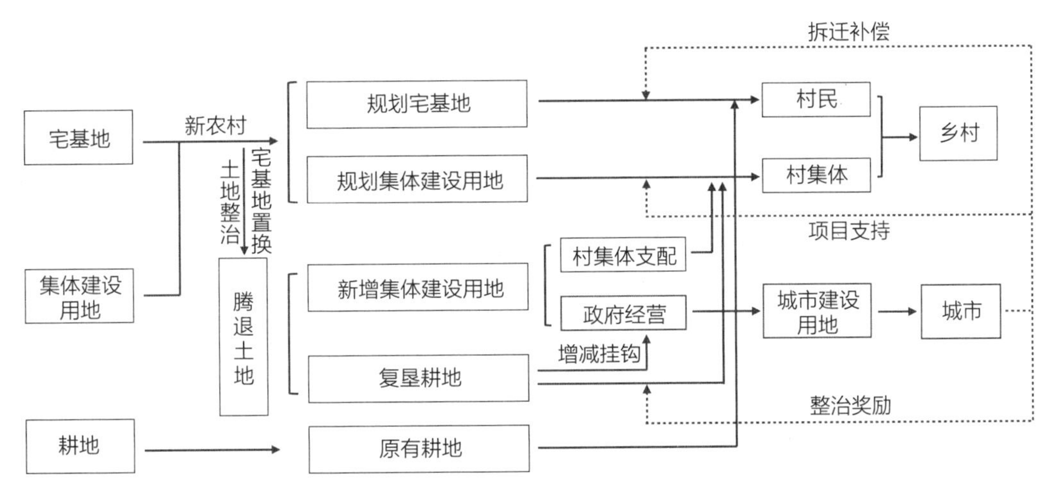

图3-8 “经营乡村”理念下新农村建设的典型模式

资料来源：作者自绘

更新和耕地复垦的空间改造过程中，以补偿、项目、奖励的形式获得外部资金的支持，如房屋拆迁补偿、“三改”专项资金、配套建设资金、复垦整治奖励等；政府则可利用“增减挂钩”政策，将新农村建设减少的村庄建设用地指标和非农用地复垦后新增的建设用地指标一并转换为城市建设用地，从而为城市建设争取空间资源的同时攫取了土地用途改变后产生的巨额增值收益。

客观而言，传统的农业经济型乡村基本仅拥有土地和劳动力要素，投入产出效益低，难以带动乡村社会经济的发展与转型。“新农村”在推动乡村住区更新，改善村民生活条件的同时，推动乡村集体建设用地与城市生产方式相结合，为壮大集体经济提供了重要契机。然而农村建设量大面广，地方政府无力独自承担大规模整理用地指标的巨额成本，所以鼓励和引导城市工商业资本参与土地流转的市场化成为普遍做法，自然造成城市资本大规模侵入乡村。部分观点认为，利用城市资本经营土地可以提高外出劳动力闲置土地的利用效率，为低效经营的小农提供稳定的租金，利用企业经营创造更多产出，为地方经济带来更多税收，形成多方共赢的良好局面。但大量学者的实证研究表明，资本只会“按其习性只是要利用农业的弱质和农民的弱势去获取资本的最大利益”。因此资本下乡存在干扰正常农业生产活动的情况，土地财政则在一定程度上成为制约乡村可持续发展的制度性根源。

第一，资本运作扰乱了传统的生产秩序。资本介入乡村建设的一种重要形式就是“过度”参与土地整理与新村建设。以焦长全、周飞舟调研的湖北柳村为例[225]，2010年一祖籍为柳村的开发商响应湖北省“回归工程”，打包了柳村及其周边的5个村子的土地整理，意图整体开发为一个占地超过3000公顷的特色小镇。其中的一期启动项目即为项目范围内拆迁村庄的新农建设，主要通过“以旧换新”的方式“免费”①为农户提供一套住房，推动农民集中居住。在此过程中，开发公司可利用“农民上楼”腾退的农村建设用地指标“挂钩”城市建设用地，获得巨额的奖励性收益；农民则在获得一套“清水房”同时，却被迫改变原有的生产生活方式。一方面，由于耕住距离较远、农具储备不便、仓储空间缺乏等问题，“上楼农民”被迫卷入农地流转与规模经营活动，以1000元/亩的价格出租给企业。他们用土地长期的高预期收益换为短期的高风险收益。另一方面，土地流转后企业成为乡村农业生产活动的主体，导致国家的各类补贴直接成为企业的经营性资产。但企业仅能在农忙季节提供十分有限的就业岗位，资本下乡后释放的“失地农民”只能选择外出务工，剥离了其与农业和土地之间的亲密关系。

第二，农地“非粮化”和“非农化”严重。无论在城市还是乡村，资本追逐利润的本性始终不会改变。因此，在当前种粮利润空间不断压缩、规模种粮成本与产量均不及家庭经营的前提下，企业肯定会从自身短期利益出发，将资本转投到利润更高的水产、蔬菜、花卉、苗圃等行业。特别是在经济发达地区，耕地流转中的“非粮化”程度与趋势更加明显，从长远上看必将引起粮食种植面积减少，威胁我国的粮食安全和经济安全[226]。此外，虽然国家一直严格限制农业用地转为非农用途，但资本下乡过程中普遍出现了隐性的圈地现象。典型做法一类是骗取国家资金，如提前租赁即将征收的农地，依靠种植苗木或修建农业设施，套取政府补偿；另一类是假借投资农业而从事非农开发，租赁农地建设休闲观光农庄，个别甚至直接开发别墅、度假村等房地产项目。面对强大的工商业资本，弱势的农户或合作社通常只能选择妥协和退出，放弃土地社会属性所承载的保障功能，将自己置身于巨大的生存风险之中。

3.2.2.3 外部冲击促成地域生境变迁

“乡村耕地、牧场和村落是人类世代重要的土地利用形式，乡村农业在历史上持续有机进化形成的景观区域，对于现代社会有重要的作用，也是人文传统进化过程的物质证据。”

——《保护世界自然和文化遗产公约》，联合国教科文组织（UNESCO），1992年

乡村住区实体环境兼具自然与社会属性，反映了人与自然的本质关系，是地理空间经

① 企业提供定价10万元/套的住房，拆迁村庄中同时拥有户口、住房（砖木结构）和耕地（超过5亩）条件的农户可免费获得，其他农户则需根据自身条件缴纳数额不等的购房款。

过世代社会实践的累积成果。但是，现阶段乡村发生的整体性衰退，扰乱了社会文化与自然环境的耦合关系，削弱了实体环境稳定延续的基础。

1. 传统人文历史环境消逝

人文历史环境是社会主体在长期的社会经济生活中形成的，以态度、习惯、认识、观念等无形要素为表征的文化环境。诚然早期乡村经过历史积淀，创造出丰富多样且具有显著区域性和地方性的文化，但是伴随市场经济意识的渗透和工业化、城镇化的推进，城乡互动加剧深刻改变了社会现实基础。在现代化进程中，乡村不断遭受外部主流意识形态的冲击和内部生产生活共同体解体，出现“传统文化被驱逐出乡村社会的价值世界，而新型的、适合乡村经济发展和转型需要的，尤其是质朴少文、务实致用的农民信仰价值体系却未明晰起来”[227]的“外光内糠”问题，进而阻滞了乡村的发展进程。

1）文化惯性阻碍进步

我国乡村文化根植于传统的农耕生产生活，是社会主体在日常生活的实践活动中形成的同一知识结构、价值取向、道德伦理、社会心理、行为方式等。开放健全的日常生活世界，不只能让人远离日常生活的沉重压力，还可以在优化主体感性能力的基础上，建构社会自觉自制的现代理性文化。然而，孕育我国乡村文化的日常世界相对范围狭窄、活动重复、思维僵化、缺乏生机，形成了村民直接依凭惯例和经验的行为处事方式。这种盲目遵循既有价值观念和行为准则的文化惯性，严重阻碍了农民自觉意识的觉醒和主体性的发展。因此，当前现代转型中的乡村依然普遍遗存和显现着小农文化的局限，主要表现为一种僵化凝滞、安于现状的价值观，涉及人生观、劳动观、生产观等各方面（表3-9）。而农民低层次品位的价值观念，大大降低了其适应和抵御市场激烈竞争，谋求更大发展的能力。

小农影响下乡村文化存在的问题　　表3-9

观念	代表思想	观念	代表思想
人生观	消极无为、听天由命	劳动观	懒散怠惰、好逸恶劳
生产观	小富即安、不求发展	伦理观	血缘宗法、重义轻利
消费观	自给自足、安贫乐道	宗教观	方术迷信、崇拜鬼神

资料来源：作者整理

2）地方特征不断衰减

城市语境主导的社会文化体系下，乡村不断遭受工业文明、城市文化、精英主义等强势文化的改造，村民精神生活趋于世俗化，乡土文化中蕴藏的正能量不断消散。尤其是快速城镇化、工业化阶段，越来越多的村民离土离乡成为“农民工”，职业身份的转变不仅削弱其对村庄的精神依赖，还增强了他们对城市文明的认同和憧憬。面对繁华喧嚣的城市生活，他们急剧膨胀的欲望与有效的消费能力会不断加剧心理失衡，进而破坏传统乡村稳定和谐的人居环境。此时乡村传统文化中珍贵的“天人”生态观、“亲睦”伦理观以及“和合”宇宙观的思想逐渐被日益膨胀的“拜金主义”“个人主义”和“功利主义”所蚕食，导致地域人文精神萎缩和消退，引发社会价值迷失、道德滑坡、民风沉沦、治安混乱等问题。

2. 自然农业风貌特色丧失

现阶段城镇化与工业化的进程中，我国仍普遍存在西方发达国家现代化采取的高成本、高投入、高消耗的发展模式。现代化转型中乡村文化发展的弱势地位，导致社会极易过分强调经济建设，忽视乡村为高速发展所付出的生态成本。尽管自20世纪90年代末，国家以“耕地保护”为原则，着手完善土地管理制度，通过设置土地用途管制、耕地占补平衡和农用地转用许可等具体制度措施，限制城市对周边乡村的侵蚀，但经济利益本位的价值取向还是造成地方政府行为的偏差。进入新世纪以来，地方政府以地生财、抢占农民土地的行为愈演愈烈，每年转化为建设用地的农用地规模呈线性增长，且占国家审批建设用地面积的比重基本维持在60%以上（图3–9）。这一问题在城乡边缘地带日益表现得尤为严重，如在部分经济发达地区，急剧扩张的非农功能空间在乡村地域内蔓延，导致城乡功能

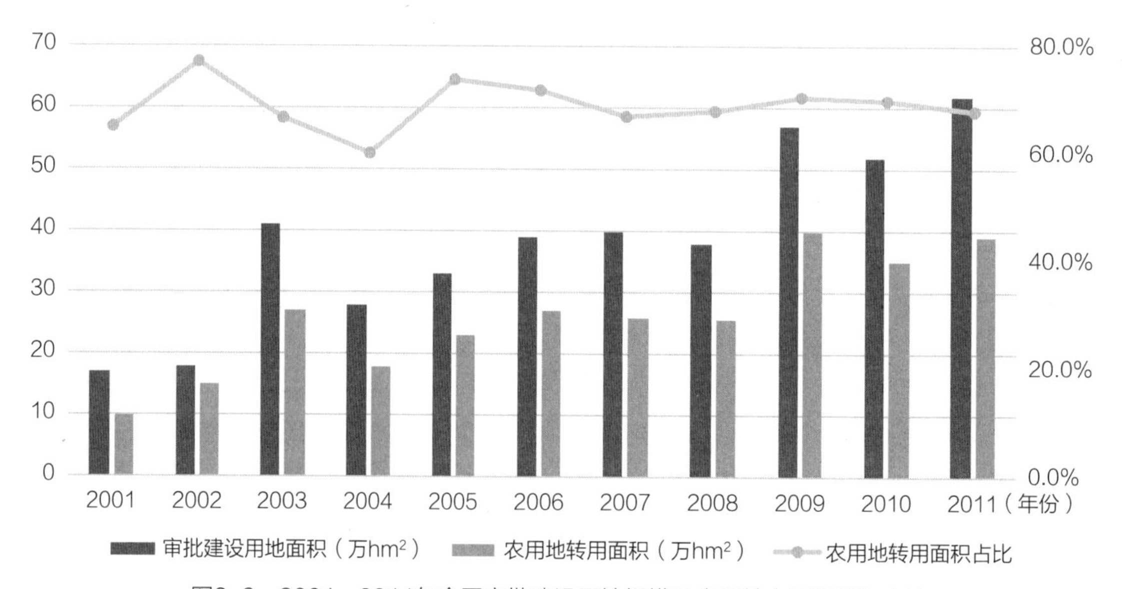

图3-9 2001~2011年全国审批建设用地规模及农用地专用规模与占比

资料来源：作者整理自参考文献[78]

与要素混杂交错、相互作用，形成了一种“均质、结构不清、缺少中心性”的“Desakota”空间[228, 229]。这种非城非乡景观特征破坏了乡村住区独有的田园生活与农耕生产相融合的聚居格局，成为引发地域景观风貌质变的关键。地区大量建设的工业园和开发区还因配套建设落后，造成“毒地”等环境遗留问题，限制削弱了未来城市空间拓展和功能调整的弹性。另外，受强势文化示范作用的影响，乡村住区建设中或大量出现裹挟城市形象的“舶来品”，或整体模仿、照搬城市住宅小区的设计，这都成为引发当前“千村一面”、风貌丧失问题的重要原因。

3.3 乡村住区转型发展的方向与思路

3.3.1 重塑乡村的地位与价值

在现代化发展的整体语境下，乡村与城市一样，同步发生着生产生活的进化与变迁。但按照美国社会学家W. F. 奥格本（W. F. Ogburn）在《社会变迁》（1928）中提出的“文化堕距”（Culture Lag）理论，社会经济演进时各组成部分会因适应变化能力差异产生变迁速度的时差，且科学技术与物质环境的变化往往领先于观念、意识、制度等非物质内容，导致构成部分发展层次的错位和失调，引发诸多社会问题。上述“文化滞后”规律对城乡二元对立结构的作用尤为明显，主要表现为乡村长期处于社会文化体系中的不平等地位，被歧视为贫穷、落后和无知的代名词。受这种有失偏颇的文化认知影响，乡村逐渐沦为城市社会经济发展的附庸，为推进城市化、工业化和现代化建设而低成本输出发展要素也成为理所应当的事实。具体而言，在当下乡村话语权缺失的情况下，工业文明和城市文化成为社会发展的归宿，“农民”成为背负着贬义的身份象征。一方面，城市居民对进城农民一般采取“经济性接纳、社会性排斥”的矛盾态度，既承认农民工承担了大量辛苦繁重的工作，为地方发展做出了重要贡献，又抵制大量农民工涌入城市，以防引发可能的治安混乱、就业竞争增大等问题。另一方面，伴随传统媒体、互联网络等通信设施的普及，农民本身也经历城市“现代性”的洗礼，深刻体会到城乡之间客观存在的差距，具有接受现代生活方式的强烈意愿，成为乡村根本性变化发生的内源。因此，即便在2000～2016年，我国农村家庭纯收入增长至12363元，居民恩格尔系数降至30%的情形下（图3-10），生活水平极大改善也未能削弱基数庞大的外出农民继续选择“逃离”乡村的意愿。相比于早期单纯以缓解生存压力为目的，利用非农活动所得补贴家庭收入的务工行为，当前农民外出就业更大程度是其统筹个人能力、信息资源、行动后果等条件后得到的最“满意”“合理”的结果。在基本生存需求得到保障的前提下，新时期城乡劳动要素的互动过程已超越单纯追求个人经济收益的最大化，城市文明及其生活方式无疑要比乡村低水平的安逸生活更具吸引力。

进入城镇化的“下半场”，以乡村衰败为代价的现代化进程开始暴露出诸多弊端。受城市现代生活图景及其背后隐藏的生活方式和价值观念影响，形成了“城市中心主义”发展模式，导致社会整体对乡村地域的价值认知坍塌，严重干扰了城乡系统的演进与乡村的健康发展。面对日益严重的乡村问题，亟须扭转“文化堕距”造成的乡村在现代化建设所处的弱势境遇，改善农民这一庞大社会群体的生存和发展状态。我们应主动从广大的乡村一端发力，转译乡村承载的乡土情怀与田园向往，建构以“乡村性”为取向的多元价值输出目标，避免乡村被孤立和边缘化。

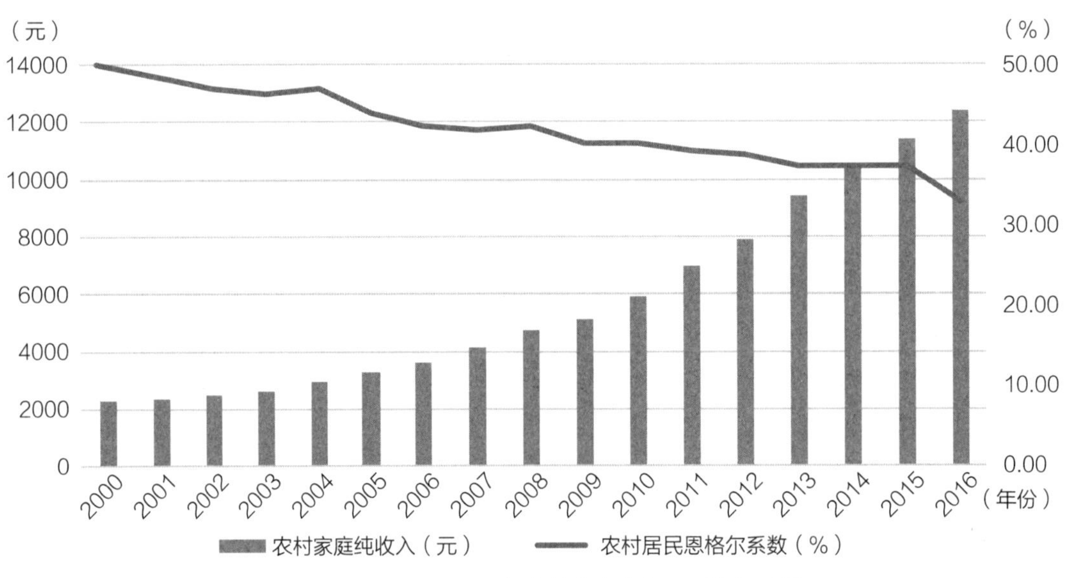

图3-10　2000~2016年农村家庭收入及恩格尔系数

资料来源：作者整理自国家统计局网站

3.3.2　优化地域资源配置水平

3.3.2.1　破解“流动”与“捆绑”的矛盾

追述至17世纪，英国经济学家威廉·配第（William Petty）就提出“土地是财富之母，劳动是财富之父”的著名论断，土地与劳动力要素的紧密结合共同创造了财富。传统农业阶段，城乡间有限的联系促成封闭乡村住区内部形成了一种所谓的“资本和生命的循环”，即农民可以通过农业生产从土地中获得收益，并在留存自身生存所需后将绝大部分收益返还于土地。伴随生产力的不断进步，城乡二元经济特征显现，收入差异不断刺激劳动力流动，人口与土地要素之间的稳态配置状态被打破。理想状况下，城乡经济部门之间生产资料的流动有利于提高资源的配置效率，带动社会经济的进一步发展。大量学者支持“富裕农民关键在于减少农民”的观点，认为在相对稳定的土地总量下，堆积在农村土地上人口的减少将直接增加人均用地规模，可能为接下来乡村和农业的现代化发展带来积极影响[230]。比如，同属东亚小农经济日本，其发展经验就是利用20世纪50至70年代第一产业就业比例下降25个百分点和农业从业人员减少近一半的外部条件，大力推进农村家庭规模经营的水平，提升城市对乡村资金、技术的反哺力度，优化农业组织化程度和生产效率。发展至2004年时，日本农户耕地经营规模已扩大至1.5公顷（大致为同时期我国农户耕地经营规模的3倍），超过有效使用现代生产要素的最低临界规模，成功在工业化、城镇化和农业现代化同步推进过程中突破了传统小农经营模式，实现了规模化经营，提升了劳动生产率，提高了产业化水平，增加了农民收入[231]。

然而，我国农村劳动力向城市大规模迁移现象已出现20余年，但乡村始终没有建立现代农业生产组织方式，根本原因在于滞后的人口城镇化。站在乡村角度，分析农村富余劳动力职业流动与身份转移分离问题产生的原因，主要包括以下两点：

第一，素质能力限制主体身份的转换。市场机制作用下，人力资源配置会根据主体劳动能力的差异产生分化。我国农村人力资源数量巨大，但受教育年限、文化程度等条件限制，从日常“面朝黄土，背朝天”生活中脱离出的富余劳动力综合素质偏低，导致他们就业竞争力不足，难以迅速适应城市生活节奏，只能更多从事笨重、脏累的“力工”行业，所以在城市打工的农村劳动力很少可以在实现“乐业”的基础上进入“安居”状态，彻底转变为城里人。另一方面，文化适应力较弱也是农民身份转换困境产生的重要原因。城市的生活方式、人际关系、价值观念和风俗习惯等均与传统的乡土生活与文化存在较大差异，容易与文化适应力较弱的农民在价值观、生活方式以及思维方式上产生冲突，使其成为非城非乡和亦城亦乡的“边缘人”。由于缺乏对现代“自由人”的深刻理解，摆脱土地束缚的进城农民如同生活在自我隔离的“真空”之中，不仅没有接纳城市的现代文明精神，还遗失了家乡的乡土规则和道德约束，造成人口流动呈有流动无规则的态势，严重冲击着城乡社会的运行秩序。

第二，制度性“捆绑”阻碍土地流转。主要受土地利用制度设计的影响，我国乡村土地资源的利用方式与城乡劳动力配置特征不相适应，导致土地资源紧张与粗放利率并存矛盾日益突出，出现了耕地撂荒弃耕、“空心村”蔓延扩大、人均农居点用地持续增加等诸多不经济现象。一方面，参照发达国家的发展历程，土地流转将是小农经济由适度规模经营转向现代农业的必然过程。尽管在第一阶段家庭承包制改革后，村庄耕地使用权和剩余索取权放归农户，成功地在短时间内激励农业增产增收，但是伴随承包关系由“15年”“30年”延长至“长久不变”，承包地的“资源”属性逐步向“资产”形态变更。因此，在未获得足够交换价值的情况下，农民不可能轻易交换或放弃本就有限的土地资产。数据显示，2008年我国农村劳动力流出率就已超过60%，但农业承包地的流转比例却徘徊在20%左右，农村劳动力的流出规模与农地流转的规模严重不匹配（表3-10）。一方面，根据使用权的隶属关系，住区范围内非农用途的建设用地主要包括村集体所辖的经营性建设用地和农户凭借成员身份免费获得的宅基地。其中，前者一般会被村集体出租或直接用于经营乡镇企业，尚可成为集体经济的重要来源。至于农民利用积蓄在宅基地上建造的农房，则完全属于农户私有财产。在当前禁止农房交易且宅基地有偿退出机制不尽合理的状况下，个人腾退农房和宅基地的行为不能得到任何经济补偿，不可交易的农房和不可移动的宅基地演变成一种捆绑性“资产”，无法转变为农户进城落户的资本。另一方面，前文提及农民在身份转化和社会保障方面能力的欠缺，迫使他们更加依赖老家的口粮地和老宅作为抵御市场风险的生产资料和生活载体[232]，而不是以完全让渡土地权利的方式退出①。

全国土地流转规模及所占比重　　表3-10

年份	2008	2011	2012	2013
土地经营权流转规模（亿亩）	1.09	2.07	2.70	3.10
占家庭承包地比重（%）	12.1	16.2	21.5	23.9

资料来源：作者整理自参考文献[233]

3.3.2.2　提升“社会资本”质量与利用

经济学视域下，资本是一种可以在生产过程中创造剩余价值的生产要素。过往针对乡村发展问题的讨论和研究，多集中于土地这一可为农户创造经济收入的自然资本，忽略了经济建设对社会的依赖。伴随20世纪90年代，相关学科纷纷引入社会资本概念用以解剖各自领域内的复杂问题，其内涵逐步由微观的个人“关系”延展至宏观的集体行动与公共物品供给领域（表3-11）。目前，学界已经普遍认为，源于西方发达多元社会的社会资本理

① 国务院发展研究中心发布的《促进城乡统筹发展，加快农民工市民化进程研究》显示，进城定居的农民工中希望保留承包地和宅基地的比例分别占84%和67%。

社会资本概念层次与内涵的演进　表3-11

层次		主要内涵
微观	个人“关系”	为达成个人或群体利益，而在人与人之间形成的非正式合作
中观	公共物品性质	社会资本具有生产性，既可以增加个人利益，还能成为实现公共目标的组成部分，解决集体行动困境
宏观	集体行动与公共政策	利用社会资源的组织特征，推动公民共同体集体行动的参与程度，进而提升社会的运行效率和治理水平

资料来源：参考文献[234]

论范式，在分析和解决我国乡村社会运作及其相关问题时具有较强的解释力和适用性。若能在具体实践中将多样的社会结构与广泛的社会关系凝聚为乡村发展所需的社会资本，整合到地域资源管理、社会经济发展和公共物品供给等环节中，将有助于形成自发的社会秩序，为乡村发展提供持续动力[235]。

然而，我国乡村发展普遍重视物质空间改造，忽略其背后蕴藏的复杂社会关系，阻碍了进一步的发展。比如村民对村庄公共事务的参与不足、监督不力，造成乡村社会局部失序，导致村民自治变质为少数“能人”专治、家庭宗族势力操纵村委选举等问题出现。究其原因，主要是因为我国由传统社会向现代社会转变中，乡村社会资本陷入先天资本消退严重与后天资本增长乏力的窘境。一方面，传统社会资本丰富，但质量堪忧。虽然新中国成立初期，我国乡村社会治理的主体由地方乡绅转变为国家公社，成员在表面上具有强烈的集体归属感和认同感，但实质上他们受封闭、有限的发展环境影响，不仅无法“自由”地做出选择和退出，而且仅能从事单一的农业生产、获得有限的家庭收入，成为以“机械团结”形式缔结的共同体。此时，基于血缘、地缘建构的“特殊信任”尚且占据社会资本组成的核心，主导乡村社会的日常运行。改革开放以来，市场经济规则驱使下，集体经济和国家权力干预下形成的“超经济”共同体开始瓦解，削弱了建立在成员同质性基础上的“集体本位”意识；个人主义、自私观念和实用主义等功利主义膨胀，部分村民放弃长期秉持的互惠合作原则，传统社会生活中非正规组织与规则的权威性和约束力明显下降。尤其伴随近年来城乡经济联系密切、作为中坚力量的乡村精英大量流失，抽空了住区社会资本中最为活跃的部分，破坏和降低了人际交往网络的完整性及其节点之间的关联度。住区成员更多表现出对各自家庭生产的关心和村庄公共事物的冷漠，完全理性的个人行为因“合成谬误”造成非理性的集体行动，极大地困扰着乡村的社会进步和经济发展。

另一方面，现代社会资本规模不足，增长缓慢。从差异化的特征来看，若将有限范围内血缘和地缘建构的人际关系视为传统社会资本，那么在广泛社会层面形成的基于现代公民权利和义务的普遍信任与合作则属于现代社会资本。当前，农村地区培育现代社会资本的载体主要为生产合作社、农民协会等经济性或政治性民间组织。这种组织结构既可以依托传统社会资本社会保障功能，利用非正式信任降低交易成本，又能够嵌入市场经济活动的现代契约关系，借助强制性法律规范合作行为，从而在运作过程中形成以社会普遍道德和法律规章制度为核心组成的特殊社会资本形态。然而现阶段我国乡村社会关系的分布仍然以纵向网络为主。尽管这种凭借权利、地位上不平等形成的指令式垂直联系相对稳定和高效，但因为缺少个人与组织的横向合作和信任，导致村庄难以发挥自治属性，出现“集体行动困境”。

3.3.3 强化“地方性空间”生产

海德格尔语境曾言，“住所是人类与物质世界之间精神统一形式的基本单元。通过反复体验和复杂联系，人类住所空间建构赋予地方含义。”作为承载一定范围内地域人文自然特色的地方性空间，住区是人类在与自然的长期互动中，村民依凭“创造性”活动建构的理想“家园”。因此，住区地方性的建构不是简单的几何物质空间规划建设，实则是一种“人—地”互动的历史沉淀，更是一种连续的社会建构，本质上映射了主体的文化、记忆、想象、价值等深层次的情感认识[236]。然而在现代性的强大叙事背景下，市场化、流动性和多元性的现代城市社会不断冲击自然性、缓慢性和乡土性的乡村社会，导致住区因缺乏地方性空间生产出现“乡村性”降低问题。具体表现为：

其一，非本真地域空间建设降低乡村性的外在表征。在当前城乡统筹的发展语境下，乡村资源组织的逻辑与秩序都已基本纳入城市序列，其逐渐被视为一个生态安全的场所，一个文化之源和寄托乡愁的“综合体”。乡村所拥有的前工业时代景观风貌，成为其向外输出“乡村性”并获得高于一般农业生产活动收益的核心禀赋。所以，置身于“依赖型经济”链条中的乡村首要任务就是营造异于城市面貌的物质空间，通过资源化、商品化“乡愁”从而向消费者提供视觉、情感体验所需的功能（支持消费活动的产品和服务）和符号（承载人类情感的物质表征）。然而，高度市场化和商业化的经营理念下，城市溢出资本主导的“乡村性”空间再生产实际上仅是单纯地将乡村看作消费和“游玩地方”（Places to Play）[237]，导致原始真实的乡土空间及寄托的情感意义逐渐模糊并趋向多元。例如北京周边商业运营最为成功的古北水镇，完全通过精心设计将时空异位的古今中外的景观糅合到北方水乡的主题概念之中，创造了传统村落空间难以形成的商业收益。但这种“自上而下”营造的“乡愁”经济空间，通常将怀旧情感排斥在理性的空间秩序之外，直接利用大量堆砌的符号粗放表达人们的地方情感。所以这类资本扩张运行的乡村空间重构活动普遍存在一定隐忧，即假如其刻意营造的地方性空间一旦吸引力下降，又或在周边出现功能同质且服务水平更好的项目时，它们是否会因空间资产的贬值迅速成为资本积累活动的废墟。

其二，主体参与性不足导致住区空间的地方认同下降。大卫·哈维（David Harvey）指出，地方性空间的再生产活动对于全球化、市场化带来的“时空压缩”背景下地方社会文化的存留和延续，具有不可替代的影响和作用[238]。应基于乡村传统风貌及其社会经济形态，在动态发展中赋予地域再生产空间新的意义。从该角度出发，在当前现代经济理性驱使下，部分村民利用生产方式、建筑技术和信息传递方式等条件改变，采取的流转耕地用于集中机械化经营、利用现代建筑材料翻盖房屋和建设高大体量住宅表达对城市生活向往等行为，虽然在很大程度上削弱了地域特殊的传统风貌景观，但至少可以理解为本地居民基于自身经验认知和美好生活畅想的自觉实践行为。与之相对，政府、企业主导的乡村再生产活动则更多迎合了资本积累和体验消费的目的。经济弱势与价值陷落的乡村在此过程中，难有表达集体记忆和怀旧情感的机会，势必造成新生空间与功能脱离地方日常生活场景，无法获得本地居民的归属认同和情感共鸣，即缺乏当地个人或集体的亲历难以形成地方性的深刻认识。这就是为何由工商业资本和地方“绅士化”现象引发的乡村建设通常成为“他者”空间，因为村民并未深入参与且难以从中获得情感认同和经济收益。

4 乡村住区转型发展规律与重构理论的提出

4.1 当代乡村住区发展理论思潮与嬗变

4.1.1 复杂系统理论：城乡系统演进的形式与过程

第一次科学革命创造的“经典科学”，奠定了确定性科学方法。受其影响，现代系统科学最初在工程领域形成了以维纳（Norbert Wiener）的控制论为代表的机器“系统”思想。为了在动态的环境条件下保持“整体”平衡或稳定，“个体”仅能按照中央的控制指令完成标准动作；任何不相关的行为都被视为可能造成破坏的消极因素。然而上述“简单”的公式化科学范式，难以预测生态、社会、生物等这类活跃系统的发展与运行。进入20世纪40年代，自然学科与社会科学相互渗透、交叉，引发信息时代的第二次科学革命。其中最重要的成果就是打破了人们对确定性思想的迷信，形成了以不确定性思想指导人类的认识观和方法论。尤其是20世纪70年代前后，系统科学领域出现的“新三论”（耗散结构理论、协同理论和突变理论）和超循环理论思想，极大地发展完善了复杂系统组织演进的理论内容与框架（表4-1）。此时的系统突破了热力学范畴的人造机器，逐步升级为能够与周边环境交流互动，且可根据设定的目标自行调整结构与行为的“复杂适应系统”。

按照系统论的观点，“城”与“乡”是构成人类住区系统的两大子系统，二者间各类要素相互联系与作用，共同构成了一个复杂的地域社会经济系统。而从系统论视角出发研究城乡人居系统发展的规律，探寻协调和调整系统中要素组织和结构关系的方法和策略，才可达到优化系统运行的目的。

复杂系统组织演进的理论解释框架及主要观点 表4-1

理论名称	地位	主要观点
耗散结构理论	条件	开放的系统与外界不断地进行物质、能量、信息的交换；外部吸收要素与内部固有要素相互作用下，系统发生偏差性的“涨落”，并在发展中形成新的秩序
协同理论	动力	系统演进是一种“竞争—协同”过程，一方面竞争产生差异，导致系统趋于不平衡，创造了发展的前提；另一方面协同则成为推动系统趋于有序的调整机制
突变理论	形式	系统演进的主要形式包括渐变与突变，其中渐变是原来变化的延续，属于连续性范畴；突变则是原来变化的间断，属于间断性范畴，表现为迁跃现象
超循环理论	过程	系统中的要素相互作用、因果转化构成循环，促使系统由低级向高级转化

资料来源：作者整理

1. 城乡系统的复杂性，构成乡村住区系统发展的外部环境

在演化生物学的实验中，计算机模拟下的分子在种类达到一个门槛后（临界多样性），相互作用的可能性急剧增加，说明提升要素多样性以增强系统内部的相互作用是系统演进的必要条件。相反，如若系统构成要素及其组织结构过低，内部相互作用和优化升级的可能性将大大降低。上述状况表明，系统是由诸多的结构单元（子系统）及其之间的“组成关系”共同构成，并且结构单元在与其他单元的组织中产生催化作用，使系统呈现“整体大于部分之和”的特征。因此，若要保证乡村住区系统的运行，就需要提升其内部构成单元的多样性，进而在相互作用中衍生系统发展的多种可能。然而，传统的城市中心发展观片面认为城市带来了社会的繁荣与进步，而乡村是低级、简单的发展阶段。这种观点实际上抹杀了乡村在丰富人居系统多样性中的地位和作用。城市与乡村同属一个复杂的巨系统，任何一个环节被移除、孤立或缩减都会降低整个系统的复杂性，进而导致系统活力的衰减。因此，需要通过发展与城市异质的乡村以增加多样性要素，增强城乡系统内部演进作用的强度，推动整个系统的良好运行。

2. 城乡系统发展的不确定性，维系乡村住区系统的活力

按照复杂系统相关理论的理解，城乡聚居系统是具有耗散结构的开放巨系统。二者间物质能量要素的交换，以及各自系统构成部分之间的非线性作用，不断推动系统跨越稳定阈值，从原先无序的状态进入一个新的平衡。其中，系统内部大量要素或子系统间的相互作用实质上是开放系统内部从自利竞争到互利协同的演进过程。出于生存竞争的目的，子系统间产生非平衡发展，将有限资源流向具有更高生产效率的子系统；各子系统或为保持和扩大竞争优势，或为解决自身发展困境，寻求与其他子系统协同发展，从而进一步实现系统整体生产效率大幅提高。上述“竞争—协同”发展过程中，优化资源在系统内部的分布和配置，促成了系统结构和功能的跃迁。

当前我国城乡系统在经历共生、对立后进入统筹发展阶段，标志经济社会的发展进入一个新时期。如果将工业革命催生的现代城市看作人工空间系统，那么乡村则因自身鲜明的生态基调成为典型的“自然—人工”空间。就历史经验而言，城镇化的终极结果不可能是消灭村庄，即使发达国家进入高度成熟的城镇化阶段，乡村固有的乡土环境、田园风光和社区氛围仍然是住区系统的重要内容。尤其是我国正处于现代转型阶段，“三农”问题的根本解决、全面建设小康社会目标的实现以及国民经济持续、健康、协调发展均有赖于城乡的协调一体化发展。因此，乡村住区空间具有重要的生态保障功能，对人类住区的生态安全承担着不可替代的地位。这些都构成现代乡村人居环境的生机与活力之源泉。

4.1.2 韧性演进理论：乡村住区系统的可持续发展

随着对复杂系统构成及其演进机制的认知不断加深，学者们日益关注和反思到底如何才能保持系统的健康稳定。因此在19世纪中叶，“韧性”（Resilience）概念一经提出便成为抵御系统演进的不确定性，理解生态—社会—经济协同发展的重要基础理论。现代韧性思想体系的完善大致经历了三个重要阶段，其外延和内涵在早期的工程韧性（Engineering Resilience）和生态韧性（Ecological Resilience）基础之上不断丰富，最终形成演进韧性（Evolutionary Resilience）的全新认知理念[239]。

第一阶段：工程韧性。工程韧性的概念借鉴了工程力学的基本观点，将韧性定义为系统在遭受外部影响后恢复原有状态的能力。这种韧性强调系统有且只有一个平衡的稳定状态，系统韧性的强弱可通过其抗干扰能力和恢复速度两方面衡量。

第二阶段：生态韧性。经历了20世纪70年代系统观念的重大转变，动态复杂的系统观暴露了传统系统观的僵化、单一问题，促成生态领域愈发关注韧性。加拿大生态学家霍琳（Holling）率先对过去生态系统线性和稳定的认识提出质疑，认为复杂生态系统的韧性表现为改变自身结构前所能吸收的扰动量级[240]。伯克斯（Berkes）则提出在生态系统的运行过程中，具有韧性的系统将因扰动打破原始平衡进入新的平衡状态[241]。虽然工程韧性和生态韧性均认为系统存在理想的均衡状态，但后者不仅承认系统拥有非唯一的平衡状态，而且更加重视系统的存续能力，从而与可持续发生了联系。

第三阶段：演进韧性。随着对系统结构和变化机制认知的深入，客观世界已被完全视为一个复杂和非线性的巨系统，而且极易受内外扰动因素的作用，达到与之前不同的稳定状态。以适应性循环理念及其扰沌理论模型为代表，韧性概念进入演进韧性阶段。如

图4–1所示，模型中系统的发展将不断重复开发、保存、释放和重组四个阶段；各个阶段既不一定是连续或固定的，也不是一个单一循环的，而是一个嵌套并相互作用的循环系统。演进韧性下的系统为回应外界压力和自身条件被迫始终处于一种动态的往复循环状态，其中强韧性系统将通过结构更新在重构中趋于稳定，为自身赢得进入下一轮发展的机会；韧性不足的系统将脱离循环，最终导致系统失败。

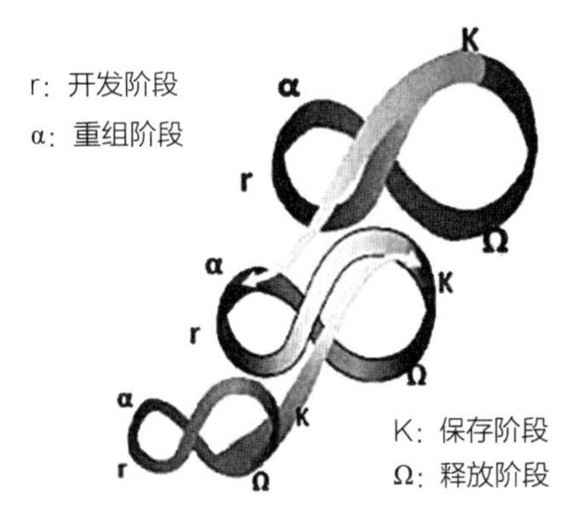

图4–1　适应性循环的扰沌模型示意图

资料来源：作者改绘自参考文献[242]

回顾韧性理论的发展过程，韧性理念与系统认知过程相类似，其适用领域都由单纯的物理环境拓展至复杂的社会经济环境，逐渐成为一种系统可持续发展的新思路。而我国乡村属于完整的“三生”功能集合体，土地资源为集体所有、具备传统熟人社会网络和独特的自然田园风光，都成为其韧性构建的天然优势。而从韧性视角，可为乡村发展与空间重构提供两方面的启示：

1．增强恢复力，保证乡村住区稳定运行

“恢复力是指系统吸收干扰、经历变化和重组后，仍然保持原有功能、结构、特性和反馈的能力。”[242]狭义的恢复力落脚于物质空间建设与更新，重视维持原有状态的能力。广义的恢复力已拓展至社会、经济和生态领域，强调系统在保持稳定状态的基础上，能够有效应对随机事件产生的不确定性环境。显然后者比维持基本稳定，更加适用于支撑系统发展的可持续性。因此，乡村住区若要获得持续发展不能仅依靠物质环境建设，更为重要的是在动态实践中维持系统的整体平衡状态。比如处理好人与自然的关系，运用生态智慧蕴藏的“为善的”价值和可持续目标，引导住区各项实践活动[243]。

2．提升适应力，助推乡村住区自主发展

从系统演化的观点看，适应外部环境变化是乡村住区生存与发展的必要前提，乡村住区只有通过与外部世界的“熵交换”，才能实现结构优化和功能完善。伴随生产与生活方式的变革，乡村人居环境的空间属性和内涵都随之发生变化，逐步由静态封闭走向动态开放。现代城市化对乡村住区带来全方位冲击，导致其发展中出现社会、经济、生态等诸多非线性问题。因此，应着力增强乡村住区系统适应、学习和自组织等反馈调节韧性。利用日渐频繁的空间重构活动，为住区主体创造自主学习和经验积累的机会，促成其调整认知和行为模式，以适应要素、结构重组带来的扰动，抵御外部的不确定冲击，真正利用城乡的差异性资源禀赋实现自主发展。

4.1.3 精明收缩理论：住区空间重构的实践路径

20世纪90年代，西方发达国家为应对城市郊区化带来的粗放蔓延式发展模式提出“精明增长”理念，旨在保证土地高效利用的基础之上，建构一种推动城市有序扩张、生态环境友好、经济运行健康、城乡协调发展和生活质量提高的发展模式。同时期，部分传统工业型和资源型城市则在经历经济转型、产业调整等过程后，出现失业率上升、经济萎缩、交通拥挤、环境恶化等衰退迹象，引发国外学者的高度关注，并提出与精明增长相对应的精明收缩（Smart Shrinkage）概念。在美国俄亥俄州的《杨斯敦2010规划》中，该理论首次作为核心策略被全面、系统地用于指导城市的存量更新。相较于传统的增长型规划，精明收缩规划方法清醒地认识到作为有机体的城乡系统在发展中必然经历形成、发展、繁荣、衰落及复兴的演进过程，因此格外关注如何在衰退中寻求发展，可为正在衰退或不可避免衰败的城市中心区、郊区、乡村等区域的可持续发展提供重要经验[244]。

虽然我国工业化和城镇化尚处于深化发展阶段，城市的人口、用地规模仍有极大的增长潜力，但精明收缩理论却可为解决乡村住区发展中出现的劳动力流失、村庄“空心化”等问题提供思路[245]。当前，国内以“收缩”为背景的规划实践相对有限，相关研究多是从理论层面探讨我国乡村“精明收缩”的发展思路。

第一，精明收缩是乡村地域系统可持续发展的重要选择。城乡关系与城镇化的演进规律是理解我国乡村发展趋势的核心依据。迈入新世纪以来，我国一方面努力破除二元壁垒，推动城乡均等化，另一方面加快全面推进城镇化进程，乡村既是落实各种帮扶政策的热点地区，又成为支撑城市高速建设的牺牲地，机遇与挑战并存。然而严峻的现实情况是，绝大多数乡村在经历城镇化与工业化所引发的社会经济运行方式转变后，出现农业经济重要性下降、基层公共服务供给不足等发展不充分问题。出于利益最大化目的，具备理性选择能力的广大农民以“用脚投票”的方式逃离乡村，成为中国乡村持续衰退的根本原因。数据显示，1990~2000年的十年间中国乡村人口总数减幅高达3.2%，第一次出现由社会经济进步引发地区人口减少的现象[246]。虽然上述状况在很大程度上是广大乡村与农民基于现有制度框架和利益格局形成的理性选择集合，但若完全任其发展势必会引发乡村住区资源配置混乱，最终损害城乡社会的总体福利。因此，精明收缩的意义就在于承认城乡二者之间在功能与地位等方面存在的固有差异同时，将被动衰退转为主动收缩，面向未来定义乡村在城乡人居体系中承担的职能。在当前有限的社会资源要素状况下，提升农村资源配置的效率与公平性，精明收缩的乡村发展必然是一个有增有减、以增促减的更新过程，并且逐步通过消减阻碍现代城乡人居环境可持续发展的不合理要素，增加适应乡村现代转型的发展要素，最终实现乡村系统的顺利转型与更新[247]。

第二，精明收缩的主要内容是建立现代化的乡村系统。长期以来，我国乡村的发展借助于外部输血或扶持干预，极度缺乏自主成长能力。精明收缩主张把握社会城乡关系转型的整体趋势，在延续乡村传统的农业生产与服务职能同时，合理引导地域空间与功能重构，以适应现代社会赋予的生产、生活与生态功能，激活其内生造血功能。例如，在“精明”的发展策略指导下，乡村应充分利用资源禀赋发展新兴产业，积极参与现代产业体系建设；按照效率优先，兼顾公平的原则，推动地区基础设施和服务设施的建设等。

第三，精明收缩的最终目标是实现城乡社会公平正义。精明收缩的最终目标，是在空间重构过程中优化城乡要素的流动与组织方式，提升有限资源的配置效率，建构组织结构完整、内生动力强大的现代乡村住区，弥合城乡差距。

4.2 乡村住区重构概念建构

作为人类思想意识的重要组成部分，发展观指导着社会的主体行为、价值取向，深刻影响整个社会经济发展的方向和结果。回顾20世纪，人类对于“发展”概念及其内涵的理解在片面强调经济增长的基础之上不断综合，逐步重视人文关怀和生态意识，最终形成注重社会、经济、环境多维可持续发展能力的发展理念。

4.2.1 乡村住区空间重构的概念

在城乡视角下，人类住区是包括乡村和城市两大子系统的一个多要素、多层次综合作用的复杂巨系统。乡村住区本身属于具有一定结构和功能的开放地域空间系统，其社会、经济、生态等子系统构成其系统演进的内核系统；外部的城乡发展环境则构成系统演进的外缘系统。具体发展时，乡村住区内核系统与外缘系统之间进行物质、能量和信息要素的交换，使其耗散结构功能不断增强，引发社会经济形态和物质空间环境变动，促成乡村住区发展的动态演进过程。

在理论上，乡村住区发展是住区内核与外缘系统在相互联系、交互作用下，系统内部发展要素组织方式改变，引发非物质的社会经济形态重组和物质的实体空间环境重构。而在内外因素的共同作用下，乡村住区的发展过程往往没有明显的趋向，呈现出随机性和不确定的特点。

乡村空间重构与乡村发展的内涵既有联系又有差异。总体而言，乡村空间重构是乡村发展的阶段过程，乡村发展是乡村空间重构的演进结果。但相对于不确定的乡村发展，乡村空间重构强调基于明确的目标与价值取向，利用人为的空间干预与调控手段，以求适应内外要素的综合作用，优化系统的要素配置、空间演进和功能拓展，进而提升乡村自主发展能力和推进城乡协同发展过程（图4-2）。

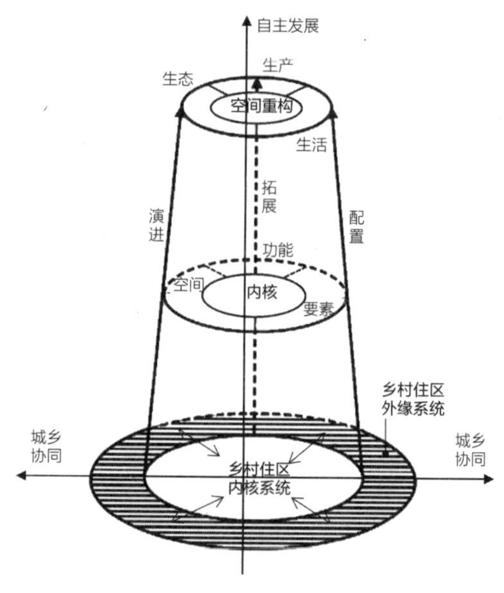

图4-2 乡村住区空间重构概念图示

资料来源：作者改绘自参考文献[248]

4.2.2 乡村住区空间重构的特征

4.2.2.1 整体性

伴随社会经济发展中历史性转变的出现，乡村住区发展不可避免放置于城乡关系由二元隔离向城乡一体的宏观社会转变背景之中。所以，当前城乡空间重构的实质是打破传统城市中心主义思想，推进城乡关系、工农关系的根本转变。这意味着重构后的乡村不再是单纯满足城市需求的依附性存在，而是整体性思维下人居活动的共同体。城市与乡村之间存在共同发展诉求，并且因资源上的互补、生态上的共生和经济上的相依而存在要素的广泛交互和转换。在城乡关系由二元竞争向互补协同演变的过程中，城乡关系模式也将由早期的层级式金字塔形向深层次的网络化转变。作为城乡网络中的重要节点，乡村应利用其与城市存在的差异，获取更多符合自身实际的发展要素与机会（图4-3）。

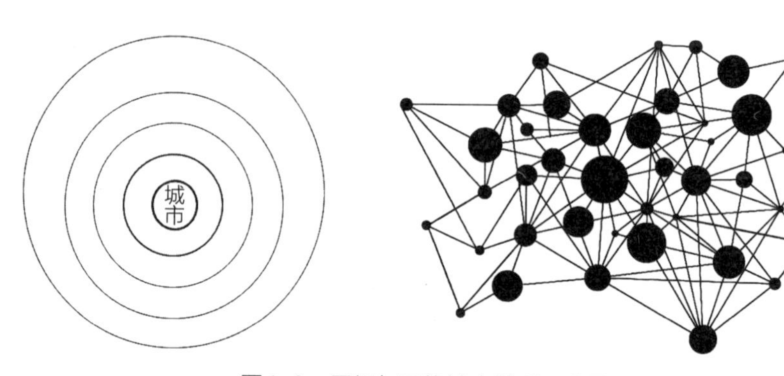

图4-3 层级与网络城乡关系示意图

资料来源：作者自绘

4.2.2.2 多维性

乡村住区空间重构是地域社会经济变迁的投影。因此，空间重构的范畴必然超越单纯的物质空间建设所引发的相关变化，还涵盖了空间附带的社会经济属性。根据美国心理学家马斯洛（Abraham H. Maslow）提出的需求层次理论，人类需求呈现由低层次生存安全保障向高层次社会自我认可的演进特征（图4–4）。乡村住区空间重构属于地域系统全方位跃升，其内容与作用一定与整个社会经济发展和物质空间建设相辅相成、相互制约，具有多个层次与维度。如图4–5所示，物质空间是长期承载人类生产生活的基本载体，合理引导和组织生产、生活、生态空间，才有可能实现生态保育、产业发展与社会服务功能，进而实现主体自我满足和地区人居环境优化。此外，产业经济方面，空间重构主要通过整合农业与非农产业的各类发展要素，推动地区产业经济适度集聚，为乡村转型发展提供物质保障；社会生活方面，主要通过推进公共服务设施均等化、优化公共交往空间等方式，缩小城乡生活水平差距，强化乡村社会组织能力。

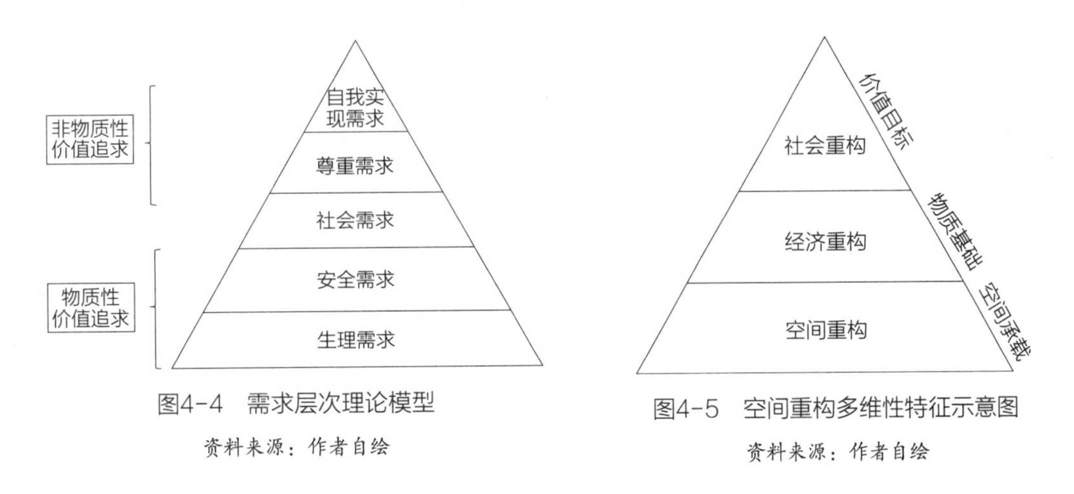

图4–4 需求层次理论模型

资料来源：作者自绘

图4–5 空间重构多维性特征示意图

资料来源：作者自绘

4.2.2.3 演进性

第一，自近代社会以来，中国在迅速实现国富民强和民族振兴的期望中，形成了一种强烈的工业化情结。这导致乡村发展问题在一个较长时间段内被片面地以城镇化、工业化视角来看待，乡村各项建设工作的开展也始终处于一种线性追赶城市的发展意识与模式。然而，乡村发展实际上是一种受多要素综合作用的非线性复杂结果，演进过程则呈现动态的螺旋上升形态（图4–6）。

第二，乡村住区系统的动态演进是乡村重构的结果表征，演进过程是由持续不断的阶

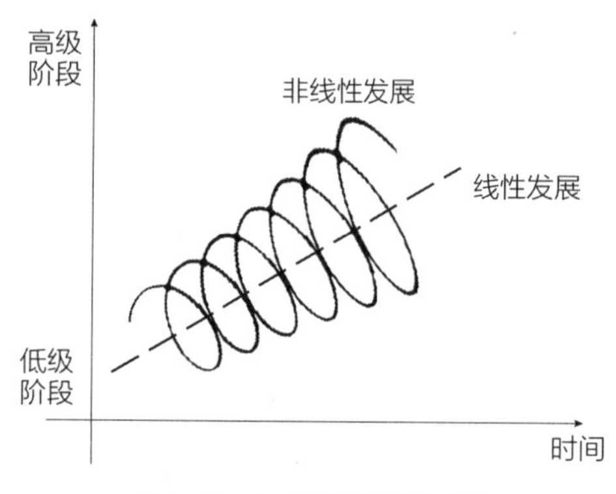

图4-6　乡村发展演进过程

资料来源：作者自绘

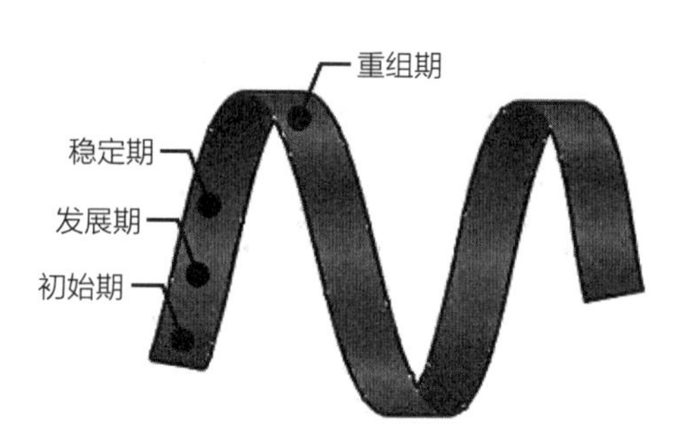

图4-7　乡村重构过程

资料来源：作者自绘

段性重构组成。而静态剖析某一时段发展过程可以发现，完整的乡村重构过程主要包括初始期、发展期、稳定期和重组期四个环节，而无数环节前后链接、循环往复构成整体的动态演进（图4-7）。因此，住区空间重构应把握系统演进的阶段特征与整体规律，主动采取人工的规划引导和政策调控重构活动，引导系统由无序混乱向良性有序状态转变。

4.3　乡村住区重构动力机制

4.3.1　乡村住区空间重构的理论模型

复杂适应系统理论（Complex Adaptive Systems，简称CAS）诞生于20世纪90年代，是以霍兰（J. Holland）教授为代表的美国圣塔菲研究所（SFI）对早期系统科学和非线性科学的发展、充实和深化，是用于解释复杂系统生成及其适应性的基本理论。虽然该理论目前仍难算成熟，将其应用于城乡人居系统方面也属于研究的外围主题。但本书认为乡村住区属于具有一定自适应能力的复杂系统，并且具有以下特征：其一，具有一定的规模与层次。乡村住区单元在自然、社会、经济等方面本身就存在较大差异，不同的构成在经过相互组合后会进一步形成规模差异和多样结构，增强系统的复杂性。其二，具有开放演进特征。尤其是在城乡统筹阶段，乡村住区受劳动人口转移、土地用途变迁等要素组织变动的作用与影响愈发显著，引发村住区空间与功能调整。其三，主体能动性提升不确定。当前，参与乡村住区发展的主体日益多元（包括政府、村民和开发商等），而且其行为容易被外部环境与自身认知所左右，甚至因利益趋同、身份认同等原因衍生出更多的群体与阶层，导致空间重构不可能按照同一演化路径。由此可见，乡村住区的发展必然是一个多样复杂、动态演化的适应性过程。CAS理论的基本观点与模型则可为研究乡村住区这一复杂人居系统的空间重构提供重要思路与启示。

作为一个"活的"系统，乡村住区空间重构在本质上是乡村住区系统（群体或个人）在接受外部环境刺激（要素交换与作用）的前提下，通过"学习"和"积累经验"主动调整自身结构和功能的人居行为选择结果。宏观上，主体之间及其与外部环境的适应行为，推动整个系统进化和演变；微观上，各类主体根据习得经验，改变自身知识结构和行为机制。这种复杂适应系统视角下住区主体与外部环境的交互过程和作用规则，可以利用CAS理论的"刺激—反应"模型进行阐述（图4-8）。

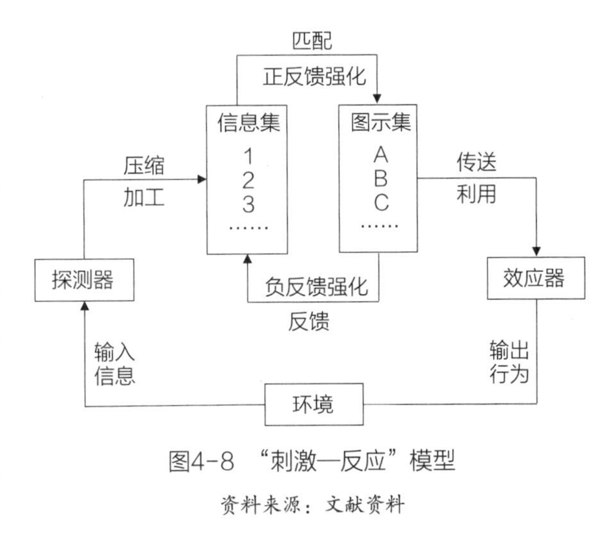

图4-8 "刺激—反应"模型

资料来源：文献资料

刺激—反应模型是用来说明复杂适应性系统主体自适应性的基本模型。该模型主要由几个部分构成：

a. 探测器：接受外部刺激和信息的部分；

b. 信息集：经过加工处理后的信息集合；

c. 图示集：主体内部规则与策略的集合；

d. 效应器：做出反应和行为的部分

具体作用时，来自外部环境输入的刺激或信息被探测器采集，经过加工、提炼汇总为信息集（1，2，3……）并被传送给图示集，按照强化正反馈和弱化负反馈的适应性规则进行匹配，筛选后的信息将传送于效应器，最终输出和转换为主体的适应性行为。当然，复杂适应性系统的核心处理环节在于主体内部约束匹配和反馈环节的规则并非绝对一致，即每个刺激不会有且仅有一种反应。CAS理论认为规则不等同于真理，因此，规定系统演进时应通过赋予权重或概率，为主体留有多种选择的余地。这种比较选择的演进形式其实就是主体主动"学习"和"经验累积"的过程，同时产生了系统演进的复杂性和非线性。

4.3.2 乡村住区空间重构的目标规则（图4-9）

4.3.2.1 价值重构目标：公平同等城乡观

乡村是与城市同等重要的人类社会构成部分，凝结着历史记忆，反映着文明进步，因此依靠剥夺乡村资源的发展是非均衡和不充分的发展方式。城乡统筹阶段，国家已经率先提出以工补农、以城带乡的转型发展思路，逐步调整"城市中心"偏向发展策略，自上而下的解构工农分割、城乡分治的二元结构。在此背景下，我们应充分认识和尊重乡村在人居系统中的特殊地位，不再将其看作城市形态的"低级"发展阶段，而是站在全局高度将乡村发展问题纳入城乡经济社会的现代化建设范畴。所以，现阶段乡村住区发展及其空间重构应建立在城市与乡村公平拥有发展权利与机会，同等共享发展成果的价值认知基础之上。乡村空间重构需转变就农业论农业、就农村论农村的传统发展模式与思路，应在承认城乡的异质性和互补性前提下，用融合发展理念挖掘乡村存在和延续的本质价值。结合前文的讨论与分析，乡村住区作为一个"多元价值空间"主要包括三重内涵[84]：

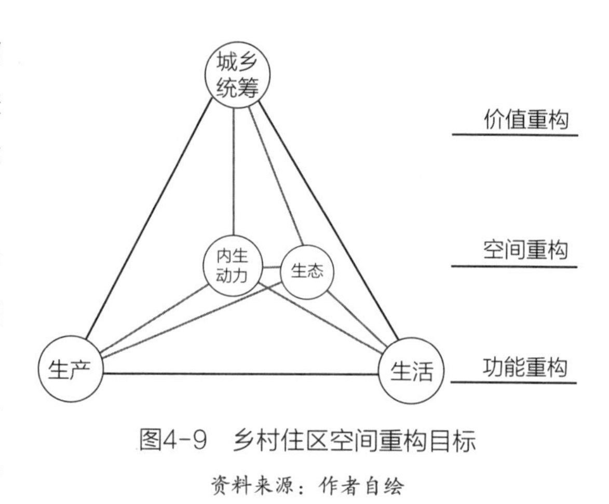

图4-9 乡村住区空间重构目标

资料来源：作者自绘

第一，保障食品安全的农业价值。农业生产仍然是乡村的首要功能，特别是对于维持农户生计与保障国家安全具有关键作用。

第二，作为生存承载的腹地价值。从城乡要素交换角度来看，乡村长久以来始终支撑城市的发展，特别是作为绿色基础设施为城市提供生态弹性保障。

第三，寄托"乡愁"情感的家园价值。它超越实用主义的人文价值，承载了人们对于传统农耕文明和乡土社会的集体记忆。

4.3.2.2 功能重构目标：活化"三生"功能

城乡关系转型与乡村住区功能演进存在一定相关性。伴随城乡关系的调整，乡村在调整要素配置与组合过程中推进地域功能演进，强化与城市联系的同时实现自身多元价值。因此，乡村空间重构的核心目标是利用"现代"的价值理念、行为准则和技术方法，将乡村由一个简单的经济增长动力源发展为"三生"融合的地域空间。

首先，乡村住区现代生活功能滞后突出表现在与生活相关的公共服务与基础设施的缺乏与落后。由于生活功能和水平落后，导致乡村生产生活环境与城市差距明显，难以支撑地区可持续和健康的发展。住区的空间重构应注重合理调整住区的聚居格局与体系，在财政有限供给的前提下提升设施配置效率，是当前提升乡村住区发展水平的最直接途径。此外，乡村住区是广大农民社会资本的有效载体。所以住区空间重构应重视提升乡村组织管理与社会保障水平，提升主体日常满意度，创造良好的生活氛围。

其次，生产功能是乡村住区发展的动力来源。建设现代乡村的关键在于提升村民的就业和收入水平。乡村空间重构一方面应重视基础的粮食生产功能，保障国家粮食安全和保障农产品的供给质量；另一方面应充分利用城市对周边乡村经济的吸引力和辐射力，通过建立、延伸和改造农产品价值链，推进乡村非农产业的发展和“六次产业化”水平，拓宽村民增收渠道和繁荣农村经济。

最后，生态功能是乡村人居功能提升的根本保障。在城乡低层次结合阶段，乡村良好的生态景观环境被看作解决城市空间拓展、资源供给和环境保护等问题的重要手段。而在空间重构过程中，乡村生态功能不仅发挥良好物质环境拥有的空间支撑作用，还应发挥其由传统乡村社会转化为现代城市社会过程中承载的文化归属和历史记忆，因地制宜地利用地域自然资源和景观环境背后蕴含的人文历史资源，促进城乡全方位、深层次的交流与合作，为乡村发展创造新的着眼点。

4.3.2.3 空间重构目标：建构理想的人居空间

虽然因要素组合及其作用差异，广大乡村呈现出丰富的特征与类型，但它在人类社会中担任的角色和承载的空间功能具有一定共性。乡村是人类生活的重要空间载体；乡村与农业的联系始终比城市更加紧密；乡村总是因保持一定比例绿色开敞空间而与城市拥有明显不同的地域风貌。因此，乡村空间重构包含统筹空间利用和提升社会治理两方面的内涵，基于乡村生产、生活、生态的本体功能，激活住区的多元价值空间属性，增强住区主体地位和自主发展能力，才是实现可持续发展的根本方法与路径。

4.3.3 乡村住区空间重构的作用机制

理想状况下，乡村住区本应发挥系统适应性学习与经验积累的特性，利用资源禀赋条件与外部城乡环境，推动自身不断发展和演进。但现实中的乡村却在与城市的竞争中处于全面的弱势地位，自主适应能力不足导致其在绝大多数情况下只能被动响应外部发展环境的变化。具体表现为在快速城镇化与工业化进程中，乡村劳动力、土地、资金等发展要素在“有限理性”原则下长期处于单向净流失的状态。由于发展能力不足与水平滞后，乡村住区实体空间日益衰败，出现生活空间空心化、生产空间低效化、生态空间污损化等问题。

因此，为实现乡村住区空间重构应在原有的被动响应机制中，建构和补充以城乡人居价值为“标识”，以“三生”功能提升为“积木”的空间干预模块，主动修正系统的图示规则集，提升主体Agent行为的有效性。经过约束和引导之后，乡村住区空间重构过程虽然仍会涌现新的结构、状态或特征，但它们将拥有优化住区资源配置、空间结构和地域功能的统一目标与规则，从而能够加速系统由低级的不规则状态向高级的“社会—经济—空间”动态平衡演进，实现城乡要素的双向健康流动与乡村住区的可持续发展（图4-10）。

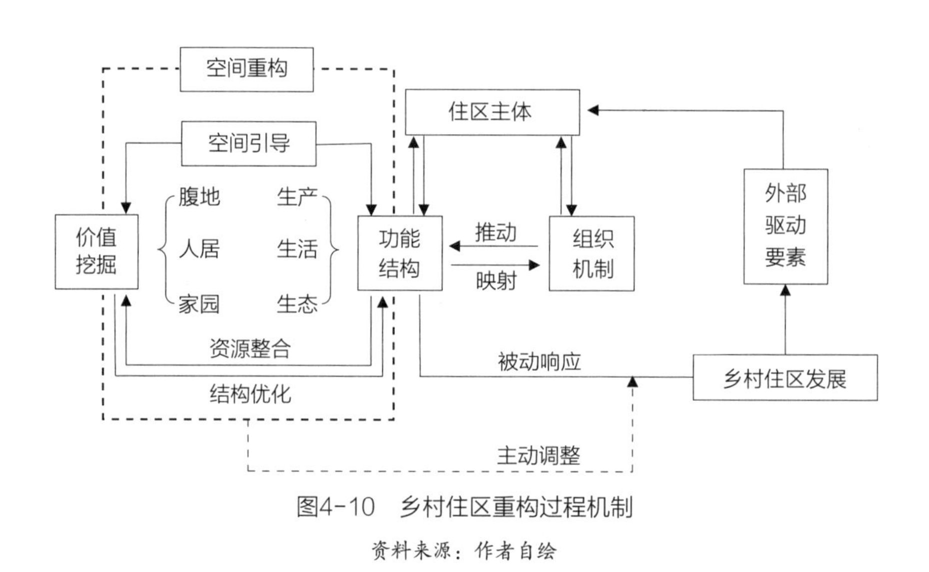

图4-10　乡村住区重构过程机制

资料来源：作者自绘

5 乡村住区重构类型及其特征识别

5.1 研究设计与实证对象

5.1.1 研究思路与评价流程

从系统科学的角度来看，“城”与“乡”是构成复杂人居系统的两大子系统，二者间广泛的物质能量交换与系统内部构成要素的非线性作用，共同推动系统跨越稳定阈值，达成新的平衡状态。乡村发展则可视为地域系统在自身离散作用下，重新架构结构与功能，优化构成要素组织方式的动态演进过程。所以，乡村发展应是由自然、社会、经济等多要素变动引发的系统整体转型，具体表现为在新型城乡关系、工农关系的建构过程中，乡村社会经济发展水平逐步提高的同时，地域社会形态、经济形态、空间格局等结构不断优化。在内容上乡村发展包括经济总量积累与社会经济结构优化两部分，是地域社会经济长期运行与阶段性重构的统一过程。长时间段的发展是重构发生的前提与动因，一定时期内的重构活动则是对发展演进的即时反馈。据此，本书提出从发展与重构两方面把握乡村发展的整体特征与内部差异，其中发展度评价的目的是厘清现状特征，衡量长期发展中村庄在社会、经济、文化和资源等方面的综合积累；重构度评价在于识别转型过程中要素组织的变动特征，主要是利用村庄人口、产业、就业等要素结构变化及其引发的土地利用方式的转变，研判村庄结构功能重构的综合效应。

具体研究思路如图5-1所示：一是建构包括发展度与重构度的综合评价指标体系；二是采取因子分析法提取二者的公因子及其得分、权重，进而综合计算村庄的发展度与重构度得分；三是运用K-means聚类方法处理村庄的发展度与重构度得分，二维组合分析结果

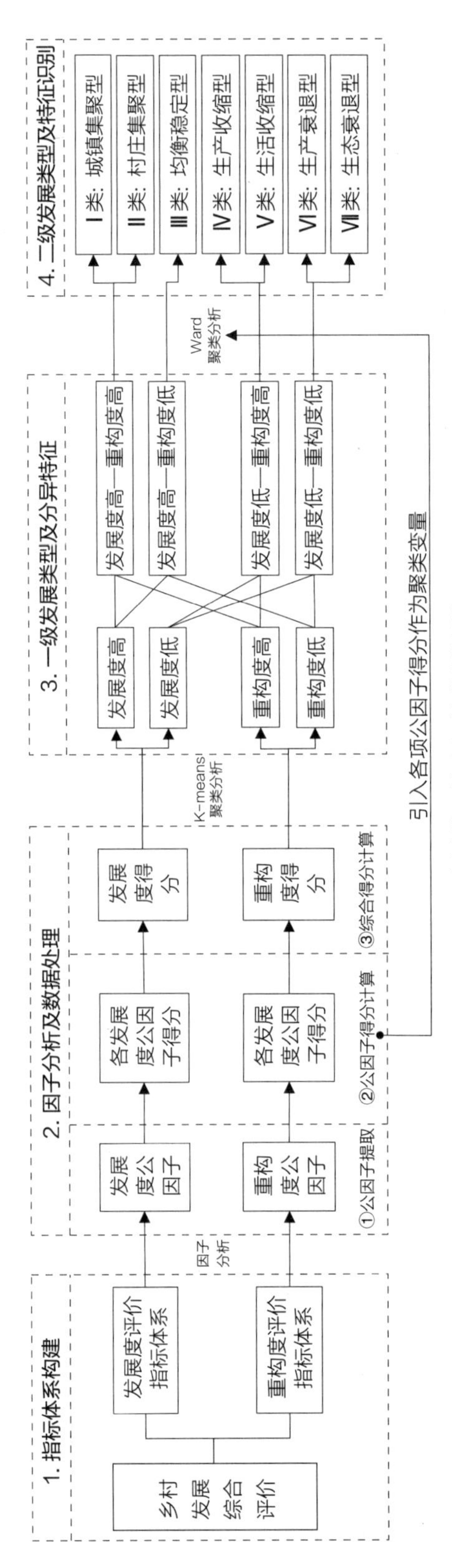

图5-1 乡村发展综合评价分析流程

后划定发展度高—重构度高、发展度高—重构度低、发展度低—重构度高和发展度低—重构度低4种一级发展类型村庄，总结其空间分异特征；最后，引入各项公因子得分作为聚类变量，利用Ward聚类方法进一步提取二级发展类型村庄，并依据因子特征与调研情况归纳各类村庄发展的特征与需求。

5.1.2 研究对象与数据来源

在乡村住区的诸多层次中，植根于广大乡村的乡镇在统筹城乡发展方面最具包容性，乡镇域及同层次的镇村体系与村庄布局等规划问题是乡村住区空间重构的基本实践单元。另外，考虑到扩大研究范围将大幅增加现场调研和数据处理等环节的工作量，反而对评估框架与流程的影响十分有限，故确定将乡镇域作为实证研究的尺度范围。

淄博市属于山东省沿海经济开放区的重要城市，下辖的五区三县功能相对独立和完善，构成了独特的“组群式”城市格局。昆仑镇紧邻城市副中心，地处典型的城乡融合地带，面临着剧烈的发展转型与空间重构。2018年，全镇土地总面积99.8km^2，辖44个行政村，共计11.6万人，其中农业人口6.43万人。作为首批国家级特色小镇、省级百镇建设示范镇、市级试点中心镇，昆仑镇拥有发达的乡镇企业经济，打造了以机械制造、医药化工和陶瓷建材三大产业为主导的产业集群，深刻影响了地域产业结构和农民的就业活动。昆仑镇还被上位规划确定为区域重要产粮基地，其耕地与基本农田面积均位列全区第四位。加之该镇地处泰沂山系北麓，高低起伏的丘陵自镇域西南向东北过渡为河谷平原，进一步丰富了村庄的类型。

本研究所需数据包括矢量数据和统计调研数据两部分。其中，矢量数据主要是昆仑镇行政区划内44个行政村的边界数据，利用ArcGIS软件对其行政区划图进行扫描矢量化处理后获得。所需的社会经济数据中，人口规模、人均收入、土地利用、设施配套等统计数据，主要整理自《淄川区统计年鉴》《淄博市昆仑镇总体规划（2011—2030）》、《淄博市昆仑镇土地利用总体规划（2006—2020）》和《淄博市淄川区乡村建设规划（2017）》等文献资料；村庄的空废化、老龄化、兼业水平、迁居意愿等数据，采取问卷调研和现场勘查方式收集。

5.2 指标体系建构与分析方法

5.2.1 指标体系的建构

按照科学性、比较性和可获得性原则，结合国内外研究成果及昆仑镇的现实情况，选择与乡村生产、生活、生态功能密切相关的指标，分别建构发展度（表5-1）与重构度（表5-2）评价指标体系。发展度评价包括17项反映村庄长期发展积累与现状的静态描述指标；重构度评价涉及9项表征现阶段村庄要素组织与功能变动的动态演进数据。

昆仑镇村庄发展度评价指标体系　　表5-1

准则层	目标层	指标层		单位或赋值	正逆
发展水平	生产功能	农业生产	村庄拥有耕地面积（D_1）	ha	+
			有效灌溉农田比例（D_2）	%	+
			有无特色农作物（D_3）	无=1，有=2	+
		非农经济	村庄集体资产总额（D_4）	万元	+
			年度集体经济收入（D_5）	万元	+
	生活功能	日常生活	村庄人口规模（D_6）	人	+
			年度人均收入（D_7）	元	+
		社会管理	村民代表大会参与率（D_8）	%	+
			是否有合作社（D_9）	无合作社=1，有合作社=2	+
		设施服务	自来水入户率（D_{10}）	%	+
			厕改比例（D_{11}）	%	+
			交通条件（D_{12}）	乡县道=1，省道=2，高速/国道=3	+
			教育水平（D_{13}）	无学校=1，有学校=2	+
			医疗水平（D_{14}）	无卫生室=1，有卫生室=2	+
			养老设施（D_{15}）	无养老院=1，有养老院=2	+
	生态功能	自然条件	森林覆盖率（D_{16}）	%	+
		人文资源	市级以上文保单（D_{17}）	无文保单位=1，有文保单位=2	+

昆仑镇村庄重构度评价指标体系　　表5-2

准则层	目标层	指标层		单位或赋值	正逆
重构水平	生产功能	农业生产	人均耕地变化（R_1）	亩	-
		非农经济	成员兼业比例（R_2）	%	+
	生活功能	日常生活	住宅空废比例（R_3）	%	+
			村民迁居意愿（R_4）	非常不愿意=1，不愿意=2，无所谓=3，愿意=4，非常愿意=5	+
		社会管理	村庄老龄化率（R_5）	%	-
			人口变化比例（R_6）	%	+
	生态功能	自然条件	森林覆盖率变化（R_7）	%	+
			规划生态区位（R_8）	禁建区=1，限建区=2，适建区=3	+
		人文资源	是否为传统村落（R_9）	否=1，是=2	+

5.2.2　因子分析与数据处理

由于表征乡村发展水平的变量较多且彼此间具有一定联系，研究选择采取因子分析法提取概括原有变量大部分信息的公因子，进而一方面依据不同村庄的公因子得分，揭示村域尺度村庄发展的类型差异；另一方面利用发展度与重构度综合得分，归纳区域层面乡村发展的空间分异特征。

1. 公因子提取

综合评价乡村发展水平时，部分评价指标直接利用统计调查数据，部分采取定性分级方法赋值，需利用极值法对不同量纲的指标数据进行标准化处理。然后运用SPSS软件检验对标准化数据进行因子分析的可行性。其中，发展度评价指标的KMO值为0.639，Bartlett球形检验P值为0.000，重构度的KMO值为0.552，Bartlett球形检验P值为0.012，均符合因子分析条件（KMO值>0.5，P值<0.05）。最后，根据因子提取原则（即特征值>1），确定6项发展度评价公因子与4项重构度公因子，及其特征值、方差贡献率（表5-3）。

昆仑镇村庄发展度与重构度公因子提取　　表5-3

项目	发展度公因子						重构度公因子			
	公因子1	公因子2	公因子3	公因子4	公因子5	公因子6	公因子1	公因子2	公因子3	公因子4
特征值	4.657	2.157	1.733	1.305	1.216	1.098	2.262	1.539	1.262	1.008
方差贡献率（%）	27.393	12.687	10.193	7.679	7.152	6.458	25.129	17.102	14.018	11.198

为了提高公因子对村庄发展特征的解释力，对其载荷值矩阵进行因子旋转，得到扭转荷载矩阵。由计算结果可知，发展度评价的公因子1在D_7、D_{12}、D_{11}上有较大荷载，表征村庄的经济水平与区位条件，可命名为“经济建设因子”；公因子2在D_6、D_1、D_4上具有较大荷载，综合反映社会经济发展的水平与规模，可命名为“村庄规模因子”；公因子3在D_{10}、D_3、D_{16}上具有较大荷载，说明因子值越大村庄配套建设与公共服务的水平越高，可命名为“公共服务因子”；公因子4在D_2、D_{13}、D_5上具有较大荷载，反映产业建设对村庄发展的支撑作用，可定义为“产业发展因子”；公因子5 在D_8、D_{17}、D_9上具有较大荷载，反映村庄社会生活的组织水平与服务能力，可定义为“社会组织因子”；公因子6在D_{15}、D_{14}上具有较大荷载，反映村庄医疗养老设施的建设状况，可定义为“社会保障因子”。而在重构度评价中，公因子1在 R_5、R_2、R_6、R_4上具有较大荷载，综合反映村庄人口的规模、年龄、就业等情况，可定义为“人口变动因子”；公因子2在R_1、R_8上具有较大荷载，体现近期村庄建设的进程和约束条件，可定义为“开发建设因子”；公因子3仅与R_9的相关性最强，可定义为“传统风貌因子”；公因子4在R_3、R_7上具有较大荷载，说明村庄发展中存在生态环境越好，人口外流增加的人地关系，可定义为“土地利用因子”。上述公因子列式可见表5-4。

昆仑镇村庄发展度与重构度公因子高荷载指标　　表5-4

	公因子	高荷载指标	因子命名
发展度	公因子1	D_7人均收入、D_{12}交通条件、D_{11}厕改比例	经济建设
	公因子2	D_6人口规模、D_1耕地面积、D_4集体资产总额	村庄规模
	公因子3	D_{10}自来水入户率、D_3有无特色农作物、D_{16}森林覆盖率	公共服务
	公因子4	D_2有效灌溉农田比例、D_{13}教育水平、D_5集体经济收入	产业发展
	公因子5	D_8村民代表大会参与率、D_{17}有无市级文保单位、D_9是否有合作社	社会组织
	公因子6	D_{15}养老设施、D_{14}医疗水平	社会保障

续表

	公因子	高荷载指标	因子命名
重构度	公因子1	R_5老龄化率、R_2兼业比例、R_6人口变化比例、R_4迁居意愿	人口变动
	公因子2	R_1人均耕地变化、R_8生态区位	开发建设
	公因子3	R_9是否为传统村落	传统风貌
	公因子4	R_3住宅空废比例、R_7森林覆盖率变化	土地利用

2．公因子得分计算

昆仑镇村庄各项公因子的得分，可通过累加其每一项指标因子得分系数（表5–5、表5–6）与数据标准化值的乘积获得。

$$F_{in}=P_{in1}X_{i1}+P_{in1}X_{i2}+\cdots+P_{inj}X_{ij}，(n=1，2，3\cdots m) \quad (1)$$

式中，F_{in}为i村第n项公因子得分；P_{inj}为i村第n项公因子中第j项指标的因子得分系数；X_{ij}为i村第j项指标的标准化值；j为评价指标数量；m为公因子数量。

3．综合得分计算

利用昆仑镇各村的公因子得分，采取多指标加权综合方法分别计算村庄发展度与重构度的综合得分。计算公式为：

$$S_i=\sum_{n=1}^{m}W_n\times F_{in} \quad (2)$$

式中，S_i为i村的发展度或重构度得分；F_{in}为i村第n项公因子分值；W_n为第n项公因子的权重系数，是其特征值与全部公因子特征值之和的比值。

发展度因子扭转荷载与得分系数矩阵　表5–5

评价指标	经济建设		村庄规模		公共服务		产业发展		社会组织		社会保障	
	荷载	系数	荷载	系数	荷载	系数	荷载	系数	荷载	系数	荷载	系数
D_1	−0.164	0.075	0.824	0.271	0.233	−0.194	−0.074	0.315	0.087	0.128	−0.063	−0.080
D_2	−0.041	0.039	−0.327	−0.247	0.291	0.182	0.745	0.144	−0.090	0.266	0.166	0.437
D_3	−0.307	−0.085	0.105	0.233	−0.686	0.228	0.039	−0.072	−0.159	−0.055	0.000	0.143
D_4	0.455	0.164	0.769	0.224	0.024	−0.023	0.062	0.007	−0.004	−0.105	0.173	−0.030
D_5	0.504	0.125	0.197	−0.019	0.083	0.155	0.526	−0.167	0.032	0.396	−0.357	−0.108
D_6	0.396	0.165	0.856	0.261	0.034	−0.052	0.103	0.024	0.067	−0.017	0.116	−0.013
D_7	0.871	0.163	0.061	−0.134	0.244	0.056	0.049	−0.201	−0.123	−0.182	0.095	−0.228
D_8	−0.138	−0.023	−0.009	0.012	0.122	−0.372	−0.148	−0.169	0.700	0.150	0.019	0.176

续表

评价指标	经济建设		村庄规模		公共服务		产业发展		社会组织		社会保障	
	荷载	系数	荷载	系数	荷载	系数	荷载	系数	荷载	系数	荷载	系数
D_9	-0.277	-0.040	0.294	0.210	-0.337	0.240	0.033	0.193	-0.426	0.037	-0.207	-0.139
D_{10}	0.095	0.112	0.205	-0.147	0.820	-0.247	0.125	0.321	0.117	0.144	0.086	0.003
D_{11}	-0.844	-0.143	-0.111	0.044	-0.017	0.006	0.019	0.365	-0.108	0.195	-0.133	0.131
D_{12}	0.686	0.164	0.150	-0.114	0.310	0.108	0.301	-0.058	-0.162	0.027	0.001	-0.136
D_{13}	0.267	0.114	0.257	0.031	-0.040	0.212	0.727	-0.052	0.006	0.306	0.010	0.292
D_{14}	0.181	0.100	0.360	0.106	-0.159	0.188	0.321	0.105	-0.255	-0.306	0.631	0.428
D_{15}	0.158	0.070	0.020	-0.084	0.240	-0.167	-0.050	0.053	0.140	-0.418	0.773	0.422
D_{16}	-0.156	-0.111	-0.242	0.110	-0.642	-0.012	-0.122	-0.422	0.390	0.002	-0.041	0.177
D_{17}	0.062	0.045	0.344	0.164	-0.120	-0.219	0.179	-0.269	0.686	0.292	-0.046	0.254

重构度因子扭转荷载与得分系数矩阵 表5-6

评价指标	人口变动		开发建设		传统风貌		土地利用	
	荷载	系数	荷载	系数	荷载	系数	荷载	系数
R_1	-0.026	-0.036	0.815	0.608	0.126	0.132	0.160	0.155
R_2	0.638	0.365	-0.412	-0.287	0.307	0.282	0.184	0.025
R_3	-0.080	-0.094	0.028	0.071	0.345	0.187	0.737	0.601
R_4	-0.754	-0.419	-0.026	-0.013	-0.152	-0.225	-0.002	0.114
R_5	0.756	0.368	0.223	0.124	-0.282	-0.090	-0.092	-0.144
R_6	0.615	0.247	0.116	0.050	-0.396	-0.229	0.157	0.092
R_7	-0.301	-0.012	0.049	0.036	0.322	0.286	-0.766	-0.635
R_8	0.175	0.084	0.701	0.495	-0.090	0.015	-0.142	-0.109
R_9	-0.057	0.084	0.029	0.083	0.880	0.671	0.056	-0.030

5.3 评价结果分析与类型识别

5.3.1 一级发展类型及分异特征

按照公式（2）计算得到昆仑镇44个村庄发展度与重构度得分，而后运用K-means聚类算法分析评价结果，二维组合后确定“发展度高—重构度高”（H-H型）、“发展度高—重构度低”（H-L型）、“发展度低—重构度高”（L-H型）和“发展度低—重构度低”（L-L型）4种一级发展类型村庄（表5-7）。录入分析结果后发现，各类村庄空间分异特征显著，大致呈“热点—过渡—冷点”的圈层结构（图5-2）。

基于“发展—重构”的昆仑镇一级发展类型村庄概况　　表5-7

一级发展类型	发展度	重构度	数量（个）	比例（%）
发展度高—重构度高	0.38≤D≤0.61	0.42≤R≤0.72	3	6.8
发展度高—重构度低	0.38≤D≤0.61	0.11≤R≤0.41	1	2.3
发展度低—重构度高	0.03≤D≤0.37	0.42≤R≤0.72	10	22.7
发展度低—重构度低	0.03≤D≤0.37	0.11≤R≤0.41	30	68.2

作为镇域发展热点的H-H型村庄包括3个（6.8%），集中分布在东部镇政府驻地大昆仑村及其周边的聂村，以及镇西原属于磁村镇镇区的磁村，具有城乡联系紧密、人口相对集聚、非农经济发达、配套设施完善和区位交通便利等特征。作为镇域发展冷点的L-L型村庄涉及30个（68.2%），除少量紧邻发展热点地区外，绝大部分位于发展条件较差的镇域边缘。在热点与冷点地区之间，存在10个（22.7%）L-H型村庄和1个（2.3%）H-L型村庄。前者数量较多，集中分布在发展热点村庄的外围；后者数量最少，仅以“飞地”形式散布在镇域内。

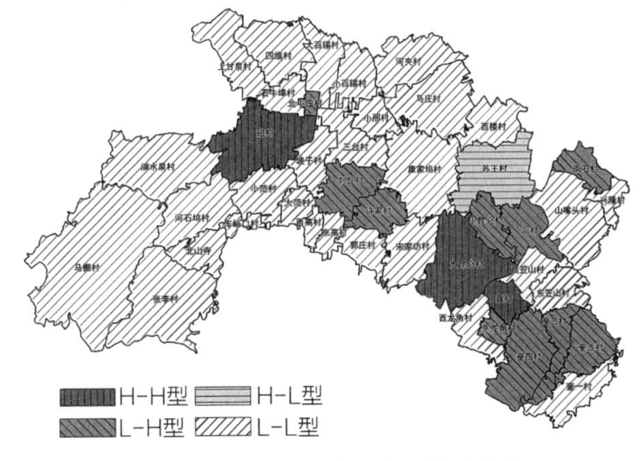

图5-2　昆仑镇一级发展类型村庄分布图

5.3.2 二级发展类型及特征识别

不同发展度和重构度组合形成的多元发展类型，反映了乡村资源要素配置与利用的差异。基于上述一级发展类型的划分结果，运用Ward系统聚类方法逐类分析由式（1）求得的公因子得分，从而将昆仑镇村庄进一步细分为7个二级发展类型（图5-3、表5-8）。

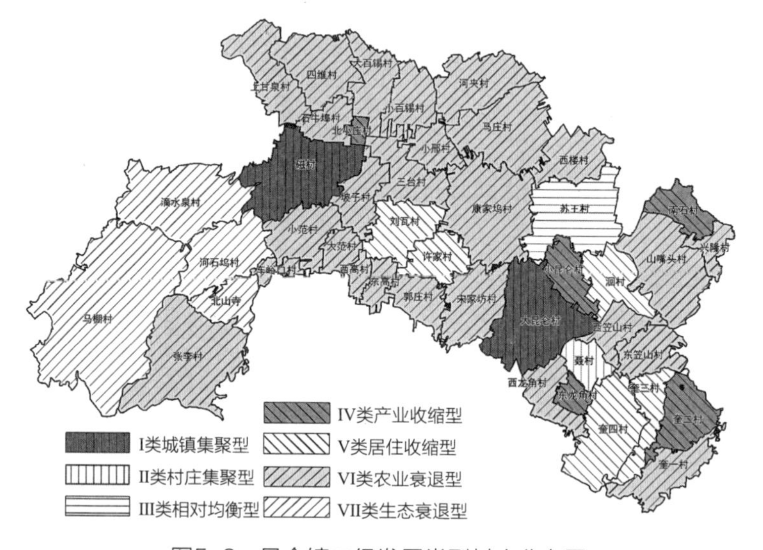

图5-3 昆仑镇二级发展类型村庄分布图

昆仑镇二级发展类型村庄划分及其公因子得分 表5-8

发展类型		因子得分										村庄数量
		发展度						重构度				
一级	二级	经济建设	村庄规模	公共服务	产业发展	社会组织	社会保障	人口变动	开发建设	传统风貌	土地利用	
H-H型	城镇集聚型	0.821	0.777	0.135	0.414	0.228	0.709	0.605	1.059	0.748	-0.015	2
	村庄集聚型	0.657	-0.268	0.643	0.244	1.017	0.185	0.588	0.981	0.280	-0.346	1
H-L型	均衡稳定型	0.532	0.673	-0.362	0.522	0.616	-0.115	0.619	0.790	0.358	-0.503	1
L-H型	生产收缩型	0.370	-0.070	-0.126	0.443	-0.065	0.361	0.587	0.936	0.273	-0.169	5
	生活收缩型	0.470	0.082	-0.432	-0.010	0.352	0.398	0.705	0.924	0.917	-0.466	5
L-L型	生产衰退型	0.219	0.122	-0.371	0.421	0.337	0.300	0.332	0.808	0.248	-0.388	26
	生态衰退型	-0.196	0.615	0.154	0.080	0.315	0.300	0.022	0.681	0.834	-0.229	4

1. 城镇集聚型村庄

该类村庄包括大昆仑、磁村2个村庄。其发展度中经济建设、村庄规模、产业发展、社会保障因子，以及重构度中人口变动、开发建设、土地利用因子得分均较高，说明该类村庄属于区域城镇化、工业化中心，劳动力、土地、资金等生产要素的集聚不断增强地区发展动力。一方面，此类村庄发挥经济发达、人口密集、设施完善等优势条件，持续吸引周边农村人口集聚，实现就地就近城镇化发展。另一方面，伴随着农业经济地位持续降低，村民逐步适应现代城镇生活，尤其是“村改居”项目的建设迅速改变村庄的原有面貌。例如镇政府驻地的大昆仑村，通过建设桃花山西街生活区，大量迁入旧村中不再从事农业生产的村民，有效改善农户的生活质量与水平。但值得注意的是，上述现象容易产生新村旧村并立的问题，降低土地利用效率。

2. 村庄集聚型村庄

昆仑镇中位于镇区东侧的聂村属于此类村庄。其发展度中经济建设、公共服务、社会组织因子与重构度中人口变动、开发建设因子得分较高，但发展度中村庄规模、产业发展因子得分偏低，说明此类村庄虽然保持着传统的聚落结构与形态，但良好的经济建设水平不断推动地区社会经济转型。具体而言，该村主要发挥区位交通优势，利用镇区外溢要素培育化工、建材、机械等产业，进而将部分企业收益反哺村庄建设，促进村庄更新和社区建设，营造现代生活氛围。然而非农经济建设大量挤占农业生产空间，衍生出农业基础薄弱、产业结构不尽合理等问题。

3. 均衡稳定型村庄

昆仑镇中发展水平高且重构度低的村庄仅有苏王村。它的特点是社会组织、经济建设、村庄规模、产业发展、人口变动因子得分均较高，公共服务、土地利用因子得分为负，说明经过长期发展村庄在拥有良好社会经济基础的同时，也面临着结构功能的调整与优化。相较于其他村庄，苏王村的发展具有以下特征：第一，城乡分工强化村庄生活载体的职能。苏王村紧邻区域交通性干道，与北侧城区和南侧镇区联系便捷。村民既可留居村中务农，又能就近前往城镇就业，实现了城与乡、工与农的协调。所以苏王村的重构数据出现兼业比重高，但农地撂荒、住宅空废水平较低的情况。第二，规模效益加快村庄配套服务设施建设。苏王村人口规模位列全镇第二，奠定了村庄以微更新方式完善配套、改善生活的发展思路。因此，该村的道路硬化、旱厕改造、自来水入户等建设情况较好，环境综合整治成果显著，村民的迁居意愿不强。

4. 生产收缩型村庄

该类村庄包括小昆仑、北小庄、东龙角、南石村、奎二村5个村庄，因子特征呈现发展度中产业发展、社会保障因子与重构度中人口变动、开发建设因子的得分超过全镇平均水平，但村庄规模、社会组织、土地利用因子呈负相关关系，说明此类村庄综合发展水平不高，人口、资金、土地等存量资源不足日益成为阻碍社会经济良性运行的主因。相关数据显示，此类村庄往往在耕地规模有限、集体经济薄弱的情况下，面临着人均耕地快速下降、农宅空废现象严重等问题。例如，耕地、人口规模尚不足大村十分之一的北小庄村，为拓展经济收入来源主动承建原属于磁村的工业园区，形成了“小村庄，大园区”的聚落格局。伴随大量工业项目进驻，该村近6年来人均耕地面积减少了0.18亩，劳动力兼业比例也超过40%，农业基础动摇引发劳动力外流，严重干扰了正常的生产生活秩序。

5. 生活收缩型村庄

该类村庄包括洄村、许家村、刘瓦村、奎三村和奎四村5个村庄，其发展度中经济建设、社会保障因子与重构度中人口变动、传统风貌因子的得分较高，发展度中产业发展、公共服务因子呈负相关关系，说明此类村庄发展已达到一定规模与水平，且保持着相对完整的村落风貌与生产生活方式，但产业结构单一、公共服务不足等原因削弱了村庄的承载力，加剧了人口外流、老龄化等社会问题。

6. 生产衰退型村庄

这一类型村庄共有26个，约占全镇总量的60%。其各项因子得分中仅有产业发展因子高于全镇平均水平，发展度中经济建设、公共服务因子与重构度中人口变动、开发建设、传统风貌因子得分显著偏低，说明此类村庄虽然具有一定的产业建设基础，但社会经济建设明显落后于区域总体水平。按照统计数据显示，此类村庄普遍人口规模较小、村民兼业比例较高、集体经济收入有限，但耕地总量较高且人均耕地面积迅速增加，说明未来此类村庄的发展需依靠丰富的耕地资源，提高农业经济活动效果。

7. 生态衰退型村庄

这一类型村庄涉及河石坞、北山寺、滴水泉和马棚村4个村庄，全部位于镇西的山地丘陵地区。它们发展度因子得分普遍较低，尤其是经济建设、产业发展因子位列全镇末位，重构度中仅有传统风貌因子得分较高，说明此类村庄虽然自然人文资源丰富，但发展限制条件突出，导致社会经济发展相对缓慢。例如，坐落于原山国家森林公园边缘的马棚村，交通不便、信息闭塞、经济落后。其最初发展主要依靠开办村办企业，开采山中的石灰石资源。但是伴随国家严格限制自然山体的开发利用，大量村民因缺少谋生手段选择外出务工，村中常住人口仅剩户籍统计规模的1/3。

5.4 结论与对策讨论

受外部城乡作用与自身要素重组的共同影响，广大乡村的生产、生活、生态功能分异，村庄发展呈现多元化的趋势。基于村庄尺度开展乡村发展评价与类型识别研究，是认知乡村发展内部差异和演进趋势的重要基础，有助于因地制宜、分类施策地落实乡村振兴战略。淄博市昆仑镇地处东部沿海经济发达地区，剧烈的城乡作用、发达的乡镇经济、良好的耕作条件和多样的地形地貌，催生了地域多样化的村庄类型。据此，本书建构基于“发展—重构”的乡村发展综合评价方法，选择能够反映村庄发展现状与演进趋向的指标数据，分别建构发展度与重构度评价指标体系，并运用因子分析方法与多指标综合评价法，计算昆仑镇村庄发展度与重构度的公因子得分以及综合得分。进而按照“先分区，后分类”的研究思路，首先运用K-means聚类方法二维组合分析综合得分，提出“发展度高—重构度高”“发展度高—重构度低”“发展度低—重构度高”和“发展度低—重构度低”4种一级发展类型村庄，以及其呈现的“热点—过渡—冷点”圈层分布特征。其次，运用系统聚类方法逐类分析上述村庄，依据因子特征与现场调研情况进一步识别出城镇集聚型、村庄集聚型、均衡稳定型、生产收缩型、生活收缩型、生产衰退型和生态衰退型7个二级发展类型，梳理各类村庄要素配置与功能演进的特征。

基于昆仑镇村庄发展过程中呈现的分区分类特征，从保障地域永续发展的目标出发，本书提出如下建议与策略：

5.4.1 区域分异视角：加快城乡融合，优化人居空间体系

新一轮的乡村发展应立足城乡资源要素双向流动的宏观背景，以整体优化人居系统为目标，全面提升乡村生产生活载体的功能。一是弹性协调城镇化进程中人地关系的演变，动态优化村镇空间格局。位于发展热点地区的村庄应适应人口、产业、资金的集聚趋势，提供相对宽松的土地供给环境和完善生产生活服务设施建设，引导乡村要素与功能有序转移；非发展热点地区的村庄则需考虑地区人口或用地实质性减少的前提，严格限制土地要素供给的同时，盘活存量巨大的集体建设用地，推动人居资源的合理退出和精明重组。二是立足城乡差异开展产业分工与协作，为乡村创造平等发展机会。一方面应巩固发展热点村庄城镇化、工业化中心的地位，积极承接城市经济结构调整中外溢的产业部门，协同推进农民非农就业与人口城镇化；另一方面积极拓展薄弱地区村庄的就业增收渠道，克服农

民生计日益脱离农村的弊端。

5.4.2 村庄分类视角：优化要素供给，适应多元发展趋向

在促进城乡融合、引导要素回流同时，乡村振兴的关键还在于提升外部要素供给与村庄实际需求之间的匹配程度，真正激活乡村发展的内生动力。其一，城镇集聚型村庄应在坚持土地集约利用的前提下承载各类要素的转移与集聚，不断提升自身居住环境品质与配套服务水平的同时，强化城乡经济联系与产业融合，打造地域特色鲜明的产业集群，满足周边农民就近就地发展意愿。其二，集聚型村庄属于发展建设水平超前的村庄，具有区位条件较好、人口相对集中、经济实力较强、公共服务质量较高和基础设施相对完善等特点，因此其发展重点在于通过进一步完善公共服务、壮大集体经济、打造特色精品农业和增强社区凝聚力等方式，深化村庄社会经济结构转型，促进村民适应现代生产生活。其三，均衡稳定型村庄应强化生产生活载体职能，保障基础设施与公共服务的充分供给，满足农户日常生产生活所需，从而为外部人才、资金、技术等要素回流创造条件。其四，生产收缩型村庄的非农经济相对活跃，一方面可依托地方乡镇企业，利用村企共建方式开展住房更新、设施配套、绿化建设等项目，全面提升村庄宜居水平；另一方面应鼓励企业技术管理优势与地域农业资源的结合，大力发展立足农业基础、适应市场需求的集体经济，通过产村融合发展提高村庄吸引力。另外，此类村庄发展时需注意完善基础设施配套建设，避免因过度追求非农经济收益，干扰村庄的生态涵养功能。其五，生活收缩型村庄的发展基础较好，产业转型缓慢、经济增长乏力是造成村庄发展动力不足的主要原因。该类村庄一方面应通过输入生产性项目，建构联系产前、产中和产后的农业产业链，迅速提升农业现代化水平；另一方面应鼓励农业向第二、第三产业延伸渗透，将其由一种基础产业转变为多功能的综合产业，改变村庄单一的产业结构。其六，生产衰退型村庄可通过大力培育现代农业，活跃地方社会经济。主要是借助增减挂钩、宅基地置换等土地整理政策，将节余的建设用地指标流转至发展热点地区的同时，利用指标置换获得的新增农用地和土地整理收益，实现耕地质量提升、土地规模经营、生产设施完善和生产能力增强等目标任务，改善农业的发展质量和经济效益。其七，生态衰退型村庄一般面临发展条件有限、人口持续减少等问题，建议部分村庄可整合地域自然人文资源，深挖农业农村的综合价值，借助旅游开发满足城乡居民消费升级的需求，促成旅游产品与特色产业的深度融合；部分空心化严重的村庄直接采取撤村迁并方式，改善贫穷落后面貌，其工作重点在于迁并后的社会服务、就业谋生和社区建设等保障工作。

6 乡村住区重构的典型模式与经验

6.1 模式一：生活功能导向下优化城乡聚居格局

空间性是人类活动的重要属性，所以乡村人口的聚居活动是维持住区建设与活力的根本。然而在快速城镇化的冲击下，乡村人口大量外流使得村庄物质空间利用难以保持高效利用，造成村镇布局无序、居民点“空心”与“空废”化、人口规模达不到公共物品供给门槛等问题，降低了住区的宜居性。为破解土地资源（主要为宅基地）利用不集约、不合理的困境，当前主要采取整理流转、用途变更、使用权出让等调整思路和做法，实现土地的高效利用和资产价值。

6.1.1 宅基地再利用，激活土地资产价值

由于长期施行二元发展战略，我国城乡空间资源在规模分布、利用方式等方面形成巨大差异和不平等。因此，进入城乡统筹阶段以来，行政力量在引导城乡空间资源均衡配置方面的影响不断加强。面对量大面广的乡村，政府往往理性的选择投资效率和公共物品使用率更高的集中社区建设方式。城乡建设用地增减挂钩、“18亿亩耕地红线”等政策的出台，则在约束城市扩张对农地的侵占同时，进一步诱导地方利用集中安置腾退大量的建设用地，以为接下来的城市化进程预留空间。上述背景中形成了诸多推进集体建设用地流转的有益实践，深刻改变着城乡的聚居格局。

6.1.1.1 天津“宅基地换房”模式

2006年，天津市被国土资源部列入“增减挂钩”试点名单，开始探索实现城乡建设用地动态平衡的操作实践。针对乡村建设中面临的土地资源束缚和建设资金制约两大矛盾，天津市在国家既定制度框架下确立了“宅基地换房”的乡村城镇化模式。按照生产承包责任制不变、可耕种土地总量不减、农民自愿搬迁的原则，引导农民有序进入城镇居住，享受公共服务水平更高的现代城镇生活。在具体的整治与重构中，采取的主要手段与特征包括：

第一，空间整合与资金筹措方面，农民根据自家宅基的建设状况，按照统一设定的标准①置换为城镇型集中社区住宅。至于集聚的方式，不再局限于最早集体经济发达地区采用的村内集聚（如江阴华西村），而是利用空间规划在镇域范围内统筹安排集中安置片区。以天津市北辰区大张庄镇为例，该示范镇距离城区边缘约7公里，处于城乡边缘地带。自2011年开始建设，陆续并入周边21个村庄，约2万人。新建的还迁社区共由7个居住组团组成，组团内部均由高层和多层住宅组成，建成环境已与城市住区无异。乡镇政府利用建设用地流转获得的增值收益，投资修建道路、小学、幼儿园、农贸市场、医疗服务中心、社区服务中心等配套设施，极大提升了公共服务的水平（图6-1）。同时，规划还专门预留了从事经营性用途的地块，尝试借助土地出让和市场开发收益平衡建设资金，以减少村庄发展对政府财政或银行贷款的依赖。

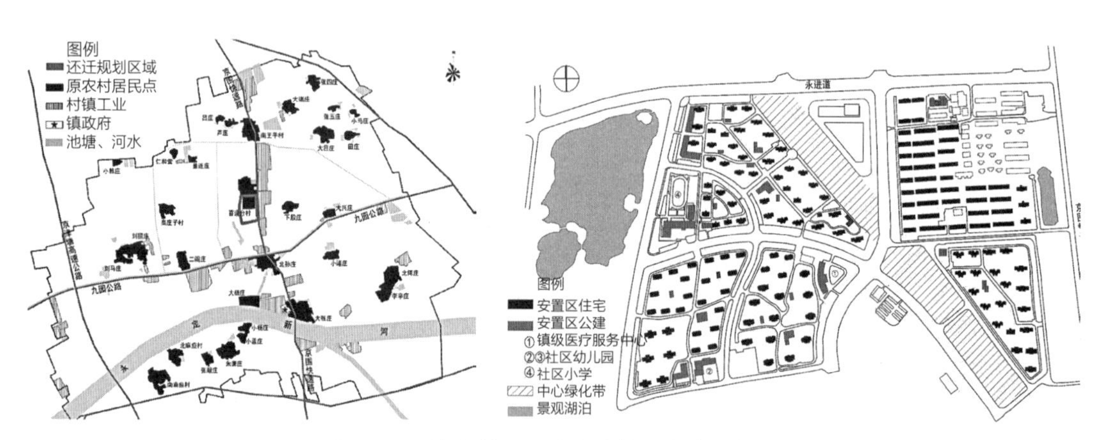

图6-1 天津市北辰区大张庄镇集中安置状况

资料来源：作者整理自参考文献[250]

① 农民的房屋分为主房和附房两类，前者按照相等面积置换商品住宅，后者只能换得一半面积的商品住宅。

第二，组织机制与利益平衡方面，政府主导乡村地域空间重构过程。首先，搭建村民集体行动的框架，通过现场勘查、规划建设、村民申请和实施换房等环节，有序、分阶段推进整治行动。其次，注重维护公众的参与性和知情权，强制性规定经由村民代表大会表决通过的村庄才具备参与宅基地换房的资格。再有就是尽量协调各方利益，维护社会公平。比如在制定货币、实物等多种补偿方案同时，规定每户最多置换3～4套房屋，且每人拥有房屋面积不得超30平方米。

6.1.1.2 重庆“地票交易”模式

2007年，重庆市获批为全国统筹城乡综合配套改革试点单位，着手创新城乡建设用地收益分配体制，形成了重要的“地票交易”模式。所谓的“地票”是通过复垦腾退的集体建设用地（以宅基地为主），节约和转化形成的建设用地指标凭证。该模式突破了原有的禁止宅基地用于非农建的限制性规定，通过申请复垦、复垦验收、市场交易和分配落地四个环节流程，实现城乡建设用地挂钩（图6–2）。至于该模式对乡村住区发展与重构影响最深的创新之处，主要包括两点：

第一，市场机制促成建设用地指标的跨区域置换。相较于天津实物置换宅基地的方式，“地票”制度属于非实体指标交易，使其能够通过市场渠道将建设用地复垦后的新增指标大范围、远距离的转移至城市。因此，即便是区位偏远的乡村也可以深入参与城镇化建设活动，获得城乡土地级差收益产生的出让收益。按照制定的收益分配办法，获得的地票价款在扣除一定的土地整理、集中社区建设等费用后，净收益中的85%返还农民，15%留给村集体。这种分配方式既保护了村集体的土地所有权，增加了农民的财产性收入来源，又拓展了集体财政的融资渠道，支持村庄配套设施和公益事业的建设。另外，“地票”交易的市场化机制还促进了城乡空间资源的合理配置，优化了城乡空间的空间布局。数据显示，截至2015年重庆市的地票交易规模累计达17.29万亩（即农村新增17.29万亩耕

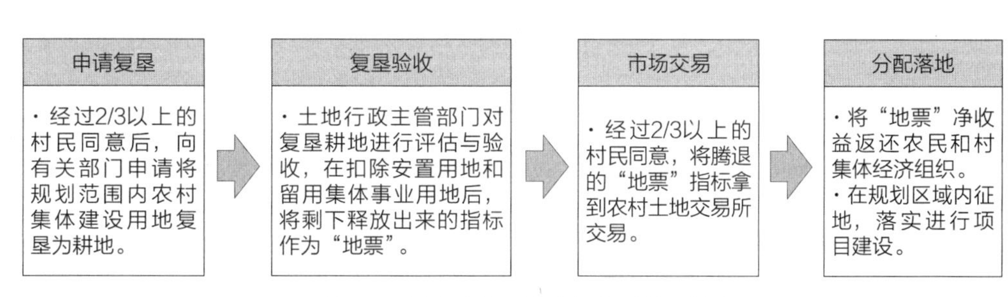

图6–2 重庆“地票交易”模式基本流程

资料来源：作者自绘

地），而同期城镇实际占用耕地仅7.32万亩，说明集体建设用地整理和流转对于抑制城镇化建设侵占耕地的效果显著。

第二，“先造后用”方式加大对耕地保护的力度。“地票”交易采用的“先造后用”和“占一补一”方式，要求在完成建设用地复耕后，才可以在城市新增相等面积的建设用地。这不仅推动闲置土地资源依法有序退出，同时，改变了以往“先占后补”方式中容易出现的“补不足”问题，对耕地保护力度更大、效果更好。同时，为避免城市资本过量涌入和保证“地票”交易实施的效率，重庆市还规定“地票交易”面积最多占当年城区新增建设用地指标的10%，“地票”有效使用时间期限为2年，一旦到期将由农村土地交易所以原价收回。

6.1.1.3 二者的比较与经验启示

比较分析天津与重庆的实践经验，以“宅基地换房”为代表的城镇化模式主张通过“农民上楼”推动居民点更新，更加依赖“自上而下”的政府统筹；重庆模式强调发挥市场的资源配置作用，通过完善农村宅基地的有偿退出机制，引导农民“自下而上”地自主参与城镇化进程。虽然二者存在一定差别，但共同证明以土地集约利用为核心的城乡建设用地存量调剂与空间置换活动，将构成未来乡村住区重构的重要驱动因素。伴随改革的深入，国家进一步放宽对增减挂钩节余指标流转的限制①，允许其在更大范围内置换。这种空间重构方式既可缓解城镇建设活跃地区存在的用地短缺问题，又能盘活农村尤其是偏远贫困村庄闲置资源的资产价值。当然，在推进和完善“增减挂钩”政策和宅基地有偿退出改革的过程中，既要肯定“村改居”社区在提升乡村居住水平方面的积极作用，更要重视和积极应对早期探索中暴露出的政策不完善和复垦不经济产生的“供给”“落地”困难[249]、农民生产生活脱离土地产生的适应性障碍[250]、平衡政府公共物品供给支出与农民获取集体建设用地增值收益等问题，减少重构活动对乡村社会运行的冲击。

6.1.2 “空心”房改造，盘活闲置生活资料

“共享经济”带来的全新组织方式，正在引发一场改变人类生活方式的资源革命[251]。虽然该概念在20世纪70年代由美国教授费尔逊（Felson M）和斯潘思（Spaeth J）提出[252]，

① 见于2011年，国土资源部印发的《关于严格规范城乡建设用地增减挂钩试点工作的通知》；2015年，中共中央、国务院出台的《关于打赢脱贫攻坚战的决定》；2016年，国土资源部印发的《关于用好用活增加挂钩政策积极支持扶贫开发及易地扶贫搬迁工作的通知》等。

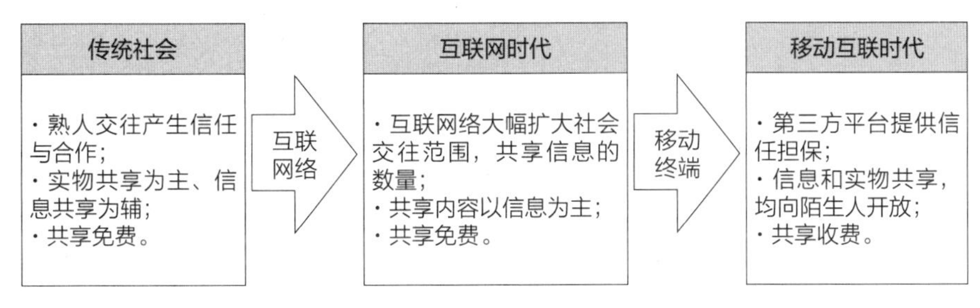

图6-3 共享经济的发展演进过程

资料来源：作者自绘

但其倡导的共享合作思想早已存在于传统社会中朋友、熟人之间的信息分享和物品互借活动之中。受制于彼时科学技术和社会发展水平，共享的内容以实物居多且范围十分有限。直至2008年全球新一轮科技革命和产业变革，移动互联技术和智能手机的普及，以及大数据、云计算、第三方支付、社交互动平台等一系列事物出现和发展成熟，人们获取信息的数量呈爆炸式增长，社会交往突破熟人网络的局限，共同推动我国共享经济迅猛发展。现阶段，共享经济正逐步演变为移动互联网时代的新商业模式，其中的供需双方已逐步摆脱传统商业组织（如银行、出租车公司等），转而依靠共享经济平台（如余额宝、小猪短租、滴滴快车等）实现供需匹配（图6-3）。

在快速城镇化进程中，农民大量外出引发村庄的“空心化”，大量农房闲置造成资源极大的浪费。根据国土资源部门的统计，全国农村闲置房屋至少有7000万套，闲置用地面积高达200万公顷。而作为一种基于共享闲置物品或服务的商业模式，共享经济的运作目标是提高存量资产的使用效率为需求方创造价值，为盘活数额巨大的闲置农宅提供了重要方式。因此，海南省于2017年率先提出“共享农庄”的概念，尝试促成乡村闲置资源与城市需求之间的最大耦合，化不确定的流动为稳定的连接，间接缩减城乡间的差距。

目前，北京市周边乡村中开展此类线上租赁业务的农户数量初具规模，并为此专门开发手机应用“庄家”。通过获取和分析手机应用中共享农庄的空间位置数据发现，北京市主城区内线上租赁农房的数量仅占总量的0.6%，绝大多数位于主城区外围。虽然出租农房的空间布局不甚均匀，但基本格局和分布特征已然形成：其一，大量农房集中分布于距城区中心30～45公里位置，且“圈层化”趋势明显；其二，少部分区位偏远的农房散布在远郊，距离城区中心60公里左右；其三，城区周边的人工建设干扰少、自然山水资源丰富地区的休闲旅游吸引力高，出租农房的比例也较高（图6-4）。此外，“共享农庄”模式最具借鉴意义的经验可以概况为以下4点：

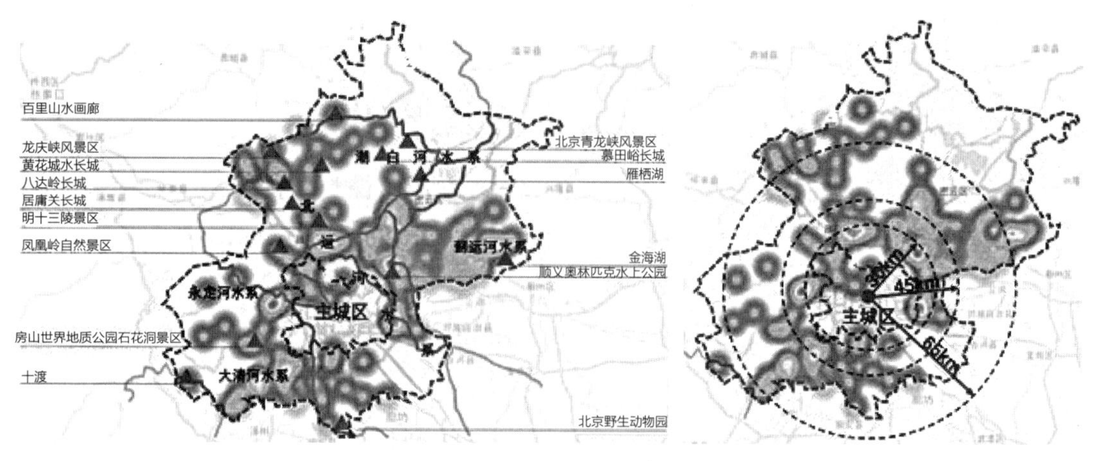

图6-4 北京市共享农庄分布及其与山水资源的分布状况示意图

资料来源：作者自绘

第一，坚持集体土地权属和地上房屋产权不变。相对于激烈的宅基地腾退与置换方式，“共享农庄”只是按照“闲置资源—使用权暂时转移—收益获取”经营模式，将碎片化时间内闲置房屋的使用权，暂行性地有偿转移给拥有需求的人，并非让渡所有权。这样既能满足农户保留自家故土家园的愿望，又可利用闲置资源增加财产性收入。

第二，城乡资源供需匹配，共同提高人居环境。“共享农庄”的运营将实现乡村存量空间和城市更新资本之间的互补和高效利用。其中，农户拥有提高存量资源利用率，将闲置房产的使用权租赁并获取一定收益的强烈意愿，形成巨大的“产能供给池”。而从需求端来看，伴随庞大的消费需求外溢，城市中拥有充足资本的个体和组织都可成为乡村地区资源的需求方。

第三，微更新替代大拆大建，平衡保护与发展之间的关系。“共享农庄”采用的闲置农房改造模式，既满足市民保持现代生活水准的需求，又留存地域传统田园生活特征。这种渐进式的改造有效避免了村庄整治中存在的“大拆大建、贪大求洋、急功近利”问题[253]，保护了地方的历史特色和文脉。

第四，满足个性化和定制化需求，解决长尾客户问题。“共享农庄”借助第三方平台的技术支持，可为需求方提供多样化的选择方案，为供给方提供稳定、持续的客源。如手机应用“庄家”在图示闲置农房现状的同时，分类标识了房屋的面积、出让方式、付款方式和土地使用年限等信息，强化与各类消费层次用户的连接（表6-1）。

"共享农庄"的多样化供给示意 表6-1

案例	面积（平方米）		土地使用年限（年）	出让方式	付款方式	建筑状况
	房屋	整体（含庭院）				
1	100	300	70	出售	一次性付清	
2	150	210	70	长租	月付	

资料来源：作者整理自手机应用"庄家"

6.2 模式二：生产功能导向下激发地域经济活力

6.2.1 现代经营理念下的合作农业

若将宅基地腾退配合增减挂钩政策看作国家从源头入手防范耕地"农转非"失控的举措，那么利用农地流转制度促进适度规模经营，则是改善原有的土地承包关系，以内部挖潜方式提升农地资产价值和农业生产效率的尝试。就目前情况而言，农业规模化经营按照经营主体可划分为种植大户、家庭农场、合作社和龙头企业四种基本类型，其中前两种类型仍然属于以个体或家庭经营为基础的"相对"规模化生产，后两种类型则更加符合现代农业的发展方向。但在具体实践中，由于缺乏完备的引导与监管机制，城市企业资本下乡带来的现代性运作模式不仅极大削弱了家庭经营方式和土地的保障作用，甚至形成新一轮具有强烈非农化倾向的圈地运动，对乡村治理和粮食安全造成了严重影响。因此，2017年中央一号文件提出，基于田园景观和农业生产建设的乡村发展平台应坚持将农民合作社作为主要载体，即利用合作社与农民天然的利益联结机制，保证主体充分参与和享受农业转型带来的潜在效益。为了说明村集体如何以资本运营方式，在土地流转过程中实现自下而

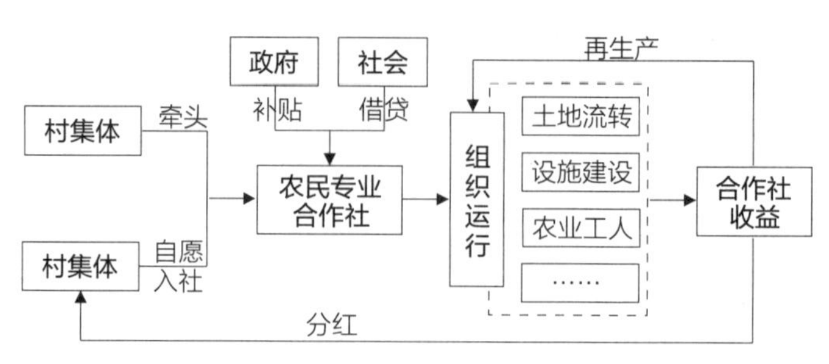

图6-5 宏园翔农业合作社组织机制

资料来源：作者自绘

上的规模化经营，本书选取了济南市著名的创业孵化基地——宏园翔农业合作社作为实证研究对象（图6-5）。

该合作社所在的唐王镇属于济南市郊传统农业大镇。自20世纪90年代起，便通过产业结构调整，大力发展优质高效农业，成为城市重要的农副产品生产供应基地。该镇下辖的西王村则是一个占地800余亩，人口接近700人的小村落。由于缺少发展非农经济的建设用地，所以村民收入主要依靠务农和外出打工。伴随城乡劳动力流动加剧，身处城乡接合部的西王村遭受前所未有的冲击，大量青壮年劳动力进城导致农地弃耕问题凸显。为此，2009年西王村在上级政府的支持下，以村集体牵头、村民自愿的方式成立农业合作社，借助发展设施农业改善单一的粮食作物经营模式，提升农业生产的经济效益。为了充分发挥合作经营的规模效应，盘活村庄存量耕地资源，合作社首先通过集体借贷方式筹集资金，以每亩1100元的价格流转社员以及撂荒的耕地360亩。然后，经过集体讨论决定依托地区传统特色产业绿色农业，打造以蔬菜大棚和绿色养殖主导的特色农业。利用剩余的募集资金以及政府财政补助，合作社开始推进灌溉设施、温室大棚等现代农业设施建设，通过现代化的管理和种植方式，提高农产品的附加值。运行初期，合作社年度经营利润就成功超过20万元，打破了传统“穷农富工”的发展模式，起到了良好的示范带动作用。调研结果显示，目前该村用于规模农业生产的耕地数量超过全村总量的3/4，带动当地500余名农民发展。通过流转土地经营权发展规模化、集约化农业，西王村已成为远近闻名的特色农产品种植示范村，村庄农业经济的落后状况得到极大改善。

当然，相较于成熟高效的城市企业资本运作，以西王村为代表的村社主导运营方式在把握市场规律、生产管理效率、抵御经营风险等方面的能力差距显著，但其却更加符合真正意义的乡村复兴[254]。首先，村社组织建构提升了村庄的自主发展能力。农民专业合作社克服了小而散的传统农业对生产力发展的束缚，经过整合的土地、人力、信息等发展要素，村民参与市场经济竞争的能力大幅提升，避免了村庄被逐利的外部资本反噬。另外，合作社在提供经济红利同时，还带来良好的社会效益。例如，合作社通过建立生态观光园，为村中留守的大龄劳动力提供了近30个工作岗位，加上年底分红人均可增收3万余元。合作社有效解决了剩余劳动力的就业问题，在促进经济发展和社会稳定方面效果显著。其次，集体意识恢复提升了村庄的治理水平。西王村发展模式充分发挥了村集体引领乡村经济发展的核心职能，强化了其在村庄运行中话语权。而合作社采取的合作劳动、集体商议等行动方式，充分调动了成员参与的积极性，恢复了村庄的集体主义氛围。在此过程中，村庄、村集体和村民之间疏离的关系日渐密切，奠定了村庄自治组织建构和治理能力提升的基础。

6.2.2 集体经营性建设用地流转与利用

诚如前文所言，改革开放之前农村集体建设用地的流转被全面禁止，行政命令和计划分配是土地资源利用的主要方式。虽然20世纪80、90年代期间，地方出现了自发的土地流转现象，但由于缺乏有效规范和引导，基本处于无序、自发的状态。进入城乡统筹阶段，国家出台的相关政策一方面刚性约束土地供给的“闸门”，严格限制农村土地用于城市开发活动；另一方面尝试打破城乡用地的二元权属和使用制度，通过建立统一的城乡建设用地市场、推进国有与集体土地“同地同权”改变传统的征地模式，盘活存量巨大的集体建设用地（表6-2）。

国内土地流转相关政策的重要变动　　表6-2

时间	政策	重要内容	意义
1962年	《农村人民公社工作条例修整草案》	“生产队范围内的土地归生产队所有”，且“一律不准出租和买卖”	严禁集体建设用地流转
1988年	《宪法修正案》	增加“土地的使用权可以依照法律的规定转让”的条款	禁止乡村土地用于城市功能的开发建设，使乡村土地使用权流转再次禁止
1988年	《土地管理法（第一次修订）》	增加“国有土地和集体所有的土地的使用权可以依法转让。土地使用权转让的具体办法，由国务院另行规定”的条款	
2004年	《关于深化改革严格土地管理的决定》	“在符合规划的前提下，村庄、集镇、建制镇中的农民集体所有建设用地使用权可以依法流转”	伴随相关法律、政策等内容调整，集体建设用地的规范流转及其权能将得到法律保障
2013年	十八届三中全会	“建立城乡统一的建设用地市场”，稳步推进集体土地与国有土地同权同价	
2014年	《国家新型城镇化规划（2014—2020）》	在符合规划和用途管制前提下，允许农村集体经营性建设用地出让、租赁、入股，实行与国有土地同等入市、同权同价	
2017年	《土地管理法（草案）》	增加“集体土地所有权人可以采取出让、租赁、作价出资或者入股等方式由单位或者个人使用”的条款	

资料来源：作者整理

上述背景下，农村集体建设用地（使用权）入市改革启动，集体经营性建设用地开始“融入”土地市场。2015年，北京市大兴区被国务院列入国家33个试点县（市、区）行政区域，要求在土地公有制性质不改变、耕地红线不突破、农民利益不受损的前提下，先行探索集体经营性建设用地入市的规划实践与政策创新。

6.2.2.1 前期：典型规划实践——“西红门模式”

1．地区功能演进遭遇瓶颈

在成为国家级试点行政单位之前，大兴区就主动请示上级政府，选择以西红门镇为试点，创新农村集体经营性用地利用模式，推动城乡接合部的升级改造。至于选择西红门镇的原因，主要包括：

第一，土地利用现状与地区规划功能不符。在最初编制总体规划时，北京市的中心城区、近郊边缘集团和远郊边缘集团之间规划有两道绿化隔离带，作为城市的“生态控制圈层”以控制建设空间蔓延。西红门镇地处近郊边缘集团外缘，绝大部分用地位于第二道绿化隔离范围以内，属于城市重要的生态涵养片区（图6–6）。然而，随着城市化、工业化进程加速，社会经济建设对空间的需求强烈，导致“城进绿退”的问题严重[255]。受政府鼓励远郊区县发展乡镇企业政策的影响，西红门镇建成了大量租金低廉的工业大院。该镇内工业大院的用地面积（约952公顷）占用了全镇52.02%的建设用地，“蚕食”了近65%的（规划）绿色空间。且片区内大量企业多顺应原有的村庄总体格局，布局分散无序，加剧绿色空间的破碎化，使其愈难发挥城郊乡村的生态支撑功能（图6–7）。

第二，“瓦片经济”效益低下，反哺乡村弱。现阶段，西红门镇集体经营性建设用地多被工业企业租用，成为村集体的“瓦片经济”①，每年可提供约1.6亿元租金，为当地居民提供约3800个就业岗位。然而，此类集聚于城乡接合部的企业多表现出“低、弱”特征。产业多以低端的食品作坊、服装批发、金属加工、物流仓储、废品回收等为主，地均产出效益普遍低于城市平均水平。加之现行土地制度缺乏对土地和房屋的保障，故利用集体用地开展生产经营活动的企业出于投资环境风险的考虑，对扩大经营和产业升级的意愿不强。所以，尽管“低端瓦片经济”能为村民带来客观的租金收入，但对增加村集体收入和提升公共物品供给帮助有限。由于基础设施缺乏和公共服务水平低下，地区整体面貌中“脏、乱、差”问题突出（图6–8）。

第三，人口倒挂现象严重，加剧了社会不稳定性。城市的发展需要大量的低收入劳动

① 在城乡接合部，村庄或个人凭借土地或房屋赚取租金，增加经济收入的方式。

图6-6 北京市规划生态圈层

资料来源：作者整理

图6-7 西红门镇土地利用现状

资料来源：作者整理自参考文献[256]

图6-8 西红门镇存在的现状问题

资料来源：作者整理自网络

力和低端服务业，城乡接合部凭借良好的区位交通条件和较低的生活成本成为低收入外来人口集聚的场所。调查数据显示，北京市城乡接合部内村庄的外来人口一般是本地居民的4～5倍，但西红门镇这一比例更高，本地户籍人口与外来人口之间比例倒挂现象严重①。大量流动人口存在直接影响社会治安环境，在生产、交通、消防、住房等多方面埋下了安全隐患。2017年，西红门镇发生了“11·8”重大火灾事故，就是因村民将自建楼出租后成为集生产经营、仓储、居住等功能于一体的“多合一”建筑，导致火灾发生后酿成多人

① 本地户籍人口仅为2.6万余人；外来人口约19.5万人，其中转为房屋出租的工业大院吸引了约7.5万人，未改造旧村房屋出租容纳了约12万人。

死伤的悲剧。

2. 乡村空间规划重构的特征

在城乡接合部改造试点工作启动之前，多轮规划设计基本奠定了镇域空间发展的总体格局。如图6-9所示，规划未来西红门将大幅提升土地利用的集约化水平，建设用地面积仅占全镇总面积的40%左右。该镇内的建设用地主要集中在4部分，包括西北方向的大兴新城、东北方向的镇东区、中部的金星地区和南部的工业区。而伴随《大兴区西红门镇城乡接合部整体改造试点规划方案》的施行，中部乡村地区的旧村改造与工业大院更新成为地区空间重构的重点。为了消除生态、经济和人口等因素对地区可持续发展造成的不利影响，规划着重从以下方面发挥空间引导作用：

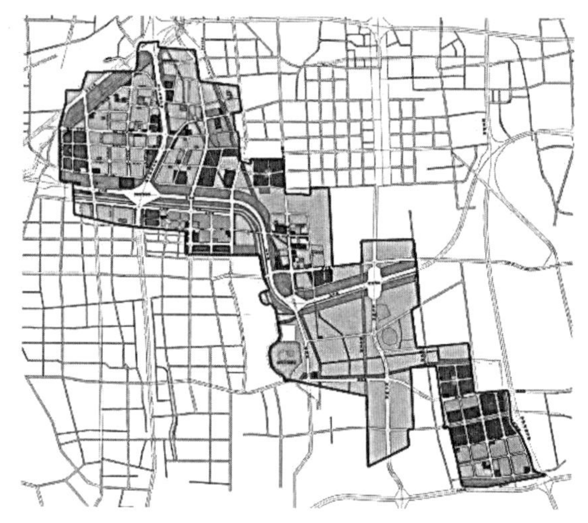

图6-9 北京市西红门镇土地利用规划图

资料来源：作者整理

第一，提升绿色空间比重，改善地区环境。规划方案选择以成本低、见效快的工业大院拆迁为突破口，腾退低端“瓦片经济”，增加绿色开敞空间。而为了平衡建设所需的成本与资金，具体实施时执行“拆二还一”的改造标准。通过前期出让80公顷城镇建设用地，获得1000公顷的工业大院和旧村拆迁的起步资金，在此基础上进一步利用230公顷的剩余建设用地资源有选择地推动农民上楼，最终在区域内新增1300公顷的绿化面积。伴随农民搬迁上楼和南中轴郊野公园等建设工作的开展，地区的整体环境和生态功能将得到显著改善。

第二，培育新型产业，提升经济支撑能力。在保持传统规划对空间布局、农民上楼、绿化实施等问题关注的同时，《方案》特别强调避免集体建设用地资产的流失，并为此专门划出了约140公顷的集体产业用地。若按地上200万平方米建筑面积和人均50平方米计算，大致可提供约4万个就业岗位。同时，伴随集体土地使用权流转和集体建设用地审批制度等相关政策的完善，企业在集体建设用地上的经营权益得到有效保障，将进一步促成引鸾入巢、产业升级目的的实现，加快集体经济发展方式的转变，保障农民的主体利益。

6.2.2.2 后期：集体建设用地利用方式创新

结合前期更新实践积累的宝贵经验，大兴区利用集体经营性建设用地入市试点创造的政策环境，对城乡空间资源的优化利用进行了多方面探索，形成了一套相对完整的改革思路与措施。

1. 自上而下：施行镇级统筹和“一库一池”策略

考虑到不同村庄在建设用地规模和土地收益水平方面的差异，大兴区提出以乡镇作为统筹土地资源利用的基本实施主体，最大限度发挥乡村存量建设用地①的资源价值。按照“规划先行，统筹兼顾”的原则，大兴区首先通过整合国土基础数据，确认各乡镇集体经营性建设用地的现状和其中可消减和入市的部分。以此为工作底图开展“多规合一”，通过土规与城规的深度衔接，达成两方面的主要目的：其一，确定可入市集体经营性建设用地的规模与位置。一方面根据上位规划测算未来全区集体建设用地规模，确认规划乡村居民点空间布局及其经营性建设用地规模，进而得到城镇集中建设区外可进入土地市场的经营性建设用地指标。其二，提升土地资源配置方式和利用效率。在城市总体规划编制时制定的“两线三区”空间管制办法基础上，新增“集体产业聚集引导区”以加强对规模小、分布散的集体经营性建设用地的整理和使用。至于如何安排减量用地入市，规划建议依次按照集中建设区、集体产业集聚引导区（“全区统筹入市区”优先）、集中建设区周边和限制建设区的先后顺序选择（图6-10）。通过调整镇域土地利用总体规划和城乡建设规划，将镇域内零星、分散的集体经营性建设用地向城镇核心区、产业区、重点项目区集

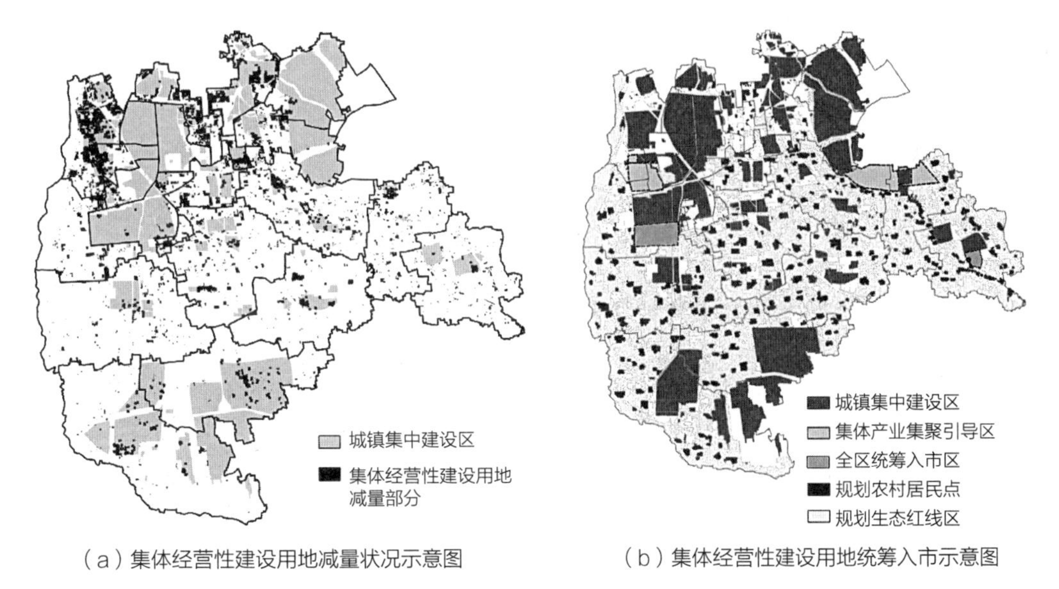

（a）集体经营性建设用地减量状况示意图　（b）集体经营性建设用地统筹入市示意图

图6-10　北京市大兴区集体经营性建设用地规划

资料来源：作者改绘自参考文献[257]

① 为土地利用规划现状图中确认的集体建设用地。

中，提升城乡空间的集约利用水平。

此外，“镇级统筹”思路下大兴区推动乡村发展的另一重要举措就是建构了“一库一池”（图6-11），即区级集体经营性建设用地“入市指标统筹库”和“入市资金调节池”。其中，“一库”储备的是集体经营性建设用地的“可入市指标”，来源于村庄腾退现存的减量集体土地；“一池”则落实了国家向集体建设用地使用权入市中取得收益的使用权人征收增值收益调节金的政策①。二者合力建构了兼顾城市与乡村、集体与个人等多方利益的调控框架，既增强了更新的集体建设用地支撑城乡空间可持续发展的可能，又保障了农民获得集体土地增值收益的权益。

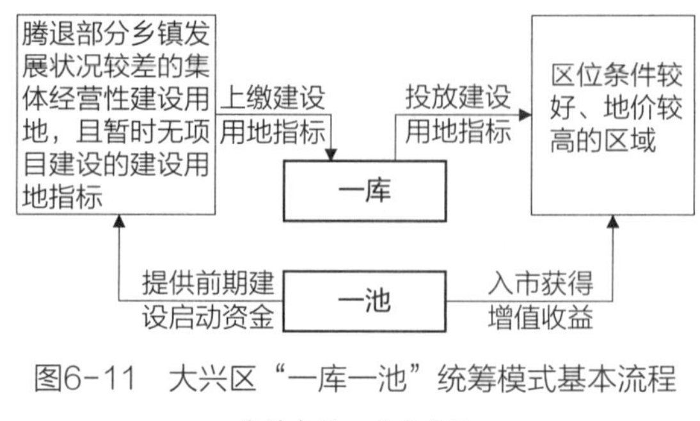

图6-11 大兴区“一库一池”统筹模式基本流程

资料来源：作者自绘

2. 自下而上：“集体联营”提升参与性

为保证乡村土地的资产价值在市场机制中得到充分体现，降低因村级组织化程度不高而增加的集体土地交易成本与经营风险，大兴区还尝试采取“土地入股、集体联营”的方式经营集体建设用地。具体组织模式如图6-12所示，在乡镇一级政府职能部门的牵头下，多个村庄联合组建镇级土地联营公司，彼此按照减量方案将低效集体产业用地腾退后产生的新增集体建设用地指标作价入股，进而以村企合作形式与资金入股的企业共同成立合作公司，开展多种经营。为了维护村庄在合作经营中主体地位，确保集体土地农民所有的属性不变，规定“镇级土地联营公司在合作公司中的持股比重不得低于51%，入股期限最高不得超过40年，且应有保底分红”[258]。

综上所述，本次集体经营性建设用地改革是继农村土地合作社运动、农村土地联产承包责任制、国有土地有偿使用制度之后，我国针对土地使用制度的新一轮基础性变革。特别是受“存量时代”发展理念的影响，城乡接合部治理与管理方式不断转型，推动城市近郊乡村住区空间格局与形态调整。另外，为避免过往城镇化进程中出现的下乡资本剥夺村庄利益、农民被动上楼等问题，大兴区采取

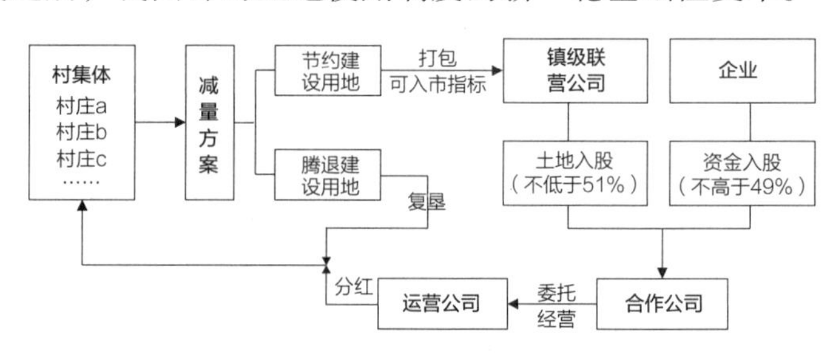

图6-12 大兴区“集体联营”模式基本流程

资料来源：作者自绘

① 见2016年6月，财政部、国土资源部联合印发的《农村集体经营性建设用地土地增值收益调节金征收使用管理暂行办法》。

了自上而下的“一库一池”和自下而上的“集体联营”措施，强化政府宏观调控力度同时，提升了村集体适应市场经济的能力，维护了社会的公平正义。

6.2.3 互联网络时代的农村电商

伴随电子商务的兴起以及区域交通体系的完善，互联网技术和物流网络深刻改变了经济发展方式及其依托的空间载体，减弱了物理空间距离对贸易活动的限制。在“互联网+”时代，生产与消费的时空距离缩短，城乡要素双向流动加剧，相对闭塞的乡村有机会利用新型电子商务活动提供的信息、知识与资金等要素与地域的人力、土地、产品等资源相结合，更深层次地参与到城镇化和现代化的进程之中。由于当前农村电商交易平台以淘宝网为主，故人们习惯将此类电商专业村统称为“淘宝村”。按照2017年《中国淘宝村研究报告》公布的数据显示，自2013年以来我国淘宝村的数量已由最初的20个猛增至2118个；截至2017年，全国淘宝村销售额已突破1200亿元，规模相当于全国第十位城市的公共财政收入；全国淘宝村中的49万个活跃网店可带动超过130万个直接就业机会（按照每新增1个活跃网店，创造2.8个直接就业岗位计），农村电子商务倡导的草根创业模式在活跃城乡经济和改善民生方面发挥了巨大的作用。得益于良好的经济、社会效益，政府不断出台指导意见和优惠政策，加大对农村电子商务的扶持力度（表6-3），农村电商已被国家视为加快乡村经济增长、创业创新和脱贫攻坚的重要举措，也成为城乡统筹阶段乡村住区空间重构的一种可能路径。

近年来农村电子商务的相关政策　　表6-3

政策名称	颁布部门	时间
《关于加快推进农业信息化的意见》	农业部	2013年
《关于支持农民工等人员返乡创业的意见》	国务院	2014年
《关于大力发展电子商务加快培育经济新动力的意见》	国务院	2015年
《“互联网+流动”行动计划》	商务部	2015年
《关于加快发展农村电商的意见》	商务部	2015年
《推进农业电子商务发展的指导意见》	农业部	2015年
《关于实施农村青年电商培训工程的通知》	团中央	2015年
《关于协同推进农村物流健康发展加快服务农业现代化的若干意见》	交通运输部	2015年
《关于开展2016年电子商务进农村综合示范工作的通知》	商务部	2016年

续表

政策名称	颁布部门	时间
《电子商务“十三五”发展规划》	商务部	2016年
《关于深入推进农业供给侧结构性改革加快培育农业农村发展新动能的若干意见》	国务院	2017年
《关于推进电子商务与快递物流协同发展的意见》	国务院	2018年

资料来源：作者整理

6.2.3.1 淘宝村发展的整体概况

通过整理2014～2016年《中国淘宝村研究报告》的相关数据，借助GIS软件分析和统计市域尺度下淘宝村的空间分布，发现当前淘宝村的空间分布呈现以下特征：

第一，整体分布由东部沿海向西部内陆地区锐减。自2013年概念提出后，淘宝村数量在短时间内呈几何倍数增长，逐步覆盖至全国24个省份。但村庄的分布明显受区域经济发展水平的影响，在东中西三条经济带上呈现出显著的地区差异。其中，东部地区乡村凭借经济发展水平、市场成熟程度、设施完备状况等方面的优势，迅速推广农村电子商务活动。截至2016年，东部地区淘宝村数量占全国的98%。相较而言，中、西部地区农村电商经济的发展还处于起步阶段，淘宝村的数量始终在低水平徘徊。但值得注意的是，广大的中西部地区农村电商发展不断取得进步，比如近些年来江西、安徽等省份淘宝村发展就经历从无到有的过程，而四川省甚至出现集聚效应更加显著的淘宝镇（表6–4）。根据社会经济发展的梯度转移规律，电商后发地区必将拥有更大的发展契机。

第二，农村电商一般集聚于区域发展中心外围。虽然大量的淘宝村分布在我国长三角、珠三角等东部重要经济区域，但它们中的绝大多数位于一线、二线城市的一般乡镇。上述情况的产生，一方面应是此类地区发达的城乡经济创造了区域合作的条件，可相对容易地获得城市“外溢”的资源条件；另一方面，上述地区场地租金较低，且往往因缺乏就业岗位而存在大量可从事电商经营活动的剩余劳动力。

2014～2016年淘宝村、镇数量及其分布情况　　表6–4

地区	2014年		2015年		2016年	
	淘宝村（个）	淘宝镇（个）	淘宝村（个）	淘宝镇（个）	淘宝村（个）	淘宝镇（个）
东部地区	207	17	483	71	1280	134
中部地区	2	0	292	0	20	0
西部地区	2	0	5	0	5	1

资料来源：作者整理

6.2.3.2 典型案例解读——以博兴县湾头村为例

1. 案例概况

湾头村坐落于山东省滨州市博兴县，地域经济发展水平和产业基础相对落后于周边的山东半岛与鲁中地区，一定程度上属于发展的洼地。然而湾头村通过将淘宝电商平台与传统产业、地域资源等优势相结合，大力发展草柳编产业，有效改善了单一的农业经济结构，提升社会经济的发展水平。回顾湾头村电商产业的发展历史，大致经历了前后两个阶段：

第一，自我发展阶段（2003~2013年）：自古以来，湾头村农户就有利用周边湿地里野生植物茎叶，编织生活用品以补贴家用的习惯。2003年，淘宝电商平台建立，村中部分年轻人开始尝试经营网店，将当地编制的特产拿到网上销售。虽然此时线上经营模式与网络市场环境尚未发展成熟，但初期实验为此后电商贸易的发展积累了重要的经验和资金，部分成功的经营案例也对传统家庭产业的调整发挥了示范带动作用。

第二，快速发展阶段（2013年至今）：经过十年左右的发展，湾头村网店数量和年销售额初具规模，村内经营淘宝店铺的农户数量达500多户，接近30家年销售额超过100万元。因此，2013年阿里巴巴集团选在湾头村中学召开新闻发布会，首次提出“淘宝村”的发展模式。以此为标志，湾头村淘宝产业进入快速发展阶段，其草编产品的品牌效应与产业集聚作用不断凸显。统计数据显示，2017年湾头村内经营草柳编项目的注册企业多达230余家，数量为4年前的11.5倍（图6-13）；相关产品年产值已跨越1亿元门槛，不仅在国内市场热卖，而且远销40多个国家和地区。

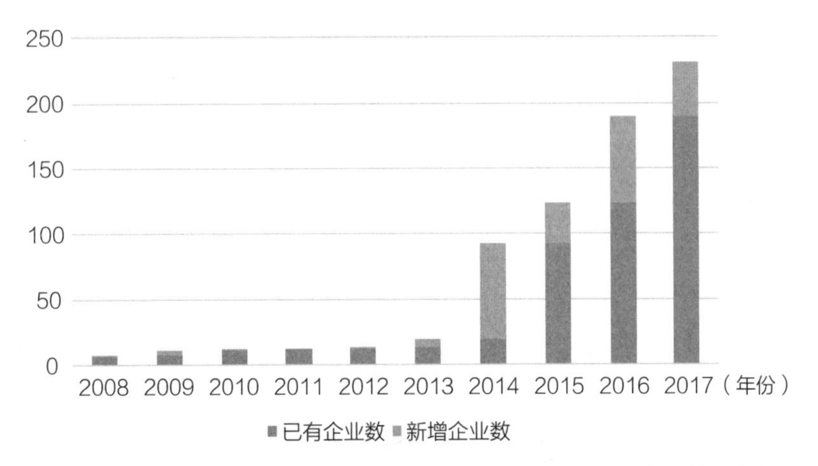

图6-13　2008~2017年博兴县湾头村经营草柳编项目注册企业数量变化图

资料来源：作者整理

2. 电商影响下住区发展要素重组与空间功能变迁

电商经济活动增强了市场因素对地域传统资源要素配置的影响，在激发乡村产业经济活力的同时，也引发了住区物质空间环境与功能结构的变化。

1）非农生产的融入更新传统居住空间

宏观层面，生产功能外溢倒逼住区规模扩张。村庄的早期建设主要围绕对外交通联系便利的南北向的胜利二路南段（北连博兴县城，南接县道208）与东西向的村级道路（东接国道205，西连滨莱高速）构成的“十”字形骨架展开。其中，服务于村民日常生产生活的功能沿主要道路线状分布，块状的居住组团被交通道路串联，面状的农业生产空间将村庄聚落包围。而在电商发展初期，从事相关经营项目的店铺仍然选择抢占村内最好的区位，因此率先在南北向的胜利二路南段出现。但有限的存量空间难以满足迅速扩大的电商产业。一方面，淘宝村内部所有空间几乎都被利用，不存在“空废”问题。一旦出现闲置房屋便会被村民租赁，就连村中荒废、无用的边角场地也搭建了钢结构板房，用于存放草柳编生产的工具、原料和产品。另一方面，产业发展对建设用地的需求不断增加，刺激村庄向周边地区蔓延扩张。当前，湾头村增长的建设空间主要围绕村北翻修、扩建的东西向支路，以及村东新建的南北向支路。沿线新增的生产生活空间在规模、形态等方面，普遍突破了传统农业生产型村庄的尺度和肌理（图6-14）。相较于小规模、均质化的传统农

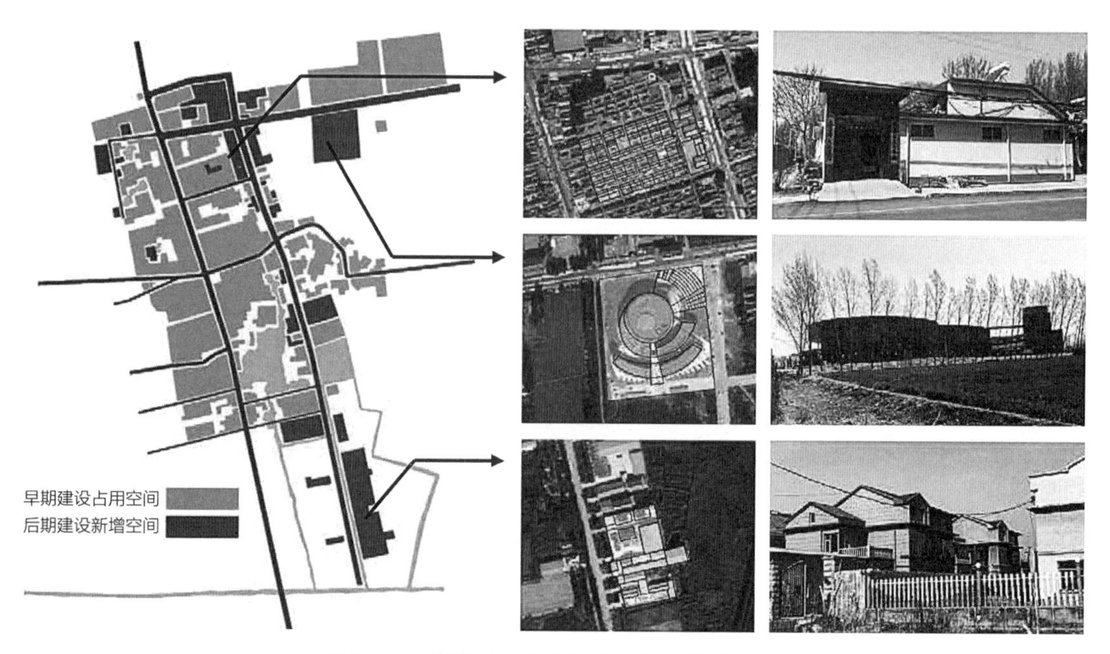

图6-14 湾头村村庄空间形态与肌理变化图

资料来源：作者自绘

宅，新建住宅开始向大型化、享受型转变；村庄东北部甚至出现了在我们一般认识中不属于乡村传统功能与风貌的草柳编文化创意产业园。

微观层面，手工生产活动促成农宅功能更新。湾头村农宅属于典型的北方民居，堂屋与两侧厢房共同组成合院，以生活功能为主兼具一定的生产功能。目前，草柳编活动仍然保持家庭经营的模式，繁荣的电商产业导致农宅的生产功能不断提升。比如，分布于道路两侧的农户往往将沿街的厢房改造成“下店上宅”的功能布局，底层是用于产品展示和储藏的门面房，二层多为经营者的生活用房；住区内部农户则多采用“前厂后宅”的形式，通过加盖顶棚将原本开敞的院落改造为集原料储存、产品加工等多功能于一体的生产性场地；甚至邻近住宅的空地也被用于进行喷漆、晾晒等特殊加工工序（图6–15）。电商时代，这种家庭作坊式的“生活居住+手工生产”功能单元以自由、分散的方式随机嵌入村庄内部，使住区由相对单一、有序的空间形态向更加多元、混合的特征重构，极大改变了住区的传统风貌。

2）上下游产业空间推动住区的功能分区

电商经济还改变了地方传统的经济结构，手工编制业不再是单一的生产或加工环节，与之配套的上下游产业兴起推动要素与功能集聚，促成住区内部土地使用成本差异。调研显示，湾头村胜利二路沿街房屋的租赁价格最高，约为内部普通民居的10倍。受此影响，以电商为核心形成的配件包装、贸易批发、物流运输、网络通信、餐饮住宿等配套服务产业，根据自身的发展需求选择合适区域布局，促成住区形成了清晰的功能分区与组团（图6–16）。按照“以淘宝商为销售中心、以作坊与网批商为供货中心、以快递商为运货中心”的经营模式，电商的核心经营活动贸易批发功能会率先占据区位最好、租金最高的胜利二路南段与北侧支路沿街位置；网店维护、设计包装、网络通信、企业注册等辅助性服务功能，通常选择邻近电商商户经营，在两个交叉口处形成集聚中心；物流、快递等行业因需要较大面积场地完成包裹的分发、清点工作，通常选址在核心商圈外围租金较

图6-15 湾头村调研概况

资料来源：作者整理

低、场地充裕、交通便利的东侧支路。此外，小型的加工工厂、仓库堆场一类生产空间占地面积最大，并且对村庄日常生活产生较大影响，因此分布在租金更低、位置更远的村南。

3）配套设施的完善提升住区的宜居水平

图6-16　湾头村电商配套产业分布图

资料来源：作者自绘

得益于电商经济的成功，湾头村发展模式的示范作用与溢出效应开始显现，尤其是产业链上下游协作互动，带动部分发展要素向淘宝村回流与集聚，促进村庄的整体发展与升级。以快递行业为例，作者走访时发现虽然周边乡村村民也有利用网络从事草柳编的生产与销售，但仅有湾头村拥有快递投送点；在湾头村的26家快递公司中，雇佣的员工中大约三分之二为非本村村民，湾头村俨然成为区域电商产业发展的中心。早期形成的淘宝村正以电子商务为扩散媒介，逐步影响地区的产业分工与合作，提升自身在住区系统中的地位。另外，在电商产业集群、规模效应的影响下，湾头村相关配套设施建设的完备程度与水平不断提升。近些年来，政府前后投入近700万专项资金，推动地区电网改造与电力增容，保证村庄供电的能力、质量和安全；移动、联通、电信等运营商和中国农业银行、中国邮政储蓄银行、博兴县农村合作银行等金融机构入驻，提升了电商经营的软硬件支撑条件；中石化加油站、湾头中心幼儿园、元浩大酒店等生产生活服务项目蓬勃建设，提升了乡村生活的质量和现代化水平。

6.2.3.3　乡村住区电商发展的机制

在某种意义上，淘宝村可以视为现代生活要素与内容向乡村住区“侵入”的结果。其自诞生之后便获得了持续的发展，主要是因为现代网络技术与网商经营模式适应了城乡产业的差异分工，促进了乡村内部资源要素的高效利用。

1. 地域资源禀赋提供原始动力

首先，地域资源配合传统产业，降低了电商创业的成本。经过漫长的发展历程，村庄通常会依靠地域资源形成独特的特色产业和谋生手段。湾头村素有“中国草柳编之乡”的美誉，大约自清代以来此地的草编经营活动就已初具规模，草柳编技艺在2011年就被收入《省级非物质文化遗产目录》。而在调研中发现，当前村民平均拥有“三分好地”或“四分孬地”，每年耕种收获的作物仅能维持自给，难有剩余用于改善家庭收入。尖锐的人地矛盾让人们重拾地方生产习俗，成为促进“淘宝村”成长的原始动力。此外，村民还可凭借对地方传统产业的熟悉，利用积淀的技术经验降低经营风险和学习成本。

其次，熟人社会与家庭经营均可为发展电商提供支持。一方面，有别于城市，乡村社会血缘、地缘特征明显，仍基本是由无数关系组成的“熟人”网络。因此，当住区中出现与传统农民存在显著差异的“新农人”，并且其生产生活方式拥有更佳的经济效益时，这种行为模式极易通过熟人网络的“邻里效应”示范和扩散作用，驱使其他农户学习与模仿，加速淘宝村的形成。另一方面，乡村电商一般仍然延续着传统的家庭经营模式。家庭中女方负责打理线上店铺，男方负责货物运输，老人负责照看孩子、做饭等后勤保障。这种经营特征既适应乡村以家庭为经营主体的传统，又兼具高度的灵活性与自由度，易于被接受与采纳。而淘宝村带来的“就业本地化”和产业“在线化”发展模式，让大量原本外出打工的劳动力选择回村谋生，不仅为乡村发展保留了重要人力资源，也大大消减了因留守儿童和空巢老人引发的社会问题。

2. 电商平台改善乡村的弱势地位

首先，电商平台强化城乡联系，增强乡村发展机会。在以往乡村的发展中，区位交通条件发挥了至关重要的作用。湾头村地处华北平原农业经济区，所在地域的经济发展水平和产业基础本落后于山东周边的半岛与鲁中地区，一定程度上属于发展洼地。但电子商务利用互联网和物流网络创造出的时空压缩环境，在乡村实体产业与外部广阔市场之间建构了链接的媒介，减少了城乡交易的层级，优化了市场供需的关系。受其影响，乡村社会经济的组织尺度表现出前所未有的区域性，乡村的发展更加取决于其链接区域与适应市场需求的能力，对地区禀赋条件的依赖性降低，为实现跨越式发展提供了可能。

其次，电商平台符合村民草根创业的需求特征。淘宝平台主要服务于中小企业和个体创业群体，具有低门槛、低风险的特征，十分符合村民资金量小、经营水平低、保守心理强等特征。平台的包容性使弱势乡村可通过互联网平等参与城乡经济活动，并与城市之间进行良性互动。

综上所述，电子商务的区域链接功能改善了城乡联系中乡村的从属发展地位，为乡村地域产业调整和产品输出创造了可能的外部环境。但真正令淘宝村迅速兴起并成功嵌入地方发展进程的原因，在于其植根于地方条件与乡土情怀，借助电子商务平台满足乡村地区

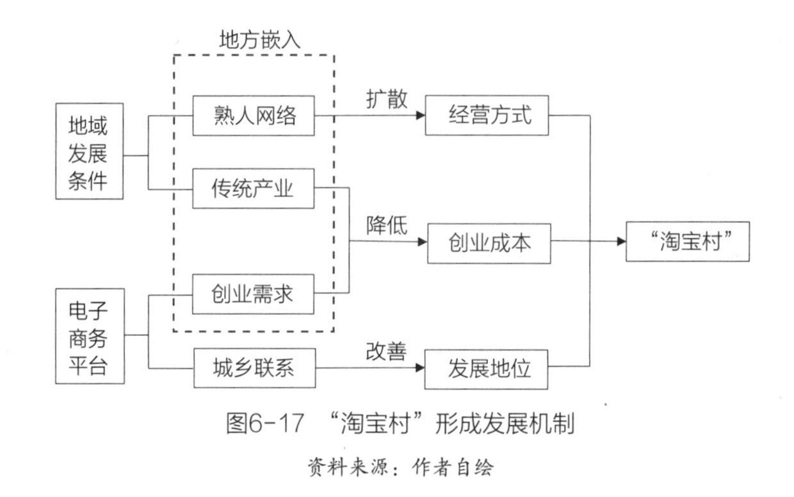

图6-17 "淘宝村"形成发展机制

资料来源：作者自绘

生产经营的低成本需求，利用传统熟人社会网络和家庭经营模式实现技术扩散与整合资源，从而在真正意义上提升乡村自我发展和组织的能力（图6-17）。

6.3 模式三：生态功能导向下盘活山水田园资源

我国乡村旅游的出现最早可追述至20世纪80年代中期，但受制于当时社会经济发展的整体水平，组织形式多停留在对资源简单利用的"农家乐"，地区的人文自然功能并未受到足够重视。伴随"新农村"建设的深入发展，整个社会逐步意识到乡村多元功能与价值。尤其在进入"双康"时代之后，人们对生活健康问题的持续关注，促使乡村在传统生产功能的基础之上拓展出消费、后生产等社会功能。在此背景下，自2006年伊始国家将乡村游确定为旅游产业拓展的新领域，推动农村经济融入国民经济的整体格局，加快社会财富向农村转移。部分乡村通过盘活特有的人文自然资源，凸显地域生态功能与价值，为现代化过程中乡村地域功能提升与城乡协调发展提供了新思路。

6.3.1 典型案例解读：淄博市太河镇峨庄片区乡村旅游发展条件

第一，水土整治中奠定的自然基底。太河镇峨庄片区地处偏僻的沂蒙山北麓，凭借地域独特的山水资源，成为淄博市乡村旅游资源最为丰富的地区。但该片区密布着400多座山头和200多条山沟，自然形成分支河流多达22条，造成区域内的乡村极易受山洪灾害的破坏。自20世纪80年代被确立为山东省小流域综合治理试点单位以来，峨庄主要利用荒山种植经济树种和大搞水利蓄水拦沙，逐步发展为淄博市最大最完整的自然生态恢复区。2010年时，该地区被国家林业局准予设立国家级森林公园。地区森林的覆盖率提高至50%以上，植被覆盖率则高达90%以上，不仅保存有柏、槐、流苏等古树，还大面积种植柿子、苹果等经济树木与杨树、柳树等速生木材；结合地势采取“沟头拦、中间蓄、沟底存”的治理措施形成了由小型塘坝、水库构成的一套完整蓄水网络，极大提升了片区的小气候和环境品质。通过常抓不懈的水土治理行动，峨庄片区在有效保护自然生态资源的基础之上，还形成了地域鲜明的山水景观风貌，为发展乡村旅游奠定了物质基础。

第二，丰富的人文民俗资源有待挖掘。峨庄片区悠久的历史文化还孕育了丰富的人文历史景观，在众多文物古迹中，较有代表性的包括400多年前明朝昭阳太子隐居读书的昭阳洞；距今达630多年的吕剧《王定保借当》中女主角张春兰的绣楼。此外，散布在自然村落的众多石砌民居，利用当地的木石资源，依山势层叠错落布局，打造了地域乡村的独特风貌（图6-18）。除此之外，峨庄民间还拥有剪纸、炸肉蛋等许多非物质文化遗产，都反映了地域丰富的精神文化。

第三，山区乡村摆脱贫困的现实需求。峨庄下游即为淄博市最为重要的饮用水水源——太河水库，因此农业始终为片区的主导产业。片区内除建有潭溪山、绿赛儿等几家矿泉水厂外，基本无任何工业建设。山区单一的产业结构与封闭的社会环境，使片区内的乡村成为贫困人口集中地。2015年山东省公布的贫困村名单中，太河镇贫困村数量为54个，贫困人口达2788人，分别占到淄川区的51%和16%。广大村民迫切需要打破封闭的经济发展环境，利用地域生态资源创造社会经济价值，改善生活水平。在强烈的民生需求

图6-18　峨庄片区的张春兰绣楼（左）与石砌民居（右）

资料来源：作者整理

下，政府也寄希望于发挥乡村生态旅游在转移农业劳动力、增加农民增收渠道、改善农民生活条件、带动当地经济发展方面的积极作用，为地区脱贫致富找到切实有效的途径。

6.3.2 峨庄片区乡村旅游发展模式演进与特征

当前，太河镇镇域范围内已开发建设有潭溪山、齐山、云明山等特色景区和上端士、响泉等传统村落，基本形成集休闲、度假、观光旅游于一体的乡村旅游功能片区。峨庄片区在2017年被国家旅游局评选为“中国乡村旅游创客示范基地”，乡村旅游对社会经济发展的贡献不断提高。而回顾地区旅游产业发展历程，可以按时间先后划分为前后两类模式。

6.3.2.1 个人主导的乡村旅游发展模式：以土泉村为例

据传村庄东岭有泉破土而出，故得名“土泉”。村庄选址于南北两山之间的山谷，沿谷底的小溪呈东西狭长的“一”字形布局。旧村内民居建设因地制宜、高低错落，6座形态各异的小石桥跨越溪水，泉眼、石碾、晒场等生活劳作场地散布其间。围绕村庄形成两条主街，成为联系外部的主要道路，南北两侧主街分别有千年流苏、古槐一棵。其中，伫立于村东南的古流苏树有“齐鲁树王”的美誉，据传是战国时齐桓公小白为纪念悬羊山一战以寡敌众、智取王位而亲手栽种。该村虽有600余年发展历史，但因地处深山僻壤，对外联系不便，村中社会经济发展十分缓慢，村庄规模与形态始终变化不大。直至20世纪70年代末经济水平改善，翻新和新建住宅的活动逐渐增加，村庄开始跨越主街并依坡势向南北两翼展开。但因考虑坐北朝南的采光、排水效果更佳，村庄居住空间在北侧山坡拓展速度明显超过南坡。与此同时，农业耕作空间则不断向山谷东侧地势相对平坦的地方推进，生活与生产功能之间的空间距离不断拉大。

作为典型的山区乡村，土泉村一直以来都属于一个封闭、集聚的生产生活单元。20世纪80年代前后，峨庄河整治工程与淄中路（原名洪峨路）建设完成，村庄与周边城镇的联系加强，村西紧邻水体与道路的地块区位价值凸显。90年代中后期，村中经济实力强、颇有经营头脑的王姓村民利用村东条件较好的耕地置换道路一侧的自留菜地，投入2万余元建成了村中第一座对外营业的“农家乐”。该饭店日常由夫妻二人打理，饭店出售菜品的原料基本为自家土地出产的应季作物和蔬菜，不仅降低了经营成本，还变相提升了农业劳动的经济效益。进入21世纪，政府加大对峨庄乡村旅游的支持与推广，城市游客的增加为偏远山村的发展带来了新契机。该村民大力宣传推广村庄的传统民居资源，与周边城市

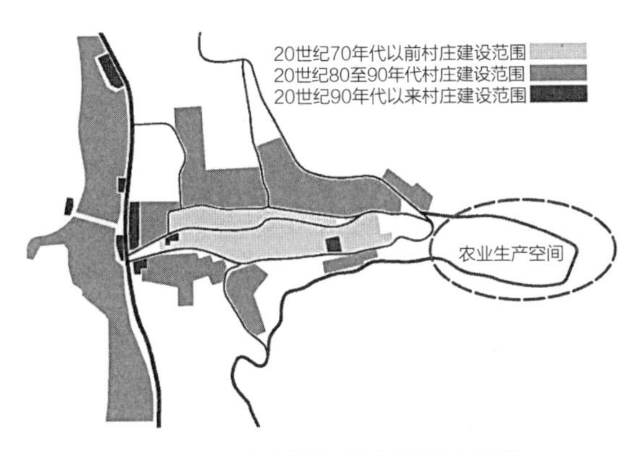

图6-19 土泉村聚落空间形态演进

资料来源：作者自绘

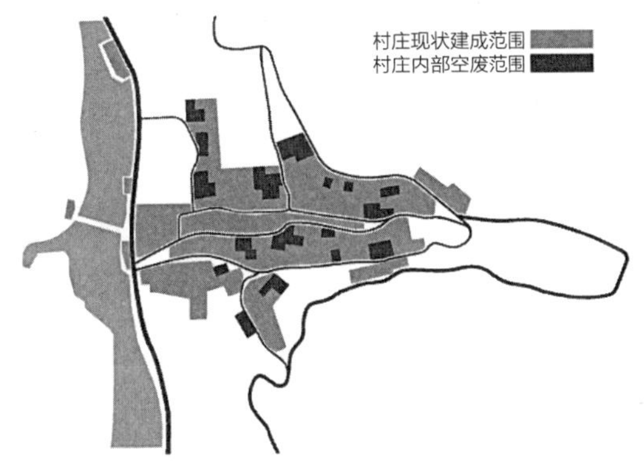

图6-20 土泉村“空心化”状况

资料来源：作者自绘

的山东师范大学、山东理工大学等长期合作，发展为高校写生基地，扩大了经营范围与内容。为此，他利用前期经营积累的资金，将原有房屋翻建为可容纳30多人住宿的三层宾馆，配套建设了食堂、浴室等设施。在该村民的示范带动作用下，拥有淄中路两侧自留地的农户陆续建设了若干农家乐，催生了村庄的“马路经济”（图6–19）。

虽然土泉村乡村旅游产业出现和发展的时间较长，但其对村庄整体发展的带动作用十分有限。目前，村中长期从事旅游经营活动的农户有7家，其中仅有村西的4家从事对外经营项目，在重要节假日和写生团体进驻时雇佣少量村民帮忙照顾生意。这样估算下来，可能从旅游产业中获得收入的村民数量仅占村庄的5%～10%。村中绝大多数年轻人仍然选择外出打工，常住的务农人口年龄多在40～60岁之间，村落的空废化问题严重，比重在20%左右（图6–20）。以个人为主导的经营方式难以实现对乡村生态资源的高效利用。另外，虽然2002年由政府相关部门牵头和组织成立了“峨庄瀑布群旅游发展有限公司”，专门负责峨庄河水域旅游产业的开发与运营，打造地区产业名片。但是，该公司属于个人全资公司，并未对沿线村庄已有旅游资源形成高效整合，仅是每年向沿线各村缴纳金额有限的资源利用费，对村庄发展难有贡献。

6.3.2.2 集体参与的乡村旅游发展模式

土泉村开展的乡村旅游实践，是峨庄片区利用地域生态空间资源推动地区发展进行的初期探索。虽然取得的经济效益十分有限，但更大的意义和作用在于为周边村庄发展提供了有益的借鉴，促成新的发展模式出现。

1. 合作经济组织引领：以柏树村为例

柏树村位于淄川区太河镇西北，2016年获选为国家级古村落。村庄得名是因村旁有古

图6-21 柏树村鸟瞰

资料来源：作者整理

柏一株，据传是春秋时鬼谷子（王禅）的两徒弟孙膑和庞涓在学艺期满、各奔前程时共同栽下。由此古柏所在的高地俯瞰，村庄的古朴面貌一览无余，景致十分别致（图6-21）。但柏树村是太河镇出了名的贫困村，全村381人中常住人口仅剩150多人，且其中的贫困人口比重高达26%左右。村民的经济收入与生活水平较为落后，村庄发展动力明显不足。

2016年，柏树村村民自发组织成立大柏树乡村旅游合作社，希望用现代化更新理念与方式，挖掘传统村落的人文、自然资源的价值，逐步改善村庄的落后面貌。虽然合作社成立时间较短，但其在组织运营中采取的相关做法十分具有代表性和借鉴意义。

第一，多元资源要素的整合利用。自成立初期，合作社便采用多种方式整合村庄可能利用的各类资源，拓展开发乡村旅游产业的资金来源和空间条件。一方面，合作社最初是由20位发起人，以每人2万元现金入股的方式募得40万元启动资金。而从成员来源来看，发起者包括17位虽在城市工作生活但心系家乡建设的“新乡贤”，2位本村常住村民，以及1位邻村村民，城乡力量共同构成地方发展的原始动力。另一方面，为集中利用与开发村民手中的闲置房屋，合作社按照统一标准对农户的房屋和院落进行分类估价，进而折算为股金收储于合作社（表6-5）。目前，合作社以法律合同的形式收储房屋30余套，获得它们30年的使用权。

大柏树合作社房屋折算股金标准　表6-5

分类	特征	折算金额（元/平方米）	
		房屋	院落
A	房屋结构、功能十分完整	10	1
B	房屋结构、功能相对完整	8	1
C	房屋结构破坏严重，缺乏厨房、厕所等生活功能	5	1

资料来源：作者根据调研资料整理

第二，经济效益与社会效益并重。参与合作社的乡村精英们认识到，合作社组织不仅是发展农村经济、提升农民收入的重要载体，更应成为村民社会保障的重要组成部分。为此，旅游合作社逐步将村内年龄超过70岁的老人发展为长者社员，规定每人仅需出资2000元，便可在年底获得相关福利。在合作社成立的第一年，每位长者社员便获得300元现金分红，以及水果、米面等福利。在村中老人获得真正实惠的同时，住区尊老敬老的传统美德与氛围得以延续，推动了村庄的社会文明建设。

第三，组织管理的现代经营特征。参照《农民专业合作社法》的相关规定，合作社建构了相对完善的组织结构，通过召开社员大会从成员中选举产生理事会与监事会。其中，前者包括理事长（1名）和常务理事（8名）；后者包括监事长（1名）和常务监事（10名），分别负责执行和监督合作社的日常经营活动。在处理合作社与村集体的关系问题方面，柏树村提出“经营目标共同体，服务理念一体化”的原则与目标。合作社与村集体行为均应以推动村庄社会经济建设为共同目标，但村书记与村委只能以常务理事的身份参与到合作社日常的经营管理之中，合作社相关决议必须是社员集体讨论的结果。这样既避免了行政意志过多介入与干扰市场经营活动，还保证合作社能够获得村集体的足够支持。

第四，高度重视规划的引导作用。调研中发现，峨庄片区乡村旅游的发展普遍缺乏规划指导，造成村庄发展的思路不清、开发盲目等问题。在柏树村旅游产业的开发中，镇政府牵头下村集体与合作社共同邀请专业的规划设计团队进驻村庄①，为乡村建设提供专业的设计和咨询服务。区别于传统的物质空间规划，柏树村规划工作的重点首先在于输入“经营乡村”理念。通过广泛开展公众参与、宣传培训等工作，突出合作社在整合与活化村社内部资源、增加村民财产性收入工作中的主体地位，恢复村民自主建设村庄的能力与意识。在此基础之上，空间规划指导功能与业态落地与实施。遵循低影响开发的设计原则，村庄规划延续村落的空间肌理和历史风貌，逐步融入外部社会需要的现代休闲旅游功能。

① 比如总共120万的设计服务费，分别由政府资助30万、村集体资助70万，剩余由合作社支付。

比如提升重要景观节点的品质，通过就地取用木石材料，打造空间开敞与自然水土的亲密联系，保证绿化工程与传统村落风貌的一致；沿主要道路整理村内闲置场地，修建游客集散中心、公共厕所、停车场等配套设施，提升村庄旅游服务功能的承载力；重点改造6户合作社收储闲置房屋，主要采取在院落中种植有机瓜果蔬菜、增建公共交流区域，在屋内进行整体翻新与改造等措施提升住宿条件，为后期村民自行建设民宿提供样板（图6–22）。

图6–22　柏树村主要功能节点建设概况

资料来源：作者根据调研资料整理

2.“企业+村集体+农户”模式：以西石村为例

西石村是太河镇峨庄国家级古村落森林公园的西大门。该村常住居民515户1400余人，属于片区内规模较大的村庄。过去的西石是出名的穷村，是淄川区扶贫改革试验区薄弱村的试点单位。自2015年西石村召开村民大会，统一大力发展旅游的建设思路以来，利用政府扶贫、环保等扶持政策与地域绿水青山、传统文化等优势资源的深度结合，探索出一条保护与开发、乡村旅游与精准扶贫融合发展的道路。

2016年初，村庄通过出台一系列还乡创业激励政策，成功吸引3位在外打拼的年轻人返乡创业，投资210余万元改造7节“退役”的火车车厢，建成了集餐饮住宿为一体的“西石驿站”旅游项目。在“五一”等重要节假日期间，该项目每日接待就餐人数可达800多人次，迅速提升了西石乡村旅游品牌的知名度。在发展旅游初期获得的经济效益刺激下，西石两委接受了村支书兼主任张学保的建议，决定成立“水乡西石”旅游发展有限公司，利用村办企业整合各类资源要素，支持旅游产业发展。以此为标志，西石村旅游产业进入快速发展阶段。期间，推动西石乡村旅游的建设资金来源主要包括3个部分，上级乡村治理专项资金（1150万元）、镇扶贫资金（200万元）和本村村民入股资金（1元/股，合计428万元）。利用上述资金，西石村首先推动峨庄河一线西石湿地公园保护与建设项目，为发展旅游产业打造独特的自然和文化景观。以此为基础，公司先后投资500万元建设全市第一条观光小火车，投资300万元建起水上漂流、儿童水上乐园等娱乐项目，形成以火车和亲水为主题的游乐园。2017年，运营不到半年的“水乡西石”旅游项目在扣除运营成本后获得利润38.4万元，创造了当年投资、当年运营、当年分红、当年脱贫的“西石速度”。

按照本村村民8%的分红比例计算，仅公司向每个村民赠送的500干股，就可为每人分得40元。而折股量化后的200万镇扶贫资金，则以年7%的固定收益分红方式，带动周边21个村庄的524名贫困人口每年增收263元。此外，村集体还利用乡村旅游经营带来的100万元的经济收入，先后完成蓄水池修建、道路硬化翻新等工程，改善村庄基础设施的建设水平；支付村庄70岁以上老人的医疗保险和小学生的校车费，提升村民的幸福感和社区认同感，取得了良好的社会反响。

综上所述，无论是柏树村创造的“以房养老”模式，还是西石村形成的“股份经营”模式，二者均是以合作社或集体企业等经济组织为媒介，将当地生态资源优势与外部资本要素联合开发，推动乡村差异化发展与空间功能重构。旅游产业的兴起不仅拓宽了地区建设资金的来源，更为有益的是经营活动促成了村民现代意识的觉醒，改变了“等靠要”的落后思想。乡村发展由被动输血转向主动造血，形成强力的持续增收能力，综合提升了住区的配套设施与社区氛围。

6.4 讨论："外拉—内推"的乡村住区重构路径

结合理论分析提出的城乡统筹阶段乡村住区空间重构的目标和层次，以及实证研究归纳的住区发展多样性和重构差异性，本书提出"内外联动"的空间重构路径（图6–23）。整体而言，空间规划构成住区空间重构的外部拉力，其中新时期的规划将基于类型差异产生的多元发展诉求，从优化存量空间和城乡合理分工两方面入手保障要素供给的质量，在此基础之上发挥规划的公共政策，加强发展决策和项目实施阶段公共参与的程度，保证规划的科学性和可操作性，切实维护农民的主体利益；自主建设需求将从内部推动住区空间重构，住区村社自治能力的提升将有助于改善存量资源利用状况和集体经济发展水平，建构地区可持续发展的长效机制。

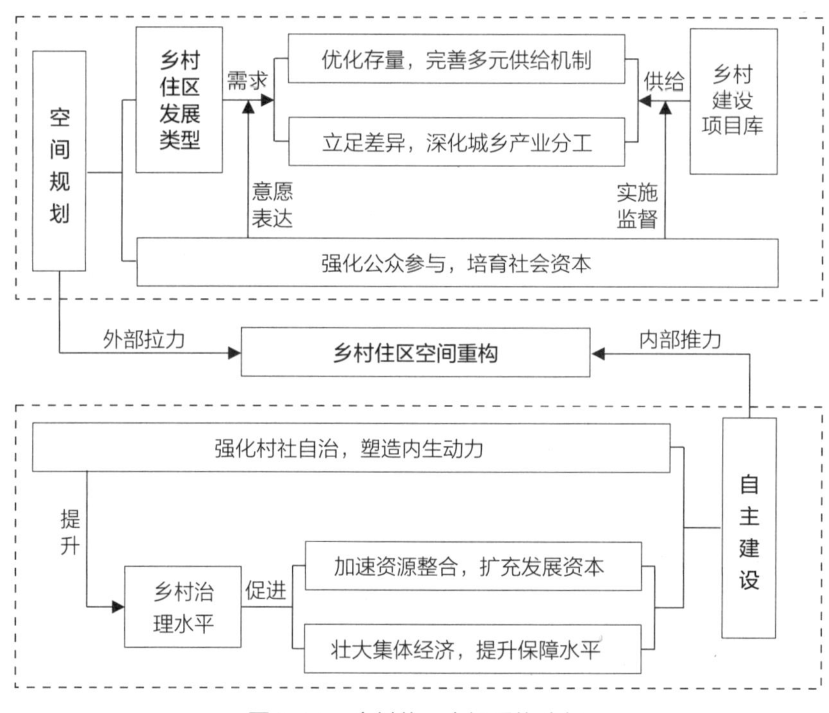

图6-23 乡村住区空间重构路径

资料来源：作者自绘

6.4.1 外部拉力：空间规划的引导路径

6.4.1.1 优化存量，完善住区体系建构

随着内外部环境的深刻变化，传统城镇化的发展模式难以支撑我国社会经济的长期可持续发展。因此，国家在新的发展阶段提出了供给侧结构性改革的调整思路，通过“看得见的手”矫正要素配置和加快结构调整，提升社会生产力的发展水平，促进经济社会持续健康发展。新时期，城乡建设活动已由“增量扩张”转向“存量挖潜”，不再片面地从经济增长角度配置资源，转而注重发展质量和落实以人为本，强调兼顾经济效率和社会公平。乡村空间重构同样需要摆脱对传统发展模式的路径依赖，在发挥空间规划优化土地资源配置方式、利用结构和效率的基础之上，通过宏观调控存量空间完善人居系统和聚居格局的建设。

1. 以增量供给优化存量体系的建构

1）以“底线思维”完善分区管控

由于过分强调土地对经济发展的支持作用，传统发展模式极易出现利用有限的土地资源换取短期经济增长的弊端。而广大乡村自然生态资源禀赋优越，拥有大规模的绿色生态空间和农业生产空间，构成了区域发展的生态本底，所以乡村住区空间重构不能片面关注建成环境，非建成环境及其承载的生态、生产功能同样是保证住区系统功能完整的重点。新一轮乡村空间重构必须以后顾性的底线思维（Bottom-Line Thinking），建构可持续的空间管制模式。其中，应主要利用生态底线严格保护区域自然基础和生态格局，设置建成环境的增长边界弹性控制各种空间开发活动（图6-24）。

2）协调供需矛盾，优化体系建设

城乡统筹阶段，乡村住区空间重构应调整早期的以市场需求确定土地供应的“以需定供”方式，基于住区的发展水平和重构趋向优化土地空间资源配置，在动态调整存量土地的资源配置和利用结构过程中，达成优化人居系统建设的深层次目标，夯实农业与农村发展基础。具体而言，空间规划应按照“以供调需，以增优存”的供给策略，合理引导土地、资金和项目等资源要素的流动。首先，应建构“县城—乡镇—中心村”为主体城乡节点体系，发挥增长极核对周边乡村

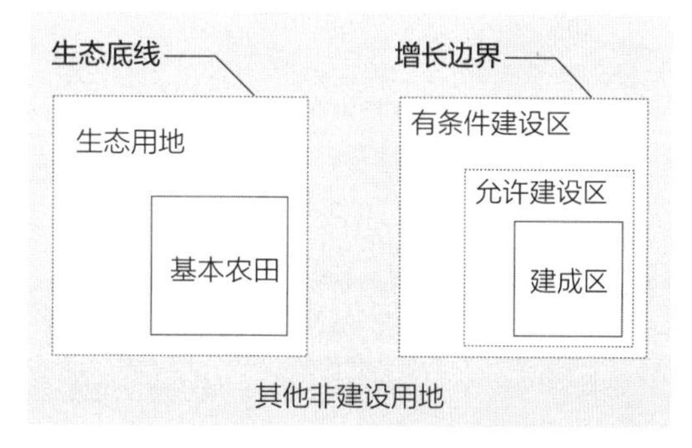

图6-24 空间管制下生态底线和增长边界关系

资料来源：作者自绘

腹地的辐射、扩散作用。尤其在乡镇域层面，建设活动活跃、人口稳定增长的发展热点地区属于产业经济建设的重心和公共服务供给的中心。应在加大土地集约利用的调控力度同时，制定相对宽松的土地供给条件，预留农村要素功能、空间位置向城镇转移的空间，推进地区农村城镇化的进程。其次，对于广大非热点发展地区的一般乡村，普遍存在人口流失、经济落后、空间闲置等收缩问题，需严格管控建成区规模和土地要素供给，其中对于人口锐减、耕地不足的村庄（如空心迁并型）等冷点地区，建议以直接迁并方式改善日益衰败的落后面貌；具备一定发展条件但动力不足的村庄（如农业衰退型、工业衰退型等），侧重于通过用地整理和增减挂钩，逐步将节余建设用地指标流转至空间需求强烈的地区，为利用自身禀赋条件、推进产业结构调整积累启动资本，推动上述村庄分化为社区聚合型或农业居住型村庄，部分成为发展水平较好的中心村（图6-25）。

2．以增量供给完善存量的人居功能

乡村始终是城乡人居环境的重要组成部分，承载着整个社会的家园记忆，蕴含着巨大的生态与人文价值。因此，看待乡村发展问题不能仅从提升资源利用效率角度采取“一刀切”的整治思路，住区空间重构应将村庄发展的特征和需求作为存量更新的重要依据。特别是公共物品的供给，在巩固“社会主义”的资源回流渠道和反哺机制，按照“少取多予”方针扩大公共财政支持乡村发展力度的同时，尽量避免上级部门转移的财政资金因指定专门用途而“专项化”，或大量被积累基础较好村庄吸纳，或异化为非农经济发展资金。空间规划应尝试配合和优化当前以“项目制”为核心、分级向下输送的资源组织机制，提升上级政府与基层村庄间的供需匹配程度，防止因标准化和全覆盖产生无效、低端的供给。

结合前文归纳的乡村住区空间重构的典型类型，可从生产、生活和生态功能演进的角度出发概括各类住区的发展特征和重构需求。如表6-6所示，城镇聚合型和稳定居住型住

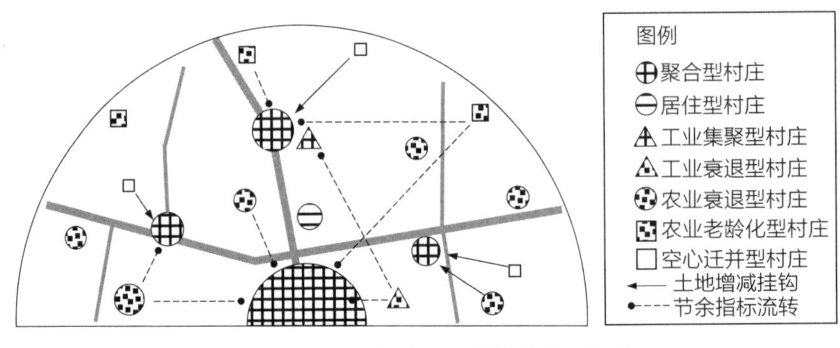

图6-25　区域统筹土地资源利用示意图

资料来源：作者自绘

区社会经济与配套设施的建设相对完备，前者需要保持经济健康运行以带动就地城镇化，后者则维持原有的乡村聚落面貌，需要重视生活服务设施建设；村庄聚合型住区一般是具有城镇景观特征的社区型村庄，配套设施建设水平超前，但需要加强产业融合以保证经济可持续发展；工业集聚型住区的工业经济活跃，应注意加强基础设施建设，避免因过度追求经济效益而付出环境污染的代价；工业、农业衰退型住区和农业老龄化住区的问题主要在于经济发展水平较低，其中衰退型村庄应通过输入生产型项目，恢复、推动现代农业和集体经济的发展，老龄化住区则可利用区域生态资源，从特色农业和旅游服务业入手创造经济增长点；至于各项建设均处于相对落后状态的迁并型住区，可在征求村民意愿的基础之上通过异地或就近搬迁的方式改善村民的生存条件，难点在于通过社会服务、就业谋生和社区建设等工作实现真正的安居。总之，空间规划应辅助和支撑乡村公共物品的供给侧改革，积极回应农民基于发展现状和自身意愿形成的多样化诉求，建构基于存量水平和重构需求差异的供给方式，保证输入的项目针对性强、实施效果好。

不同重构类型乡村住区项目供给示意　　表6-6

空间重构类型	分类		城镇聚合型	村庄聚合型	稳定居住型	工业集聚型	农业衰退型	空心迁并型	工业衰退型	农业老龄化型
	特征		相对均衡	生活超前	相对均衡	生产超前	生产滞后	整体滞后	生产滞后	生态超前
主要项目类型	生产服务	农业	△	▲	▲	△	▲	▲	▲	▲
		工业	▲	▲	△	▲	△	△	△	△
		服务业	▲	▲	▲	△	▲	△	△	▲
	生活服务	教育	△	△	△		▲	△	△	
		医疗	△	▲	▲	▲	△	△	△	▲
		文体	△	△	▲	△	▲	△	△	▲
	基础设施	交通	△	▲	▲	▲	▲	△	△	
		水利	△	▲	▲	▲	▲	▲	▲	△
		环卫	△	▲	△	▲	▲	△	▲	▲
		能源	△	△	△	▲	▲	△	▲	▲
		给水排水	△	▲	▲	▲	▲	△	▲	▲
		电力电信	△	△	△	▲	▲	△	△	△

注：▲主要供给内容；△次要供给内容

6.4.1.2 立足差异，深化区域功能分工

1. 宏观：完善城乡分工体系

长期以来，城乡分割环境形成的制度壁垒始终阻碍生产要素的自由流动，导致城乡产业相互独立且关联度和分工协作水平低下。城乡产业部门呈现“全能企业”发展倾向，造就了我国特有的产业分工与空间布局体系。一方面，城市产业占用大量区位较好的城区地段，且对周边乡村腹地的发展缺乏带动效应；另一方面，乡村产业（主要是乡镇企业）长期陷入孤立、封闭的发展状况，既缺乏集聚经济效应，又难以拓宽市场销售渠道。在此背景下，建立合理的城乡产业分工与协作体系，促进城乡空间布局与城乡产业体系、产业组织体系三者协调发展的局面，成为提升社会生产力和弥合城乡差距的必然要求。

进入城乡统筹阶段，土地、户籍等制度性分割因素瓦解，城市与乡村的社会、空间分界日渐模糊，二者差异主要表现为地域空间的职能和特色。作为非农人口承载主体的城市，发展目标主要是保障城镇社会经济发展的空间需求；乡村则是城市的腹地，承担资源供给、粮食安全、生态涵养等支撑功能同时，还需满足留守人员生产生活的需求。因此，应从全局出发将城市及其周边广大乡村纳入到产业一体化建设之中，按照“城市—乡镇—村”三位一体的规划层级，通盘安排土地、人口、基础设施和生态环境等各项建设内容，引导各方依托资源技术优势，选择相对合理的主导产业，避免产业同质和过度竞争。如图6–26所示，理想状况下城市地区的产业部门应以培育核心竞争力为目标，通过建立服务业、制造业等多样且富有活力的上游产业中心，承担协调区域交易和生产的职能；乡村地区的乡镇和村庄主要承接城市产业链条下游端的劳动或土地密集型环节，以及粮食、原料等生产功能。

2. 微观：丰富乡村经济形态

为了应对城乡产业结构调整及其引发的空间要素重组，乡村住区规划应摒弃“城市本位”思想下形成的乡村改造思路，秉持“尊重城乡差异特征，并为双方提供平等的发展机会”的一体化观念，选择适合自身禀赋条件的经济建设。

具体而言，乡村地区职能调整与产业分工的重点在于乡镇与村庄两个层级。其中，乡镇处于城乡体系中“城之尾，乡之首”的战略节点，理应发挥联系城乡的纽带作用。但现实情况中，原本基于人口梯度转移和公共服务供给确立的“镇—村”关系逐渐疏离，乡镇发展陷入被自由流动的城乡要素“跨越”的困境[259]。正因如此，国家于2016年大力推行特色小镇战略，试图利用特色化发展道路重塑要素双向流动机制。未来乡村住区的发展应适应政策调整的趋向，恢复乡镇在“城市—乡镇—村”结构体系中的话语权。其一，挖掘

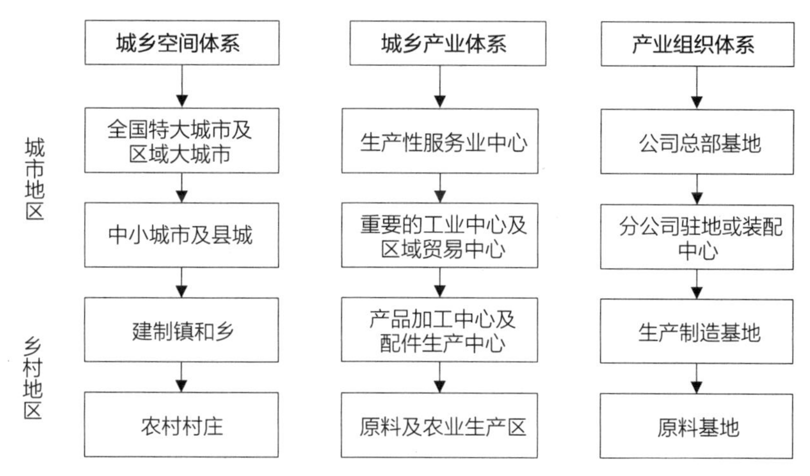

图6-26　城乡空间布局与城乡产业的协同发展

资料来源：作者自绘

本土特殊的禀赋条件，承载城市外溢的资金、知识、技术等新兴要素，通过二者的融合与重组培育地区产业经济中心。例如部分乡镇可凭借早期工业化积累的乡镇企业，发展城市工业部门的配套、外包产业，成为城市工业扩散和延伸基地。其二，通过向乡村提供更具社会价值的就业机会和公共服务，促成农村家庭成员在合理空间范围内就业，推动人口有序集聚和土地集约使用，在“工业反哺农业”和“城市带动乡村”的过程中达成宜业宜居的建设目标。

至于广大的基层村庄，虽然其产业发展对国民经济增长的贡献十分有限，但国家将“产业兴旺”作为乡村振兴战略实施的第一要求，看重的是经济建设对于拓展农民就业增收渠道，建设美好乡村的物质意义。而不同空间重构类型的住区在调整和优化产业结构时，可参考现阶段创新发展模式的经验，选择多样化的选择与思路（表6–7）。概括下来，其产业发展的空间引导策略主要包括两方面内容：

第一，依靠土地整理形成规模经营。未来，土地整理活动将不断提升乡村住区空间的集约利用水平，进而加快地域产业的规模经营。农业方面，首先要从粮食安全的战略高度出发，在区域层面划定适合耕种的永久农业地区，明确财政支农、耕地保护、科技投入和基础设施建设等措施的实施重点。其次，结合不同类型住区的发展状况和土地整理特征，逐步推进农业现代化和适度规模经营，在“一低一高”[①]的结构转换中实现低质低效农业向高质高效农业转变。比如衰退型村庄可利用建设用地复垦的新增农地及其指标置换的

① “一低”指农业对于国民经济增长中重要性降低；“一高”指农业现代化水平提高。

基于类型差异的乡村住区可能发展模式　　表6-7

		生活		生产			生态
		宅基地腾退	共享农宅	现代农业	经营性建设用地流转	农村电商	乡村旅游
H-H型	城镇聚合型	▲		▲			△
	村庄聚合型	▲	△	▲	▲		
H-L型	稳定居住型		△	▲		△	△
L-H型	工业集聚型	▲		△			
	农业衰退型	△	▲	▲	△	▲	
	空心迁并型	▲	▲	△	△	△	△
L-L型	工业衰退型			△	▲	▲	
	农业老龄化型	△	▲	▲	△	△	▲

注：▲主要选择 △次要选择

返还收益，加快发展规模农业（图6–27），进而通过农业与农资生产、商业部门的分工合作，建构统一的农产品供销环节及利益分配，形成产业化的经营格局。

第二，强化城乡联系培育特色产业。伴随城乡交通信息设施网络的完善，城乡之间互动交流增多，农村僵化、封闭的经济组织状态不断松动，日益成为一个开放的创新系统。例如相对传统的乡村旅游和新兴的农村电商，前者主要通过挖掘村庄自然人文特色资源，应对城乡居民消费的全面升级；后者则颠覆了生产力发展对交通区位的依赖，恢复和推动乡村产业升级同时，增强了村庄的生产生活功能，二者均为产业经济建设提供了新途径。

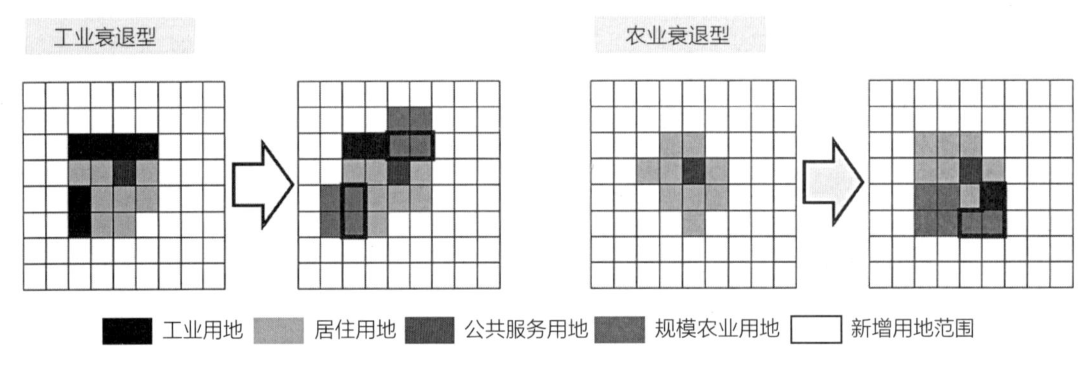

图6-27　衰退型村庄空间重构与产业升级示意图

资料来源：作者整理

6.4.1.3 强化公众参与，培育社会资本

如前文4.3章节所言，社会资本不再局限为个人利益增加的手段，而是更多的与公共政策、集体行动发生密切的联系。罗伯特·D. 帕特南（Robert. D. Putnam）的实证研究结果显示[260]，一个具备大量社会资本的社会共同体，主要通过主体参与网络、互惠规范和人际信任等结构和条件，促成成员为共同利益进行协调与合作（图6-28）。其中，公众参与网络中的主体将在普遍互惠规则约束下进行交往，并且不断修正自利行为，提升网络和个人的信任度；人际信任则是各方参与主体能否达成“公共”妥协、形成自发性合作、克服集体行动困难的关键。

其实，我国乡村既有的社会运行规则与社会资本的作用机制之间存在天然的契合。经过漫长的社会化生产，我国乡村基于传统关系网络（如血缘、地缘、业缘等）形成了多样的资源组织结构（如家族、生产队、村民小组等），相互叠加、交织共同构成社会生活网络。利用此社交网络，成员进一步与他人熟识、交往，并且逐步以道德品行、口碑声望、辈分见识等形式，建立以身份认同为标志的普遍信任，融为村庄社会资本的一部分。这成为早期乡村在没有外力协助的情况下，农民仍能通过自主组织与合作处理内部事务的内源性动力。然而受城乡人口流动加剧、市场影响扩大等因素的影响，传统乡村社会关系网络及其道德、价值体系逐步解体。这就需要乡村规划发挥自身公共政策属性，在尊重和挖掘地方社会场域的特殊资源前提下，嵌入更加符合现代转型与地域重构趋势的社会要素，恢复社会信任水平和集体行动能力。

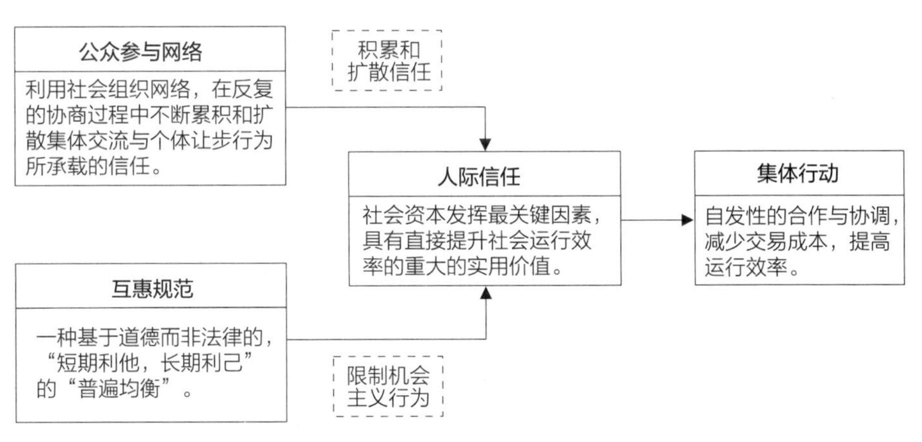

图6-28 社会资本解决集体行动困境的机制

资料来源：作者自绘

1. 搭建公共参与平台，重塑关系网络

分析现行的乡村空间重构活动，尽管相关规划与建设已经愈发重视主体参与地区转型发展过程的重要性，但因为一时间难以脱离“城市立场”的思维惯性和提升农民淡薄的参与意识，衍生出“闭门造车”“脱离实际”“实施困难”“特色丧失”等问题。分析建设预设目标难以实现问题产生的原因，很大程度上是由于规划过程缺乏对农民意愿的充分尊重，建设活动不能较好地满足当地乡村生活生产的实际需求。虽然最近颁布的《城乡规划法》中，明确规定乡村规划编制应坚持“从农村实际出发，尊重村民意愿”的原则，并及时对外公布依法批准的编制成果，但这也仅是为农民参与乡村规划的“合法性”提供依据。因此，参照现阶段较为成熟的做法与经验，乡村发展建设中应着力搭建平衡不同主体利益诉求的平台，通过优化公众参与的模式与机制，改善当前有限、象征性参与的状况（图6-29）。

首先，该平台建立的重要意义在于为各方利益主体建构了一种协商沟通机制。其中，规划部门与人员利用自身专业理论与技术，通过描绘一种共同的“社会想象”，促成发展中乡村内外主体形成公平、和谐的利益关系；内部原本因高流动性形成的原子化、疏离化社会将得到有效整合，解决因非政府组织对县域以下层次的事务覆盖不足而产生的村集体、农民主动参与发展决策途径有限的困境；外部地方政府公共物品供给将更加科学、有效，地方政府及开发商的逐利行为也可在博弈中得到限制。综上，作为一种城乡互动交流

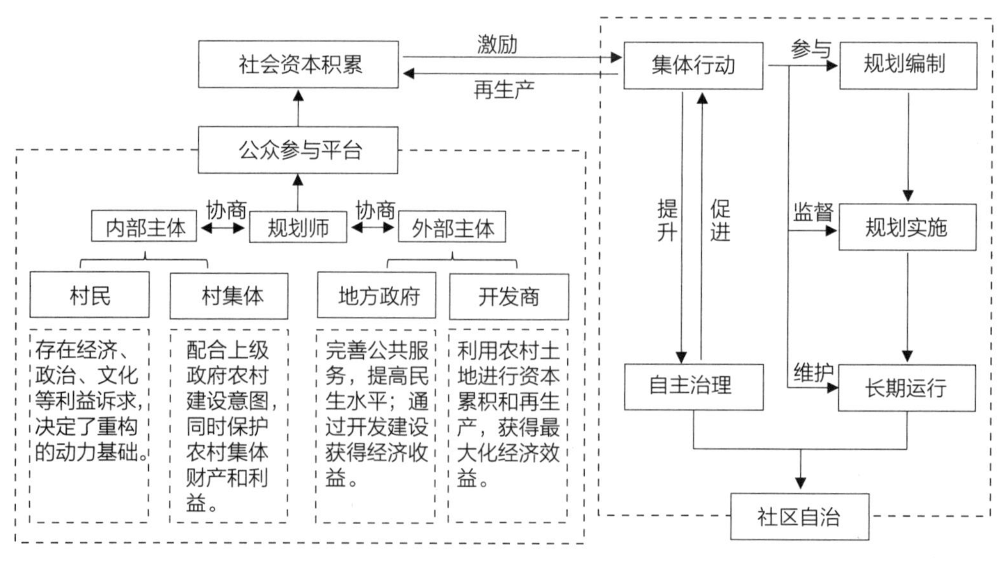

图6-29　公众参与平台推动村庄自治的机制

资料来源：作者自绘

的联结纽带，公众参与平台不仅能够重塑乡村地域的价值认同，促进城乡利益的再分配，还可以确立符合当地财力和农民承受力的规划与发展目标。

其次，平台建设还将借助深度的公众参与发挥赋权的重要作用。在多元主体博弈的局面下，村内的成员和组织会被调动参与到一系列的互动、协商环节，在相互妥协中累积彼此之间的信任，进而达成共识完成合作实践。在此过程中，社会资本积累将有效提升村庄集体行动的能力，二者相互促进的过程将激发乡村主体以参与、反馈和监督等方式，全面参与地方发展建设的前期调研、方案编制、落地实施等整体过程，强化农民在乡村建设规划过程中的话语权，进而切实保护其合法权益和价值追求，最终达成自治自理的长效发展目标。

2. 有效引导日常生活，培育公共精神

传统“乡村”向现代“住区”的转变不单纯是实体空间环境提升，还包括社会管理模式、日常生活网络和社会资源配置等总体运行机制的调整。而此转型过程也意味着村民所担任的社会角色发生改变，要求其突破人际链条和生活惯性的限制，拥有现代意义的价值观念和公共精神。

本质上，所谓的“公共精神”既是一种“政治利他主义”，又是一种“参与精神”。它将最大限度保证社会成员在自由意志和理性判断的前提下，选择超越个人直接功利的思想态度，以利他方式参与公共事务，是现代公民理应具备的一项最基本、最重要的社会公德。但是自改革开放以来，家庭联产承包责任制和市场经济的发展完善，虽然令农民获得更多的自由权利，但客观上削弱了传统权威，助长了个体意识。加之税费改革后，国家强制力退出基层乡村同时，地方政府未能顺利向服务型机构转变，加剧乡村组织弱化、治理水平下降问题。调研中发现，尽管村民复兴集体经济时代村庄繁荣与活力愿望强烈，但普遍因缺乏现代公共精神和社区意识再难凝聚成员合力，乡村发展陷入需求强烈与能力不足的两难困境。所以新时期乡村发展要适应政府开放管理与广泛公众参与孕育的宽松治理环境，挖掘和培育村民的公共精神，增强其社会担当和集体责任意识，促成“散沙化”的基层村庄转变为共同发展的“利益共同体”。

作为现代社会资本要素中互惠规范部分的基础思想，乡村公共精神的建构必然不会是一个速成的过程。但如同阿格妮丝·赫勒（Agnes Heller）在其著作《日常生活》（1970）中所言，日常生活才是“那些同时使社会再生产成为可能的个体再生产要素的集合”。社会整体性变革的出现在于“生产”个人成员，而个人成员的生产过程构成了日常生活。乡村公共精神的培育必须经历日常生活的自主生发、积久成习，演变为绝大部分村民的“自然”思维、态度和行为方式，从而成为真正意义上社会经济发展的人文动力。至于如何在具体的规划建设活动中，提升和改善公共精神匮乏的现状，笔者认为可从以下方面尝试：

第一，提升规划编制的包容性。规划编制要坚持“到位不越位”原则，提供空间技术支持与服务的同时，坚持开展广泛的意见征询，让村民在反复集体讨论过程中达成最大限度包容的“理想”方案，培养主体为集体利益妥协和“求同存异”意识。

第二，强化利益共同体意识。规划村庄产业时应积极利用现有的集体经济或资产，创造村民与社区之间的共同财产关系，提升成员的共同体意识和凝聚力，为成员集体行动以及乡村治理创造社会支撑。

第三，创新规划内容，提升村庄发展软环境。保有传统规划的空间建设引导、产业项目植入、配套设施支撑等编制内容基础之上，利用“非正式规划”促进村民的“公共精神”教育。比如在现行法律制度允许的范围内，制定通俗易懂的村规民约，既可以规范和约束成员的行为态度，又能够提升成员的归属感和认同感，逐步推动“新熟人社会”的形成。

6.4.2 内部推力：自主发展的实施路径

6.4.2.1 强化村社自治，塑造内生动力

诺贝尔经济学得主阿马蒂亚·森（Amartya Sen）曾言，“贫困不仅仅是收入低下，而是基本可行能力的被剥夺。”[261]换而言之，由于缺少参与、决策自身命运的机会和能力，主体发展极易受外部环境的影响而遭遇困境。进入新时期，我国虽然通过开展“社会主义新农村”“美丽乡村”等战略，加大农村环境整治、配套设施建设、公共服务供给等方面的投入，迅速提升了乡村发展生产、增加收入的条件，但始终没有建构可持续的长效发展机制。症结所在就是乡村建设活动过分依赖外界“输血”，地方主体参与严重不足。而要解决“穿衣戴帽”工程存在的结构性问题，相关经验表明可以从资源性、制度性和文化性三方面入手，提升村社的自治自理能力。

1. 提升组织化水平，凝聚多元治理主体

乡村发展中遭遇的资源性困境主要指由于物质或非物质资料缺乏造成的发展问题。快速城镇化进程中，现代化与市场经济的持续作用导致城乡非均衡发展和乡村话语权丧失，支撑地域发展的物质要素不断流失的同时，村庄内部社会关系则在“去乡村化”过程中，逐渐丧失血缘地缘、乡规民约等维系村庄紧密联系的社会基础。这种变动趋势导致乡村丧失发展的主体权，农民处于无组织状态。村庄难以突破制约发展的资源瓶颈，通过动员村社成员和整合闲散资源，争取外部各类“项目”资金。因此，未来乡村的发展必须扭转日

渐无序的乡村社会，通过提升村庄经营资源的能力和水平，重新确立其引领住区发展的地位。

具体而言，建议转型期的乡村应发挥不同类型主体特征和作用，建构由村支两委、社团组织以及乡贤精英共同构成的复合型治理主体（图6-30）。其中，村支两委虽然在税费改革后公共服务供给的职能不断弱化，但在法律层面村党支部委员会是领导和支持村民委员会行使职权的核心部门，村委会是代表村民的办事机构和服务村庄自我管理的自治组织，二者相互支持与配合促成乡村发展与治理重心下移，强力保障各类项目的实施。而根据组织的性质及功能，牵涉乡村日常生产生活的治理主体还包括民间正式和非正式的社团组织。前者是以合作社为主的经济合作组织，主要通过生产合作为农民创造更多的经济收益，强化了以业缘为核心的组织化程度；后者包括各类行业协会、公益机构和文娱团体等，其组织的集体活动具有高效、低成本与低风险特征，更能调动农民的参与意愿，二者共同促进了村庄的集体行动，提高农民的组织化程度。此外，乡村精英同样是推动乡村各项建设的重要力量，主要利用自身权威与“能人效应”，调动更多的社会资源，引导地方达成发展共识，从而为整体村庄和个体农民创造更多的贡献和利益。多元组织主体在村庄发展中发挥着差异化的作用，建构了基于政府任命、经济福利和个人威望的“政治—经济—文化”三位一体组织结构和形式，适应了城乡统筹阶段乡村社会经济发展的诸多变动。非正式的个人或组织将配合官方的村支两委形成“多中心”治理网络，有效避免了“单中心”治理模式下极易出现的过度依靠行政权力或市场力量的弊端，更好地适应乡村繁杂的公共事务。且在非官方民间社会团体融入治理主体的过程中，增加的地位和权利平等的主体将极大拓展基层人际网络的“横向”关联，并在频繁的互动中加速社会资本的积累和增值，提升村民维护村庄整体利益的自觉性和行动力。唯有如此，才能真正解决“乡政村治”阶段基层政权控制外部资本和整合内部资源能力不足的问题，创造良好的治理秩序。

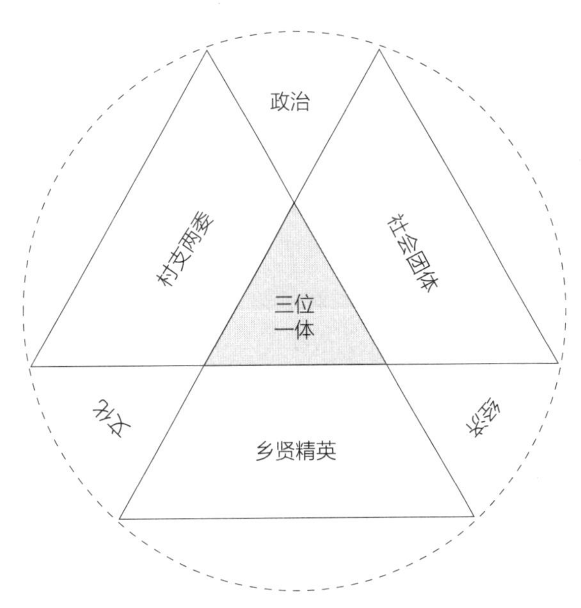

图6-30 乡村住区“三位一体”的复合型组织主体

资料来源：作者自绘

2. 破除制度性壁垒，提升村社博弈能力

乡村发展困境产生的重要原因，还包括因政策法规、部门规章等不合理和不完善而引发的发展障碍。尤其受土地、人口等城乡二元制度限制，乡村发展在一定程度上陷入“强迫性贫困”陷阱。如前文4.2章节中的描述，主体参与性的缺失导致村庄在下乡资本主导的城镇化建设活动中处于被动执行的境遇，外部企业则凭借自身强大的资本势力侵占支撑地方长期发展的资源和利益。所以，在强调充分挖掘、发挥乡村自身的资源禀赋与资本条件，激活乡村发展的内生动力的基础之上，还必须通过赋权消除剥夺地域发展资源和机会的结构性障碍，提升乡村在项目建设中主观能动性和市场竞争环境中的话语权，降低外部资本时空修复的冲击。例如，原有制度框架下村庄及农民主要拥有耕地承包经营权、宅基地使用权和村集体的经营性建设用地收益权，不具备完整的处置能力，导致土地利用效率低下且难以充分发挥真正的价值。为此，国家层面不断出台制度改革措施，消除因制度不完善产生的资源剥夺。特别是先期开展的以土地承包经营权、集体建设用地流转入市为主体的集体土地改革创新与实践，通过推动城乡一体化发展，促进土地资源的高效利用。

与此同时，多元化的非正式制度创新则成为支撑乡村发展的重要补充。第一，组织管理方面成立行业协会，防止同质化经营和恶性竞争引发产业衰败；第二，金融制度方面创建经济合作社，将筹集资金与社区保障体系挂钩，全面提升社会的福利水平；第三，深化“宅基地自愿有偿退出”机制，采取因地制宜、灵活处理、主体自愿、集体决策等方式充分赋予农民自由处置的权利；第四，重塑村规民约，在传统伦理规范、风俗习惯基础之上设定适应现代生活的行为准则，发挥其团结、组织和约束住区成员的作用。总之，完善的制度体系既能够调动各类组织积极参与乡村治理，又将合理分配主体间的权利与义务。

3. 增强共同体意识，转变乡村贫困文化

长期以来，二元分隔作用下城乡系统发展存在明显的“马太效应”，二者差距不断扩大。尽管国家层面出台了一系列支撑政策和战略目标，促进发展要素的配置由城市主导向乡村倾斜，但外部要素的巨大投入并未改变村庄积贫积弱的惯性。现实证明，扭转乡村整体衰败的局面，不仅依靠重组涣散组织、消除资源剥夺，还需要改变因长期深陷发展困境而形成的“文化贫困”。这种文化实际上是一种面对难以改善生活现状的变相妥协，一定程度上促进村民适应贫困环境，维持社会稳定，反之则不利于主体发挥主观能动性，甚至养成了部分农民的“等靠要”思想。针对上述问题，应当发挥发展建设中产生的溢出效应（Spillover Effect）①，在外部人力、物力和财力介入住区发展建设的过程中，利用集体共享

① 溢出效应是指某项活动，在开展的过程中不仅会产生活动所预期的效果，而且会对其他相关的人或社会产生的影响。

资产的利益捆绑特征和传统熟人网络的互惠社会资本等建构共生发展的基础，通过“一事一议”、村民大会等公众参与活动，增进村民共同管理集体资产的能力，提升家园共同体的群体关切和认同。在此基础之上，延续传统乡村社会的核心与根基，配合政府推动乡村发展的“一揽子”策略，建构乡村现代化的长效内生机制。乡村的现代治理改革和民主建设将提升基层群众对切身利益的关注，有助于社会公平正义和良好秩序的形成，增强村民的获得感、幸福感和安全感，降低发展转型中凸显的社会矛盾和治理成本。

6.4.2.2 加速资源整合，扩充发展资本

只有增强村庄资源整合能力和水平，才能解决发展要素匮乏的难题。根据当前乡村存在的主要空间资源类型，其整合路径主要包括整治农地资源、腾退建设用地与盘活自然人文资源。

1. 整治农业用地，优化生产空间布局

加快农业用地整治是提高土地利用效率与收益的有效手段。首先，人多地少，耕地后备资源不足是我国长期面临的基本国情。通过农地整理实现闲置农用地承包经营权的价值和效益，可缓解人地关系紧张下存在的抛荒、弃耕等浪费问题。其次，经营方式和耕作制度变革对于乡村农业经济发展具有至关重要的作用。相关数据显示，排除农产品价格上涨的影响，劳均播种面积对农民增收贡献的影响最大（表6-8）。所以，面对当前耕地不断减少的状况，农用地整理将有效提升碎片化耕地的集约程度，改善生产条件，提升耕作标准，降低生产成本，尤其是为农业生产力发达地区推广现代农业和经营规模创造条件，势必成为未来农业生产的主线。此外，伴随生产方式和经营模式的转变，在建设适于规模化、机械化经营的高标准基本农田同时，立足本地产业基础提升“六次产业化”程度。通

农民增收贡献率分解 表6-8

影响因素		2000年	2011年	变化	对农民增收的贡献
农民收入（元）		3146	9833	513	—
劳均播种面积（亩/人）		6.5	9.15	1.41	1.41
耕作条件	农作物播种面积（千公顷）	156300	162283	1.04	1.04
	农业劳动力（万人）	36042	26594	0.74	1.36
粮食单产（公斤/亩）		284.1	344.4	1.21	1.21
农产品价格指数		100	196.6	1.97	1.97

资料来源：作者整理自《中国统计年鉴》

过建设产品加工厂、产品批发市场、仓库物流公司等配套设施，在生产、加工、流通和销售等环节延伸农业产业链和价值链，建构多元化的现代农业生产经营体系，推动乡村向复合型生产空间转型。在此基础之上，乡村通过向城市居民输出优质产品和服务，增强城市居民对其地位和价值的认同。积累的原始资本则可通过内部循环进一步发展新兴产业和扩大本地就业，深化城乡协作与融合，实现共同繁荣。

2. 整理建设用地，优化城乡聚居空间

现阶段，土地整理的内容正由单纯的农地整理逐步向农地与建设用地整理并重转变。按照土地所有权及其性质，乡村住区建设用地整理的对象主要包括宅基地和集体经营性建设用地两类。前者的实现方式主要是村庄聚落在空间规划设计的引导下，结合退宅还田、“空心村”整治等工作，腾退闲置宅基地，提升聚落空间的集约水平；后者主要通过压缩散布于村庄田野间的占地多、效益差的乡镇企业用地。在具体的整理过程中，村庄最重要的土地资源得以转变为撬动更新改造活动的原始资本，推动区域居民点体系演进。合理的镇村体系布局将更加有利于政府组织和提供乡村缺乏的生活基础设施，特别是在当前农村人口流失、“留守问题”突出的情况下，可以利用整理闲置建设用地增配养老、医疗、教育等服务设施，弥补留守人群的基本生活保障与精神需求。

3. 盘活自然人文资源，修复生态空间

以往“新农村建设”过分强调农业增产、农民增收和农村经济发展，导致乡村特有的地域文化、民风民俗等因资本逐利性而被忽视，村庄原有的肌理和风貌遭到破坏。当今社会早已不再将乡村简单视为劳动力和土地的供应地，开始重视乡村生态空间中蕴藏的生态、文化价值。因此，应正视乡村的生态基底作用，积极引导修复地域独特的生态空间。首先应盘活乡村的自然资源。通过提高农民对乡村生态价值的认知，对乡村空间加以整治以挖掘自然资源的服务功能和观赏价值，满足人们对乡村景观的观赏和消费需求，推动“绿水青山”变“金山银山”。其次是盘活乡村的人文资源。乡村建筑形式、空间布局等均是农民长期实践与理性选择的结果，蕴含了乡村特定文化脉络，所以即使随着社会经济发展，村庄原有面貌发生了一定变化，但基本骨架仍然不会产生较大变动。总之，生态空间修复要充分考虑每个村镇自身的特色与优势，充分结合研究对象的现状条件，因势利导制定发展目标与保护策略，在完成自然要素整理、建成环境更新、历史文脉延续等核心工作的同时，综合开发田园环境中蕴藏的生态、经济、社会价值。

6.4.2.3 壮大集体经济，提升保障水平

快速的城镇化与工业化进程中，乡村社会面临解体的危机，表现出一种脆弱非稳定的

状态。而农村集体经济组织具有天然的社区性、综合性特征，担负着服务和保障本村生产生活的重要职责。首先，集体经济是乡村持续获得收入，防范破产风险的重要策略。大量研究结果显示，村集体经济收入与农民人均收入之间存在显著的正相关性。上述现象出现的原因，除了农民可以从股份制经营收益中定期获取分红外，更为重要的是集体经济的发展能够转变小农经济为基础的农业生产，通过提供本地就业建立农民增收的长效机制，支持农民生活富裕目标的实现。其次，除基本的经济功能外，发展集体经济的重要作用还在于它的社会保障作用。农村基础设施是农业生产和农民生活的基本保障，其状况直接影响农业的生产能力和农民的生活质量。尽管通过税费改革之后，我国乡村建构了“一事一议”的公共设施建设筹资机制，但该机制交易成本高且筹集资金数量有限，村内道路交通设施、公共卫生设施、小型农田水利设施等配套的建设、运营和维护仍然依赖村级集体经济组织。壮大村级经济实力，保障村庄基础建设和公共服务的需求，日益成为提升成员认同感和归属感，实现“有机团结”的有效路径。另外，集体经济组织还会通过补贴合作医疗、养老保险等社会保障项目，减少农民生活支出的同时提升主体的幸福感。虽然集体经济收益分红对居民收入水平的提升贡献有限，但其“非货币”保障功能为居民生存和心理安全提供的直接或间接保证，具有十分重要的意义。

目前，我国绝大多数地区村级集体经济发展不甚成熟，资本积累能力的欠缺使得村庄难以承担筹措“项目”建设配套资金、提升住区主体的生活福利的职能，制约了村庄的更新建设和社区营造。因此，现阶段发展模式的创新无不例外地采取多样化方式，发展集体经济组织和集体经济。主要做法和经验包括：

第一，明确资产权属，培育新型经营主体。一方面，现有法规对农村集体经济组织的性质地位和职责权限定义不明，导致其无法以市场经济主体的身份开展经济活动。另一方面，虽然集体资产属于村集体组织成员的共有财富，但其不仅涉及土地、房产、金融资产和集体企业等多种构成成分，还容易受产权关系变动、村庄人口结构变动影响，产生“人人有份却又人人无份”的产权归属不清弊端。所以，乡村空间重构过程应积极推动农村集体经济组织开展清产核资和资产评估、集体经济组织成员认定等工作，在明确产权归属、折股量化的基础之上灵活采用村企合作公司、农民专业合作社等经营形式，参与到市场经济之中。当然，在此过程中必须注意坚持集体经济组织的主体地位，在加深村庄和农民的参与程度同时，协调村庄自身与外部企业的利益关系，实现双方共赢。

第二，优化资产配置，拓展生产性经营收入。当前，农村集体经济收入的来源过分依赖不稳定和非生产性的土地征用补偿和政府财政补助。但能够获得上述收益的村庄，往往有明显的区位交通优势（如紧邻城郊、产业园或交通要道），或已具备较好的基本建设和产业集聚条件。相关研究指出，即便获得土地征收补偿的农民也存在因生产秩序破坏和缺乏集体经济而出现“短富返贫”的可能；发展经营性集体产业、获得持久的投资收益，才是对村民影响最大、最稳定的保障[262]。所以在进行土地整理与空间规划中，应主动采取腾退指标奖励、比例配套预留等扶持政策，为村集体非农产业发展提供空间。进而鼓励村庄利用掌握的土地、资金等资源参与社会企业投资，以获得长期的股份收益。

6.4.3 乡村住区空间重构的支撑策略

知往鉴今，乡村住区发展始终与城乡制度变迁存在密切关系，合理的顶层设计和制度创新将有效保障社会经济发展和空间有序重构。为应对接下来城乡融合发展的新格局，需要进一步深化制度改革与创新，清除不公和失当的不合理制度，适应城乡要素流动加剧的整体环境，保障与支撑社会经济重组和空间重构。

6.4.3.1 人：解除福利捆绑，培育职业农民

1. 推进户籍管理一体化改革

自新中国成立之初，我国施行城乡分割的二元户籍制度，限制农村人口盲目流入城市，降低城市工业化成本。现今，该制度已失去汲取农业剩余的功能，对城乡居民流动的限制也逐渐松动。早期形成的城乡壁垒反而加剧了城乡居民之间公共资源和社会福利的不平等分配，阻碍了正常的城镇化与社会发展进程。为解决城乡统筹阶段出现的流动人口规模持续高位与城乡二元割据并存的状况，户籍制度改革采取的重要举措是建立基于常住人口的居住证制度，为流动人口待遇的市民化提供了一个制度框架。新型户籍管理体制放宽了落户城市的门槛，赋予外来人口更多公共服务和权利，有效改善了他们异地生存的条件，缩小了进城农民与城市居民之间福利保障的差异，为城乡社会一体化建设指明了方向。

当然，政策改革是一个逐渐释放的过程，目前采取的过渡性安排对外来人口仍然存在身份标识的意涵，带有一定的针对性和局限性。例如，地方在制定“积分落户”政策时会在购房居住条件、社保纳税状况等方面做出特殊限定，一定程度上将大量底层社会流动人口排斥在外。因此，接下来应继续推进和深化以打破城乡割据为目的的户籍制度改革，按照社会公平原则保护外来人口特别是进城、失地农民的权益，渐进式的解除核心福利（住房、就业、教育、医疗等）与户籍制度间的捆绑关系。通过为全体社会成员创造公平的发展环境，促进城乡人口的要素合理流动，化解乡村人地矛盾的约束。

2. 职业农民制度

大量乡村劳动力转移进城为改善传统农业的粗放式经营，发展规模商品化的现代农业提供了重要机遇，但也引发农村人力资源的匮乏，成为影响我国现代农业发展和新农村建设的战略性问题。针对上述困难，应主要从以下两方面推进农民的职业化培养：

第一，增强农业就业的吸引力。通过改变农村现有的创业环境，将“农民”从被迫认同的身份符号转变为主动选择的体面职业，才能从根本上缓解目前农村劳动力出现的老龄化、女性化的变动趋向。首先，发挥种田能手的示范带动作用。应重点培训种植大户和农耕能手等本地能人，不仅要提高他们的农业生产技术，更要加强其经营管理水平，从而带动留守农民农业技术的提升。其次，建构和完善人员回流机制，鼓励农民返乡创业。比如针对大学生和返乡农民，制定优先提供金融贷款、财税补贴、风险控制和技术指导等有利条件，降低从事农业生产人员的创业门槛和经营风险。

第二，加强培训提升农民素质。站在长远发展的角度，农业现代化是城乡融合进程中乡村社会经济发展的必由之路。而随着农业现代化程度的提升，农业从业人员必然需要掌握和应用更多的技术知识，升级传统的农业生产模式。因此，应建立科学规范的新型农民培训机构，并在教育的模式、内容和制度三方面进行优化。在教育模式上，不能仅仅局限于课堂教学，而要将科学技术真正带到田间地头，让农民真正掌握技术并应用于实际生产；在教育内容上，要站在农民和市场的角度，关注农民真正需要的知识和真正可以致富的路径，让培训内容更有价值和意义；在教育制度上，要建立多元办学教育机制，形成多样的培训机构，建立长期有效的监督考核机制，让培训机构规范化、科学化。

6.4.3.2 村：加快基本公共服务均等化

无论何时，农村始终是农民日常生活和成长发展的场所，完备的基本公共服务可有效提升全体成员的生活质量，营造安定有序的发展环境。但是受计划经济和早期财政实力的限制，我国始终未能实施城乡均衡发展战略，致使城乡生活水平差距显著，成为乡村经济社会健康发展的瓶颈。因此，城乡统筹发展的重要内容就是革新“重城轻乡”的二元发展观念，促进社会公共资源公平、公正分配。为了实现上述目标，未来应继续重视推进基本公共服务均等化，加大公共财政对乡村社会保障的投入水平和支持程度，缩小因发展差距而形成的区域福利级差，让城乡居民共享社会进步和改革开放的“红利”。

目前，广大农村地区享有的基本公共服务数量少、层次低、质量差，从构成的内容和层次[263]上看公共品供给迫切需要从两方面提升服务水平：

1. 基本公共服务

基本公共服务首先要满足个人基本生存的需要，包括为广大农民提供社会保障、社会福利和社会救助服务。针对日益严重的“老龄化”现象，要按照自愿参加和政策鼓励相结合的方式，逐步实现基于个人缴纳资金形成的社会养老保险与传统家庭养老方式的融合。应积极推进基本医疗保障、最低生活保障等基本社会救济制度，逐步加大对农村地区社会基本保障事业的转移支付力度和救助标准，让孤、寡、老、贫等无助者过上温饱生活，提升社会成员生活的幸福感。

2. 公众发展服务

基本公共服务的重要作用还在于为个体成长和发展提供公平的机会。在保障就业方面，政府和社会应充分利用各类资源建立城乡公共就业服务制度，为重点帮扶的困难群体专门设立公共就业项目和资金，并且提供信息咨询、上岗培训、劳务派遣等多方面服务。而受教育权则构成社会发展权的核心，所以规划相关设施时应充分平衡人口分布与教育公平之间的关系，重视主体需求同时加强规模预测，合理确定设施的选址、规模、类型等内容，建构相对公平、惠泽全体的布局体系，缩小城乡教育差距。

6.4.3.3 产：挖掘存量土地的综合效益

土地不仅是承载人类生存的空间载体，更是最基本的生产生活资料和推动经济社会发展的最大潜力资源。作为国家的基础性制度，土地制度的变迁不断促成生产经营方式和效率的革新，激发乡村的“生产潜能”。新时期，乡村振兴战略与乡村空间重构的实现同样需要土地制度的支撑保障。但早期农村集体土地制度改革实践中遗留的所有权不清、过度依赖承包地、经营规模小和耕地碎片化等弊端显现，需要通过破解自家的土地“不能用、用不好”的困局，建构获取土地财产性收入和增值收益的长效机制。

1. 有序推进农地自由流转

长期的历史实践表明，以农村土地集体所有和家庭承包经营为主体的制度设计符合我国国情、农情，不仅能够支撑工业化、城镇化的快速发展，也确保了广大农民平等享有生产资料、实现共同富裕。虽然现行制度在改革和施行时出现了一定问题，但我国不可能出现农地集体所有制转变为私有制的情况。因此，我国农村土地制度创新必须是以集体所有制为前提和出发点，通过引入市场化配置方式显化农地的资产价值。在此过程中，首先应将时下开展的“三权”分置作为制度创新的一种长远性、根本性安排，通过建构所有权、承包权和经营权分离的制度框架，实现承包权的财产性质和经营权的市场化配置。由于拥有明晰的产权边界，原本属于集体所有的农用地可根据实际需要由农户占有、支配和依法使用。然后，通过将土地使用权这一特殊“资本”商品化和社会化，农地资源的灵活利用得以实现，既满足了乡村城镇化人口不愿放弃土地保障功能的需求，又为大范围引入先进生产要素、推动现代农业发展创造制度前提。

未来，应继续深化农村土地制度改革，利用集体土地确权制度促成农村土地政策连续性和稳定性，提升乡村的农业生产空间载体地位，保障农民自由发展权利。同时，积极适应城乡、工农关系调整，通过完善种粮直补、农机购置、农资补贴等补贴激励机制，加快现代农业产业升级，提升农业发展质量和效益。此外，还应积极推进政府监管、履约保险等配套管理制度。一方面，从经营范围、资本规模、生产能力等方面审查与监管外部资本的准入资格，规范土地流转行为；另一方面建构包括政府补贴保证金、企业强制保险金等在内的风险防范保险基金，应对和化解土地流转热潮中可能出现的“毁约弃耕”问题。

2. 加快集体建设用地入市

与耕地流转情形相似，统筹利用城乡建设用地同样是我国经济社会发展到现阶段的必然要求。当前，农村集体建设用地利用创新方式主要包括城乡建设用地增减挂钩和集体经营性建设用地入市。前者主要针对闲置的宅基地，后者的操作对象是村集体预留的经营性建设用地或废弃的乡镇企业，两项制度的根本目的均是发挥市场的资源配置作用，促进城乡要素平等双向流动，提高存量建设用地使用效率，释放集体土地资产潜在价值。新一轮土地管理和利用的改革方向，符合“新常态”背景下社会经济发展对于优化资源配置方式和走绿色循环发展道路的要求，有力解决了农民土地财产性收入增长有限、土地增值收益用于“三农”不足的问题。借鉴已有的研究和实践，进一步推动集体建设用地有序流转，关键要处理好两方面关系：

其一，建立城乡一体化土地市场，平衡集体土地与国有土地的地位。受“二元”土地产权与管理制度的影响，我国集体建设用地的性质和权属模糊不清，致使乡村土地向城镇建设用地的转化缺少强力约束，严重损害了农民的切身利益。所以按照公平原则，应充分保护集体土地的所有权。重点内容是推进和完善城乡土地使用权确权、登记制度。特别是对于构成复杂、布局分散的集体资产，要逐步完成明确资产权属、成员分身确认、资产折股抵押、股东身份继承等关键环节，建构归属清晰、权能完整、流转顺畅、保护严格的农村集体产权制度。以此为基础，推动集体建设用地使用权入市流转，实现集体与国有用地同等土地收益权，既保护产权弱势农民的使用权完整，又防止侵占集体土地收益的问题。

其二，发挥政府监管与服务功能，协调国家管控与市场调节的关系。充分发挥服务型政府的组织与监管职能，完善相关配套措施。例如严格执行土地审批管理，防止侵占农田等损害集体利益行为；完善用地评估分级制度，设定合理的基准价格，杜绝不合理的低价流转；优化用地收益分配制度，保证乡村主体获得主要的增值、流转收益；完善政绩考评机制，重视流转活动的社会、经济、生态等综合效益。

6.4.3.4 景：人文自然开发与保护并举

乡村是我国数千年农耕文明和传统文化的根植所在，因此要站在文明坚守与传承的高度，协调地域景观资源的开发与保护。发展农村生产生活同时，避免因大规模建设产生不可逆的毁损。

从类型的划分来看，乡村地域景观资源可分为人文景观和自然景观两大类。其中，乡村人文景观是地域文化长期作用下形成的人工景观，能够迅速感召人们的文化归属和乡愁情结。然而，当前的乡村建设热潮普遍忽略这种历史积累的本土地域特征。尤其是旅游开发为迎合消费需求与功能对村容村貌进行的改造，大量破坏村庄的传统肌理和历史文脉，造成地域山水相依、人与自然和谐共生的原生态关系消失。所以，要进一步完善村庄更新改造机制，前期应通过开展社会调研深入、详细地整理村庄的历史信息与发展现状，进而因地制宜地采取差异化的重构路径。其中部分特色鲜明的保留村庄可施行保护性开发策略，具体可借鉴韩国的景观保护直补制度，利用政府补贴引导村民自主完成村庄街巷格局、建筑形态和景观风貌的营造和维护，进而带动旅游产业的发展。在推进物质空间更新的同时，还应进一步完善非物质的文化遗产保护。乡村文化遗产所包括的民间传说、音乐、舞蹈、礼仪、庆典、饮食等内容，是地域人文景观的灵魂。在开发和保护过程中，首先应坚持本真性和完整性原则，完整保护遗产本身及其周围环境，防止因过度开发破坏本体；其次要采取灵活、动态的保护措施，通过多样化方式实现情景再现，宣扬和传承其中的文化精髓。

乡村自然景观则是住区范围内由具有一定价值与吸引力的自然资源构成的自然风光。乡村地区拥有丰富的山水资源，往往是推动地区开发建设的最大资本，因此需要坚持适度开发的原则，保证最大限度地保持自然资源的可持续利用。区域层面，推行生态保护分区制度，综合考虑乡村地区的生态承载力和开发建设现状，划定保护区、敏感区和协调区等功能分区，按照分区推进、分类指导原则严格协调各项建设活动。建立生态环境损害修复和赔偿制度，坚决制止和依法惩处损害乡村生态环境的行为，完善生态补偿保障机制。强化水源和山体保护制度，严禁随意开发自然资源的行为，保护区域生态链的完整性。推行固体废弃物集中收集与分类制度，禁止采用向水体倾倒和露天堆弃等无控处置方式，通过分类将乡村生活垃圾以堆肥还田、生产沼气等方式综合利用，或将部分经过处理的农业废弃物肥料化、基料化，用于改善土壤结构。总之，通过一系列制度设计与约束，形成一种自然生态与人文生态交互作用和积累的循环过程。

7 结论与讨论

基于近年来国内外相关理论研究进行系统的梳理，本书明确研究问题的视角与重点。以城乡关系变迁为主线，分析不同阶段乡村住区社会经济的组织特征与运行规律，以及其对空间重构活动的作用机制，进而结合城乡统筹阶段发展要素组织与变动的特征，揭示当前空间功能调整过程中存在的现实问题和调整策略，建构乡村住区空间重构的理论框架。基于前期的理论分析，本书从空间重构的组织层次出发，在区域层面建构乡村住区综合评价方法，重点归纳住区空间重构的类型及其特征，在微观层面分析和总结典型案例的运行机制和实践经验，二者相结合提出乡村住区空间重构路径，探讨未来政策调控和制度支撑的导向。

第一，城乡关系变迁过程中，乡村住区发展呈显著阶段性，且各阶段要素组织方式的变动促成地域空间结构和功能调整。伴随着工业化、城镇化和现代化进程的深入，我国城乡关系在20世纪先后经历了自然均衡、二元隔离和联系恢复3个阶段。期间，城乡发展环境不断变化，自然环境、政府与市场、工业化与城镇化等作用力交替作用，深刻影响了乡村社会经济要素的配置方式，内外因素共同作用于住区地域空间功能调整且呈现不同的阶段性特征，推动传统聚落向现代意义的乡村住区演进。

第二，城乡统筹阶段乡村住区发展问题的出现，是地域多种要素组织方式变动的结果。进入城乡统筹阶段，城乡相互作用下乡村人口、产业、资金、土地等要素的组织和配置方式显著变化，引发乡村经济社会发展方式与居民生活方式不断转型，地域空间功能出现人口流失破坏日常生活秩序、土地利用低效降低农业地位、资本匮乏导致自主发展动力不足以及地域独特的人文生态环境丧失等问题。针对上述问题，本书提出重塑乡村的地位与价值、优化地域资源利用方式、推进地方性空间生产等解决思路，为接下来探究乡村住区空间重构的理论框架和实践方法提供借鉴。

第三，转型时期应注重城乡作用下乡村发展的规律与特征，面向乡村住区的空间重构趋向提升本土理论发展。本书尝试初步建构乡村住区空间重构的理论框架。结合国外的复杂系统理论、韧性演进理论、精明收缩理论，以及国内的城乡一体化、新型城镇化思想，深化转型时期乡村空间重构的理论认知和价值取向。进而提出空间重构是乡村发展的正向演进过程，强调利用人为的空间干预与调控手段，优化系统的要素配置、空间演进和功能拓展，提升乡村自主发展能力和城乡协同发展水平。另外，基于CAS理论的“刺激—反应”模型，从树立公平同等城乡观的价值目标、活化“三生”功能的功能目标和建构理想人居空间的空间目标三方面提出修订目标与干预规则，明晰空间重构的运行机制。

第四，结合实证研究，建构基于“发展—重构”的乡村住区综合评价方法，用以归纳乡村住区空间重构的类型及特征。为提升空间规划编制的质量与水平，迫切需要一种相对客观、准确和高效的评价乡村发展状况的基础方法与技术。因此，本书建构了基于“发展—重构”的乡村住区综合评价方法，分别对镇域尺度下村庄的发展水平与重构水平进行测度，通过前期数据搜集和选取指标、中期主客观法相结合确定权重和后期聚类分析划定村庄重构类型等步骤，综合判断住区发展的“态”和“势”。基于评价结果，提出“发展度高—重构度高”（H–H型）、“发展度高—重构度低”（H–L型）、“发展度低—重构度高”（L–H型）和“发展度低—重构度低”（L–L型）的4种乡村住区空间重构类型，及其呈现的“热点—过渡—冷点”圈层分布特征；通过数据分析与实际调研相结合，进一步将聚类分析所得的一级发展类型细化为城镇集聚型、村庄集聚型、均衡稳定型、生产收缩型、生活收缩型、生产衰退型和生态衰退型7个亚类村庄，最终结合分区分类特征，针对性地讨论重构的建议与策略。

第五，提出新时期乡村空间重构的实现应采取“内外联动”路径。以“三生”功能活化为目标选取典型案例，分别从形成条件、演进过程、运行机制和空间作用等方面，总结不同发展模式驱动乡村住区空间重构的成功经验。在此基础之上，立足于前文分析所得的不同重构类型村庄的发展需求，本书提出“内外联动”的乡村住区空间重构路径。其中，空间规划构成住区空间重构的外部拉力，规划编制应充分考虑类型差异产生的多元发展诉求，从存量优化入手逐步完善住区体系和优化公共供给，从城乡合理分工入手推进城乡产业协同与住区产业升级，同时加强项目决策和实施阶段公共参与的程度，保证空间规划的科学性和可操作性；自主发展需求将从住区内部推动空间重构，通过提升住区的村社自治能力，促进存量资源的整理与利用，带动集体经济的建设水平，建构地区可持续发展的长效机制。

参考文献

[1] 马克思，恩格斯. 马克思恩格斯全集：第23卷[M]. 北京：人民出版社，1977.

[2] 赵民，陈晨，周晔，等. 论城乡关系的历史演进及我国先发地区的政策选择——对苏州城乡一体化实践的研究[J]. 城市规划学刊，2016（06）：22-30.

[3] 顾朝林，吴莉娅. 中国城市化研究主要成果综述[J]. 城市问题，2008（12）：2-12.

[4] Tacoli C. Rural-urban interactions: a guide to the literature[J]. Environment & Urbanization, 1998, 10（1）：147-166.

[5] Halfacree K H. Locality and social representation：Space, discourse and alternative definitions of the rural [J]. Journal of Rural Studies, 1993, 9（1）：23-37.

[6] 张小林. 乡村概念辨析[J]. 地理学报，1998（04）：79-85.

[7] 周俭. 可持续发展人类住区的认识及其发展战略[J]. 城市规划汇刊，1996（01）：20-24.

[8] 杨忍，刘彦随，龙花楼，等. 中国乡村转型重构研究进展与展望——逻辑主线与内容框架[J]. 地理科学进展，2015（08）：1019-1030.

[9] 王萍. 村庄转型的动力机制与路径选择[D]. 杭州：浙江大学，2013.

[10] 苗长虹. 乡村工业化对中国乡村城市转型的影响[J]. 地理科学，1998（05）：18-26.

[11] 龙花楼. 论土地利用转型与乡村转型发展[J]. 地理科学进展，2012（02）：131-138.

[12] 胡娟，朱喜钢. 西南英格兰乡村规划对我国城乡统筹规划的启示[J]. 城市问题，2006（03）：94-97.

[13] 何建华，于建嵘. 近二十年来民国乡村建设运动研究综述[J]. 当代世界社会主义问题，2005（03）：32-39.

[14] 熊吕茂. 梁漱溟的文化思想与中国现代化[M]. 长沙：湖南教育出版社，2000.

[15] 虞和平. 民国时期乡村建设运动的农村改造模式[J]. 近代史研究，2006（04）：95-110.

[16] 徐秀丽. 民国时期的乡村建设运动[J]. 安徽史学，2006（04）：69-80.

[17] 林孟清. 推动乡村建设运动：治理农村空心化的正确选择[J]. 中国特色社会主义研究，2010（05）：83-87.

[18] 陈锐. 乡村建设的儒学实验——现代化视角的梁漱溟“邹平建设实验”解读[J]. 城市规划，2016（12）：130-136.

[19] 张小林. 苏南乡村城市化发展研究[J]. 经济地理，1996（03）：21-26.

[20] 李红波，张小林，吴启焰，等. 发达地区乡村聚落空间重构的特征与机理研究——以苏南为例[J]. 自然资源学报，2015（04）：591-603.

[21] 王兴平，涂志华，戎一翎. 改革驱动下苏南乡村空间与规划转型初探[J]. 城市规划，2011（05）：56-61.

[22] 王勇，李广斌. 苏南乡村聚落功能三次转型及其空间形态重构——以苏州为例[J]. 城市规划，2011（07）：54-60.
[23] 王勇，李广斌. 基于“时空分离”的苏南乡村空间转型及其风险[J]. 国际城市规划，2012（01）：53-57.
[24] 黄良伟，李广斌，王勇. “时空修复”理论视角下苏南乡村空间分异机制[J]. 城市发展研究，2015（03）：108-112.
[25] 王海卉. 乡村地区利益博弈与空间重组——以苏南为例[D]. 南京：东南大学，2009.
[26] 李广斌，王勇. 基于市场扩张的苏南乡村空间尺度重构[J]. 城市规划，2017（10）：17-22.
[27] 王雨村，王影影，屠黄桔. 精明收缩理论视角下苏南乡村空间发展策略[J]. 规划师，2017（01）：39-44.
[28] 赵琪龙，郭旭，李广斌. 开发区主导下的苏南乡村空间转型——以苏州工业园区为例[J]. 现代城市研究，2014（05）：9-14.
[29] 王镜均，王勇，李广斌. 苏南村落空间分异的三种典型模式及比较——以蒋巷、坞坵、树山三村为例[J]. 现代城市研究，2014（12）：75-81.
[30] 秦振兴，杨新海，郑无喧，等. 苏南乡村闲置资源再利用与空间整合研究[J]. 规划师，2016（09）：134-139.
[31] 林毅夫. 加强农村基础设施建设 启动农村市场[J]. 农业经济问题，2000（07）：2-3.
[32] 林毅夫. 新农村运动与启动内需[J]. 小城镇建设，2005（08）：13-15.
[33] 贺雪峰. 立足增加农民福利的新农村建设[J]. 学习与实践，2006（02）：84-89.
[34] 温铁军. 如何建设新农村[J]. 小城镇建设，2005（11）：91-94.
[35] 周小云. 新农村建设的发展路径探析[J]. 求实，2008（08）：86-88.
[36] 衣保中. 中国现代农业发展路径的新思考[J]. 吉林大学社会科学学报，2010（01）：14-16.
[37] 谭志云. 农村文化产业的功能定位及发展路径[J]. 南京社会科学，2007（12）：113-117.
[38] 施雪华，林畅. 社会资本视角下的中国乡村治理研究[J]. 北京行政学院学报，2008（02）：1-4.
[39] 熊云飚. 对新农村建设中新型农民培养的思考[J]. 云南民族大学学报（哲学社会科学版），2009（01）：96-99.
[40] 冯文兰，周万村，李爱农，等. 基于GIS的岷江上游乡村聚落空间聚集特征分析——以茂县为例[J]. 长江流域资源与环境，2008（01）：57-61.
[41] 汤国安，赵牡丹. 基于GIS的乡村聚落空间分布规律研究——以陕北榆林地区为例[J]. 经济地理，2000（05）：1-4.
[42] 邢谷锐，徐逸伦，郑颖. 城市化进程中乡村聚落空间演变的类型与特征[J]. 经济地理，2007（06）：932-935.
[43] 韩非，蔡建明. 我国半城市化地区乡村聚落的形态演变与重建[J]. 地理研究，2011（07）：1271-1284.
[44] 刘彦随，刘玉，翟荣新. 中国农村空心化的地理学研究与整治实践[J]. 地理学报，2009（10）：1193-1202.
[45] 龙花楼，李裕瑞，刘彦随. 中国空心化村庄演化特征及其动力机制[J]. 地理学报，2009（10）：1203-1213.
[46] 陈伟. 徽州传统乡村聚落形成和发展研究[D]. 合肥：中国科学技术大学，2000.

[47] 王媛钦. 基于文化基因的乡村聚落形态研究[D]. 苏州：苏州科技学院，2009.
[48] 马航. 中国传统村落的延续与演变——传统聚落规划的再思考[J]. 城市规划学刊，2006（01）：102-107.
[49] 单德启. 从传统民居到地区建筑[M]. 北京：中国建材工业出版社，2004.
[50] 张松. 作为人居形式的传统村落及其整体性保护[J]. 城市规划学刊，2017（02）：44-49.
[51] 王韬. 村民主体认知视角下乡村聚落营建的策略与方法研究[D]. 杭州：浙江大学，2014.
[52] 张京祥，罗震东. 中国当代城乡规划思潮[M]. 南京：东南大学出版社，2013.
[53] 于法稳，李萍. 美丽乡村建设中存在的问题及建议[J]. 江西社会科学，2014（09）：222-227.
[54] 王卫星. 美丽乡村建设：现状与对策[J]. 华中师范大学学报（人文社会科学版），2014（01）：1-6.
[55] 单卓然，黄亚平. "新型城镇化"概念内涵、目标内容、规划策略及认知误区解析[J]. 城市规划学刊，2013（02）：16-22.
[56] 王播. 新农村建设需重视城市化的负面效应[J]. 天水行政学院学报，2009（04）：69-71.
[57] 秦加军，尤季仙，邓涛. 城镇化对农村的负面效应及对策[J]. 今日科技，2005（03）：15-16.
[58] 张孝德. 中国乡村文明研究报告——生态文明时代中国乡村文明的复兴与使命[J]. 经济研究参考，2013（22）：3-25.
[59] 黄杉，武前波，潘聪林. 国外乡村发展经验与浙江省"美丽乡村"建设探析[J]. 华中建筑，2013（05）：144-149.
[60] 于法稳，李萍. 美丽乡村建设中存在的问题及建议[J]. 江西社会科学，2014（09）：222-227.
[61] 唐柯. 推进升级版的新农村建设[M]//美丽乡村. 北京：中国环境科学出版社，2013.
[62] 魏玉栋. 与天相调 让地生美——农业部"美丽乡村"创建活动述评[J]. 农村工作通讯，2013（17）：48-50.
[63] 刘彦随，周扬. 中国美丽乡村建设的挑战与对策[J]. 农业资源与环境学报，2015（02）：97-105.
[64] 翁鸣. 社会主义新农村建设实践和创新的典范——"湖州·中国美丽乡村建设（湖州模式）研讨会"综述[J]. 中国农村经济，2011（02）：93-96.
[65] 贺勇，孙佩文，柴舟跃. 基于"产、村、景"一体化的乡村规划实践[J]. 城市规划，2012（10）：58-62.
[66] 葛丹东，童磊，吴宁，等. 营建"和美乡村"——传统性与现代性并重视角下江南地域乡村规划建设策略研究[J]. 城市规划，2014（10）：59-66.
[67] 李开猛，王锋，李晓军. 村庄规划中全方位村民参与方法研究——来自广州市美丽乡村规划实践[J]. 城市规划，2014（12）：34-42.
[68] 周轶男，刘纲. 美丽乡村建设背景下分区层面村庄规划编制探索——以慈溪市南部沿山精品线规划为例[J]. 规划师，2013（11）：33-38.
[69] 曾帆，邱建，蒋蓉. 成都市美丽乡村建设重点及规划实践研究[J]. 现代城市研究，2017（01）：38-46.
[70] 龙花楼，邹健. 我国快速城镇化进程中的乡村转型发展[J]. 苏州大学学报（哲学社会科学版），2011（04）：97-100.
[71] 龙花楼，屠爽爽. 论乡村重构[J]. 地理学报，2017（04）：563-576.
[72] 李红波，张小林. 城乡统筹背景的空间发展：村落衰退与重构[J]. 改革，2012（01）：148-153.
[73] 沈费伟，刘祖云. 精英培育、秩序重构与乡村复兴[J]. 人文杂志，2017（03）：120-128.
[74] 熊烨，凌宁. 乡村治理秩序的困境与重构[J]. 重庆社会科学，2014（06）：23-29.
[75] 郑小玉，刘彦随. 新时期中国"乡村病"的科学内涵、形成机制及调控策略[J]. 人文地理，2018（02）：100-106.

[76] 刘彦随. 中国新时代城乡融合与乡村振兴[J]. 地理学报，2018（04）：637-650.

[77] 罗小龙，许骁. “十三五”时期乡村转型发展与规划应对[J]. 城市规划，2015（03）：15-23.

[78] 李迎成. 后乡土中国：审视城市时代 农村发展的困境与转型[J]. 城市规划学刊，2014（04）：46-51.

[79] 李郇. 自下而上：社会主义新农村建设规划的新特点[J]. 城市规划，2008（12）：65-67.

[80] 刘自强，周爱兰，鲁奇. 乡村地域主导功能的转型与乡村发展阶段的划分[J]. 干旱区资源与环境，2012（04）：49-54.

[81] 刘玉，刘彦随，郭丽英. 乡村地域多功能的内涵及其政策启示[J]. 人文地理，2011（06）：103-106.

[82] 张京祥，申明锐，赵晨. 乡村复兴：生产主义和后生产主义下的中国乡村转型[J]. 国际城市规划，2014（05）：1-7.

[83] 张京祥，申明锐，赵晨. 超越线性转型的乡村复兴——基于南京市高淳区两个典型村庄的比较[J]. 经济地理，2015（03）：1-8.

[84] 申明锐，张京祥. 新型城镇化背景下的中国乡村转型与复兴[J]. 城市规划，2015（01）：30-34.

[85] 武前波，俞霞颖，陈前虎. 新时期浙江省乡村建设的发展历程及其政策供给[J]. 城市规划学刊，2017（06）：76-86.

[86] 周岚. 人居环境改善与美丽乡村建设的江苏实践[J]. 小城镇建设，2014（12）：22-23.

[87] 高岳. 关于农民集中居住问题的再思考——以江苏地区为例[J]. 江苏城市规划，2012（10）：37-39.

[88] 屈婷. 现代城乡关系与农业现代化何以可能——重读19世纪空想社会主义学说[J]. 连云港师范高等专科学校学报，2014（02）：10-15.

[89] 恩格斯，马克思. 马克思恩格斯选集（第1卷）[M]. 北京：人民出版社，1995.

[90] 金经元. 再谈霍华德的明日的田园城市[J]. 国外城市规划，1996（04）：31-36.

[91] 勒·柯布西耶. 光辉城市[M]. 北京：中国建筑工业出版社，2011.

[92] 许学强，周一星，宁越敏. 城市地理学[M]. 第二版. 北京：高等教育出版社，2009.

[93] Doan P L. Urban primacy and spatial development policy in African development plans[J]. Third World Planning Review, 1995, 17（17）：313-335.

[94] 加尔布雷思. 美好社会——人类议程. [M]. 王中宏，陈志宏，李毅，译. 南京：江苏人民出版社，2009.

[95] 芒福德·刘易斯. 城市发展史：起源、演变和前景[M]. 北京：中国建筑工业出版社，2005.

[96] Buchanan C. Traffic in Towns：The specially shortened edition of the Buchanan Report[M]. London：Penguin, 1964.

[97] Hall P. The Containment of Urban England[J]. Geographical Journal, 1974, 03（140）：386-408.

[98] 简·雅各布斯. 美国大城市的死与生[M]. 南京：译林出版社，2006.

[99] Halfacree K, Walford N, Everitt J, et al. A new space or spatial effacement? Alternative futures for the post-productivist countryside[M]. Wallingford：CAB Direct, 1999.

[100] Corbreidge S. Urban bias, rural bias and industrialization：an appraisal of the works of michael lipton and terry byres[D]. London：Hutchinston, 1982.

[101] 蒂姆·昂温，周希增. 发展中国家的城乡相互作用：一个理论透视[J]. 地理译报，1991（03）：5-9.

[102] Friedmann J, Douglass M. Agropolitan development：towards a new strategy for regional planning in Asia[M]. Los Angeles：University of California, 1975.

[103] 顾孟潮. 城乡融合系统设计——荐岸根卓郎先生的第十本书[J]. 建筑学报，1991（12）：56-57.

[104] Platteau J, Van Bogaert T, Van Gijseghem D. Landbouwrapport 2008[R]. Brussels：Departement Landbouw en Visserij, 2008.

[105] Neil W, David L B. Placing the Rural in Regional Development[J]. Regional Studies, 2009, 43（10）：1237-1244.

[106] Anthopoulou T, Kaberis N, Petrou M. Aspects and experiences of crisis in rural Greece. Narratives of rural resilience[J]. Journal of Rural Studies, 2017, 52：1-11.

[107] Macdonald D, Crabtree J R, Wiesinger G. Agricultural abandonment in mountain areas of Europe：environmental consequences and policy response[J]. Journal of Environmental Management, 2000, 59（1）：47-69.

[108] Knickel K. Agricultural structural change：Impact on the rural environment[J]. Journal of Rural Studies, 1990, 6（4）：383-393.

[109] Galdeano-Gómez E, Aznar-Sánchez J A, Pérez-Mesa J C. The Complexity of Theories on Rural Development in Europe：An Analysis of the Paradigmatic Case of Almería (South-east Spain) [J]. Sociologia Ruralis, 2011, 51（1）：54-78.

[110] Messely L. On regions and their actors：an analysis of the role of actors and policy in region-specific rural development processes in Flanders[D]. Ghent：Ghent University, 2014.

[111] Louw E, Krabben E V D, Priemus H. Spatial development policy：changing roles for local and regional authorities in the Netherlands[J]. Land Use Policy, 2003, 20（4）：357-366.

[112] Woods M. Rural Geography[M]. London：Sage Publications, 2005.

[113] Rega C. Landscape Planning and Rural Development. Springer International Publishing[M]//Introduction：Rural Development and Landscape Planning—Key Concepts and Issues at Stake. Berlin：Springer International Publishing, 2014：1-12.

[114] Hoggart K, Paniagua A. What rural restructuring?[J]. Journal of Rural Studies, 2001, 17（1）：41-62.

[115] Lobley M, Potter C. Agricultural change and restructuring：recent evidence from a survey of agricultural households in England[J]. Journal of Rural Studies, 2004, 20（4）：499-510.

[116] Bryden J. Prospects for rural areas in an enlarged Europe[J]. Journal of Rural Studies, 1995, 10（4）：387-394.

[117] Evans N, Morris C, Winter M. Conceptualizing agriculture：a critique of post-productivism as the new orthodoxy[J]. Progress in Human Geography, 2002, 26（3）：313-332.

[118] Mccarth J. Rural geography：multifunctional rural geographies-reactionary or radical？[J]. Progress in Human Geography, 2005, 29（6）：773-782.

[119] Roche M. Rural geography：searching rural geographies[J]. Progress in Human Geography, 2002, 26（6）：823-829.

[120] Thiede B C, Lichter D T, Slack T. Working, but poor：The good life in rural America?[J]. Journal of Rural Studies, 2016, 59：183-193.

[121] Bunce F, Bunce M. The countryside ideal：Anglo-American images of landscape[M]. London：Psychology Press, 1994.

[122] Burchardt J. Paradise Lost：Rural Idyll and Social Change Since1800[M]. London：IB Tauris, 2002.

[123] Woods M. Rural[M]. Routledge：Taylor & Francis, 2011.

[124] Heatherington T. Introduction：Remaking Rural Landscapes in Twenty-first Century Europe[J]. Anthropological Journal of European Cultures, 2011, 20（1）：1-9.

[125] Lagerqvist M. The importance of an old rural cottage：Media representation and the construction of a national idyll in post-war Sweden[J]. Journal of Rural Studies, 2014, 36：33-41.

[126] Vepsäläinen M, Pitkänen K. Second home countryside. Representations of the rural in Finnish popular discourses[J]. Journal of Rural Studies, 2010, 26（2）：194-204.

[127] Lee A H J, Wall G, Kovacs J F. Creative food clusters and rural development through place branding：Culinary tourism initiatives in Stratford and Muskoka, Ontario, Canada[J]. Journal of Rural Studies, 2015, 39：133-144.

[128] Iorio M, Corsale A. Rural tourism and livelihood strategies in Romania[J]. Journal of Rural Studies, 2010, 26（2）：152-162.

[129] Liu L. Geographic approaches to resolving environmental problems in search of the path to sustainability：The case of polluting plant relocation in China[J]. Applied Geography, 2013, 45（5）：138-146.

[130] Yokohari M, Brown R D, Takeuchi K. A framework for the conservation of rural ecological landscapes in the urban fringe area in Japan[J]. Landscape & Urban Planning, 1994, 29（2-3）：103-116.

[131] Pino J, Rodà F, Ribas J. Landscape structure and bird species richness：implications for conservation in rural areas between natural parks[J]. Landscape & Urban Planning, 2000, 49（（1-2））：35-48.

[132] Santos K C, Pino J, Rodà F. Beyond the reserves：The role of non-protected rural areas for avifauna conservation in the area of Barcelona（NE of Spain）[J]. Landscape & Urban Planning, 2008, 84（2）：140-151.

[133] Górka A. Landscape Rurality：New Challenge for The Sustainable Development of Rural Areas in Poland[J]. Procedia Engineering, 2016, 161：1373-1378.

[134] Wheeler R. Mining memories in a rural community：Landscape, temporality and place identity[J]. Journal of Rural Studies, 2014, 36（36）：22-32.

[135] Howley P. Landscape aesthetics：Assessing the general publics' preferences towards rural landscapes[J]. Ecological Economics, 2011, 72（C）：161-169.

[136] Roberts R. The new rural geography. Introduction：critical rural geography[J]. Economic Geography, 1996, 72（4）：359-360.

[137] Nigel C. Community Participation and Rural Policy：Representativeness in the Development of Millennium Greens[J]. 2001, 44（4）：561-576.

[138] Cruickshank J A. A play for rurality-modernization versus local autonomy[J]. Journal of Rural Studies, 2009, 25（1）：98-107.

[139] Roberts D. The economic base of rural areas：a SAM-based analysis of the Western Isles[J]. Environment and Planning A, 2003, 35：95-111.

[140] Lyson T A. Agricultural industrialization, anticorporate farming laws, and rural community welfare[J]. Environment and Planning A, 2005, 37：1479-1491.

[141] Nelson P. Rural restructuring in the American West：land use, family and class discourses[J]. Journal of Rural Studies, 2001, 17（4）：395-407.

[142] The Production, Symbolization and Socialization of Gentrification：Impressions from Two Berkshire

Villages[J]. Transactions of the Institute of British Geographers, 2002, 27（3）：282-308.

[143] Sofer M, Gal R. Enterprises in Village Israel and their Environmental Impacts[J]. Geography, 1996, 81（3）：235-245.

[144] Bittner C, Sofer M. Land use changes in the rural–urban fringe：An Israeli case study[J]. Land Use Policy, 33（4）：11-19.

[145] Mutersbaugh T. Migration, common property, and communal labor：cultural politics and agency in a Mexican village[J]. Political Geography, 2002, 21（4）：473-494.

[146] Ge J, Resurreccion B P, Elmhirst R. Return Migration and the Reiteration of Gender Norms in Water Management Politics：Insights from a Chinese Village[J]. Geoforum, 2011, 42（2）：133-142.

[147] Aure M, Førde A, Magnussen T. Will migrant workers rescue rural regions? Challenges of creating stability through mobility[J]. Journal of Rural Studies, 2018, 60：52-59.

[148] Mutersbaugh T. Bread or Chainsaws? Paths to Mobilizing Household Labor for Cooperative Rural Development in a Oaxacan Village（Mexico）[J]. Economic Geography, 1999, 75（1）：43-58.

[149] Scott K, Rowe F, Pollock V. Creating the good life? A wellbeing perspective on cultural value in rural development[J]. Journal of Rural Studies, 2018, 59：173-182.

[150] Shucksmith M. Re-imagining the rural：From rural idyll to Good Countryside[J]. Journal of Rural Studies, 2018, 59：163-172.

[151] Smith N. Uneven development：Nature, capital, and the production of space[M]. Athens：University of Georgia Press, 2008.

[152] Skowronek E, Krukowska R, Swieca A. The evolution of rural landscapes in mid-eastern Poland as exemplified by selected villages[J]. Landscape & Urban Planning, 2005, 70（1-2）：45-56.

[153] Ban Ski J, Wesołowska M. Transformations in housing construction in rural areas of Poland’s Lublin region-influence on the spatial settlement structure and landscape aesthetics[J]. Landscape & Urban Planning, 2010, 94（2）：116-126.

[154] Cloke P, Milbourne P, Thomas C. Living Lives in Different Ways? Deprivation, Marginalization and Changing Lifestyles in Rural England[J]. Transactions of the Institute of British Geographers, 1997, 22（2）：210-230.

[155] Vlist M J V D. Land use planning in the Netherlands; finding a balance between rural development and protection of the environment[J]. Landscape & Urban Planning, 1998, 41（2）：135-144.

[156] Senes G, Toccolini A. Sustainable land use planning in protected rural areas in Italy[J]. Landscape & Urban Planning, 1998, 41（2）：107-117.

[157] Ioffe G, Nefedova T, Zaslavsky I. From Spatial Continuity to Fragmentation：The Case of Russian Farming[J]. Annals of the Association of American Geographers, 2015, 94（4）：913-943.

[158] Herrmann S, Osinski E. Planning sustainable land use in rural areas at different spatial levels using GIS and modelling tools[J]. Landscape & Urban Planning, 1999, 46（1-3）：93-101.

[159] Mcgrail M R, Humphreys J S. Measuring spatial accessibility to primary care in rural areas：Improving the effectiveness of the two-step floating catchment area method[J]. Applied Geography, 2009, 29（4）：533-541.

[160] Gilg A W. Countryside Planning[M]. London：Routledge, 1996.

[161] 国务院农村综合改革工作小组办公室考察团，黄维健，黄小彦，等. 英国农业支持与保护体系建设考察报告[J]. 财政研究，2008（01）：70-73.
[162] Gallent N, Shaw D, Juntti M. Introduction to Rural Planning[M]. Routledge, 2008.
[163] 汤爽爽，冯建喜. 法国快速城市化时期的乡村政策演变与乡村功能拓展[J]. 国际城市规划，2017（04）：104-110.
[164] 王思明. 从美国农业的历史发展看持续农业的兴起[J]. 农业考古，1995（01）：16-27.
[165] 韦廷柒，孙德江. 韩国新农村运动对我国统筹城乡发展的启示[J]. 探索，2007（05）：152-154.
[166] 冯旭. 基于国土利用视角的韩国农村土地利用法规的形成及与新村运动的关系[J]. 国际城市规划，2016（05）：89-94.
[167] 孙华玲，张刚. 国外农村建设实例[M]. 济南：山东人民出版社，2006.
[168] 周维宏. 新农村建设的内涵和日本的经验[J]. 日本学刊，2007（01）：127-135.
[169] 李璐颖. 城市化率50%的拐点迷局——典型国家快速城市化阶段发展特征的比较研究[J]. 城市规划学刊，2013（03）：43-49.
[170] 吴志强. 50%城市化率转折点上的城市生态事件[R]. 上海：同济大学，2013.
[171] Halfacree K. From Dropping Out to Leading On? British Counter-cultural Back-to-the-land in a Changing Rurality[J]. Progress in Human Geography, 2006, 30（3）：309-336.
[172] 王萍. 发达国家乡村转型研究及其提供的思考[J]. 浙江社会科学，2015（04）：56-62.
[173] 列宁全集：第3卷[M]. 北京：人民出版社，1979.
[174] 折晓叶，艾云. 城乡关系演变的制度逻辑和实践过程[M]. 北京：中国社会科学出版社，2014.
[175] 费孝通. 论中国小城镇的发展[J]. 小城镇建设，1996（03）：3-5.
[176] 胡焕庸. 中国人口地理[M]. 上海：华东师范大学出版社，1984.
[177] 张小林. 乡村空间系统及其演变研究[M]. 南京：南京师范大学出版社，1999.
[178] 闫凤英. 居住行为理论研究[D]. 天津：天津大学，2005.
[179] 杨懋春. 一个中国村庄[M]. 南京：江苏人民出版社，2012.
[180] 段本洛. 苏南近代社会经济史[M]. 北京：中国商业出版社，1997.
[181] 马羽. 试论我国农业合作化的历史必然性[J]. 社会科学研究，1981（05）：3-7.
[182] 孙怀安，文道贵. 20世纪50年代我国四次粮食波动及其原因[J]. 湖北社会科学，2006（10）：93-95.
[183] 何炼成. 中国发展经济学概论[M]. 北京：高等教育出版社，2001.
[184] 吴康，方创琳. 新中国60年以来小城镇的发展历程与新态势[J]. 经济地理，2009（10）：1606-1611.
[185] 中央人民政府国家统计局关于一九五二年国民经济和文化教育恢复与发展情况的公报[N]. 松江日报，1953-09-30.
[186] 刘恩云. 新中国成立初期农村土地买卖问题初探[J]. 时代金融，2016（08）：65-66.
[187] 李德华，董鉴泓，臧庆生，等. 青浦县及红旗人民公社规划[J]. 建筑学报，1958（10）：2-6.
[188] 袁镜身. 当代中国的乡村建设[G]. 北京：中国社会科学出版社，1987.
[189] 陶艳梅. 新中国初期三十年农业发展研究[D]. 咸阳：西北农林科技大学，2011.
[190] 国家统计局. 中国统计年鉴（1983）[M]. 北京：中国统计出版社，1983.
[191] 张勇. 介于城乡之间的单位社会：三线建设企业性质探析[J]. 江西社会科学，2015（10）：26-31.
[192] 渠敬东，周飞舟，应星. 从总体支配到技术治理——基于中国30年改革经验的社会学分析[J]. 中国社会科学，2009（06）：104-127.

[193] 王绍光. 分权的底限[M]. 北京：中国计划出版社，1997.
[194] 曾令辉. 我国乡镇企业可持续发展面临的困境及对策[J]. 社科与经济信息，2001（02）：46-49.
[195] 荣敬本. 从压力型体制向民主合作体制的转变[M]. 北京：中央编译出版社，1998.
[196] 中国科学院国情分析小组. 城市与乡村——中国城乡矛盾与协调发展研究[M]. 北京：科学出版社，1996.
[197] 陈锡文. 资源配置与中国农村发展[J]. 中国农村经济，2004（01）：4-9.
[198] 卢嘉瑞. 中国农民消费结构研究[M]. 石家庄：河北教育出版社，1999.
[199] 叶耀先. 加强对乡村建设的指导[J]. 科技导报，1987（01）：74-76.
[200] 童滋雨. 张家港市传统村庄分析及规划方法研究[D]. 南京：东南大学，2000.
[201] 董昭元. 乡镇企业是我国经济发展的重要支柱[J]. 工业技术经济，1991（05）：20-22.
[202] 陶然. 论乡镇企业的分散与集聚机制[J]. 中国农村经济，1995（04）：37-41.
[203] 李含琳. 中国农业劳动资源内向流失研究[J]. 青海师范大学学报（哲学社会科学版），1993（02）：5-10.
[204] 李立. 传统与变迁　江南地区乡村聚居形态的演变[D]. 南京：东南大学，2002.
[205] 何兴华. 小城镇规划论纲[J]. 城市规划，1999（03）：7-11.
[206] 张修志，钮薇娜，赵柏年. 全国农村住宅设计竞赛方案述评[J]. 建筑学报，1981，10：22-30.
[207] 郑坤生. 回顾与展望[J]. 小城镇建设，1989（01）：2-4.
[208] 全国农村住宅设计方案竞赛作品选登[J]. 建筑学报，1981（10）：3-19.
[209] 时映. 天津2号蓟县官庄镇规划[J]. 小城镇建设，1984（02）：9-10.
[210] 塞缪尔·亨廷顿. 变化社会中的政治秩序[M]. 上海：生活·读书·新知 三联书店，1989.
[211] 江流. 1992-1993年中国：社会形势分析与预测：社会蓝皮书[M]. 北京：中国社会科学出版社，1993.
[212] 胡必亮. 中国的乡镇企业与乡村发展[M]. 太原：山西经济出版社，1996.
[213] 齐振庆，吴彤. "十一五"期间我国"三农"财政支出效益分析[J]. 河西学院学报，2014（04）：88-94.
[214] 应星. 农户、集体与国家：国家与农民关系的六十年变迁[M]. 北京：中国社会科学出版社，2014.
[215] 冒佩华，徐骥. 农地制度、土地经营权流转与农民收入增长[J]. 管理世界，2015（05）：63-74.
[216] 左停，唐丽霞. 变迁与发展：中国农村三十年[M]. 北京：中国农业出版社，2009.
[217] 同上.
[218] 贺雪峰. 新乡土中国[M]. 北京：北京大学出版社，2013.
[219] 吴重庆. 从熟人社会到"无主体熟人社会"[J]. 读书，2011（01）：19-25.
[220] 顾宝昌.《我国留守家庭研究》评介[J]. 人口研究，2006（06）：93.
[221] 段成荣，吕利丹，郭静，等. 我国农村留守儿童生存和发展基本状况——基于第六次人口普查数据的分析[J]. 人口学刊，2013（03）：37-49.
[222] 喻义洪，韩一军，陈印军，等. 建立新型的粮食安全观　五、粮食自给率目标研究——新型粮食安全观的度量标准[C]//建立新型的粮食安全观课题研究报告. 中国小康建设研究会专家智库委员会，2017：30-47.
[223] 钱忠好. 非农就业是否必然导致农地流转——基于家庭内部分工的理论分析及其对中国农户兼业化的解释[J]. 中国农村经济，2008（10）：13-21.

[224] 黄明华，袁子轶，岳晓琴. 村庄建设用地：城市规划与耕地保护难以承受之重——对我国当前村庄建设用地现状的思考[J]. 城市发展研究，2008（05）：82-88.

[225] 焦长权，周飞舟. “资本下乡”与村庄的再造[J]. 中国社会科学，2016（01）：100-116.

[226] 王勇，陈印军，易小燕，等. 耕地流转中的“非粮化”问题与对策建议[J]. 中国农业资源与区划，2011（04）：13-16.

[227] 吕世忠. 努力建设和谐的乡村人文环境[J]. 经纪人学报，2006（03）：139-141.

[228] 朱旭辉. 珠江三角洲村镇混杂区空间治理的政策思考[J]. 城市规划学刊，2015（2）：77-82.

[229] 杨廉，袁奇峰. 基于村庄集体土地开发的农村城市化模式研究——佛山市南海区为例[J]. 城市规划学刊，2012（6）：34-41.

[230] 黄宗智. 长江三角洲小农家庭与乡村发展[M]. 上海：中华书局，2000.

[231] 卢荣善. 经济学视角：日本农业现代化经验及其对中国的适用性研究[J]. 农业经济问题，2007（02）：95-100.

[232] 郑雄飞. 从“他物权”看“土地换保障”——一个社会学的分析[J]. 社会学研究，2009（03）：163-186.

[233] 程世勇. 中国农村土地制度变迁：多元利益博弈与制度均衡[J]. 社会科学辑刊，2016（02）：85-93.

[234] 周红云. 社会资本理论述评[J]. 马克思主义与现实，2002（05）：29-41.

[235] 魏成，韦灵琛，邓海萍，等. 社会资本视角下的乡村规划与宜居建设[J]. 规划师，2016（05）：124-130.

[236] F Y T. Space and Place：Humanistic Perspective[J]. Progress in Human Geography, 1979（6）：233-246.

[237] S F, D J. The Tourist City[M]. Cornell：Yale University Press, 1999.

[238] Harvey D. The condition of postmodernity：an enquiry into the origins of cultural change[M]. Oxford：Blackwell, 1989.

[239] 邵亦文，徐江. 城市韧性：基于国际文献综述的概念解析[J]. 国际城市规划，2015，30（2）：48-54.

[240] Holling C S. Resilience and Stability of Ecological Systems[J]. Annual Review of Ecology & Systematics, 1973, 4（4）：1-23.

[241] Berkes F, Folke C, Colding J. Linking social and ecological systems[M]//Linking social and ecological systems：management practices and social mechanisms for building resilience. Cambridge：Cambridge University Press, 1998：387-389.

[242] 张甜，刘焱序，王仰麟. 恢复力视角下的乡村空间演变与重构[J]. 生态学报，2017（07）：2147-2157.

[243] 颜文涛，卢江林. 乡村社区复兴的两种模式：韧性视角下的启示与思考[J]. 国际城市规划，2017（04）：22-28.

[244] 黄鹤. 精明收缩：应对城市衰退的规划策略及其在美国的实践[J]. 城市与区域规划研究，2011（03）：157-168.

[245] 赵民，游猎，陈晨. 论农村人居空间的“精明收缩”导向和规划策略[J]. 城市规划，2015（07）：9-18.

[246] 张善余. 中国人口地理[M]. 北京：科学出版社，2003.

[247] 罗震东，周洋岑. 精明收缩：乡村规划建设转型的一种认知[J]. 乡村规划建设，2016（01）：30-38.

[248] 刘彦随. 中国新农村建设地理论[M]. 北京：科学出版社，2011.

[249] 吴义茂．建设用地挂钩指标交易的困境与规划建设用地流转——以重庆“地票”交易为例[J]. 中国土地科学，2010（09）：24-28.

[250] 付孟泽，韩欣宇．主体诉求下的城郊农民还迁社区构建优化研究[J]. 规划师，2018（04）：95-100.

[251] 里夫金．零边际成本社会[M]. 北京：中信出版社，2014.

[252] Felson M, Spaeth J L. Community Structure and Collaborative Consumption.[J]. American Behavioral Scientist, 1978，21（4）：614.

[253] 仇保兴．我国农村村庄整治的意义、误区与对策[J]. 城市发展研究，2006（1）：1-6，17.

[254] 王京海，张京祥．资本驱动下乡村复兴的反思与模式建构——基于济南市唐王镇两个典型村庄的比较[J]. 国际城市规划，2016（05）：121-127.

[255] 徐勤政，石晓冬，胡波，等．利益冲突与政策困境——北京城乡结合部规划实施中的问题与政策建议[J]. 国际城市规划，2014（04）：52-59.

[256] 邢宗海．北京城乡结合部规划实施研究[D]. 北京：清华大学，2012.

[257] 舒宁．北京大兴区国家集体经营性建设用地入市改革试点探索[J]. 规划师，2017（09）：40-45.

[258] 阮智杰，张建．北京市集体建设用地创新利用研究[J]. 小城镇建设，2018（01）：5-11.

[259] 陈博文，彭震伟．供给侧改革下小城镇特色化发展的内涵与路径再探——基于长三角地区第一批中国特色小镇的实证[J]. 城市规划学刊，2018（01）：73-82.

[260] 罗伯特·D. 帕特南．使民主运转起来：现代意大利的公民传统[M]. 南昌：江西人民出版社，2001.

[261] 森阿马蒂亚．以自由看待发展[M]. 北京：中国人民大学出版社，2002.

[262] 钱存阳，易荣华，刘家鹏，等．城镇化改造中集体经济对失地农民保障作用研究——基于浙江9个地区的调查数据[J]. 农业经济问题，2015（01）：50-58.

[263] 联合国开发计划署．中国人类发展报告：惠及13亿人的基本公共服务（2007-2008）[M]. 北京：中国对外翻译出版公司，2008.

后　记

乡村住区的转型发展与空间重构不仅属于城乡规划学科研究的核心问题，还与当前和今后国家城乡发展的战略需求紧密相关。为了更好地实现城乡规划的公共政策属性，合理统筹城乡空间资源，最大限度满足公共利益，有关乡村空间重构问题的讨论首先应从理论层面进一步明晰我国社会经济发展的本原逻辑和价值取向，通过理论建构有效指引地域转型与重构的变革过程。另外，应重视微观层面乡村住区空间重构实践。重点探究在具体的空间重构过程中，乡村规划如何立足于农民权益、意愿和认知，克服集体行动困难，盘活村庄有限资源条件，激发自主发展能力，有效实现理论与实践相结合。

受学识和经验所限，书中内容仍存在多方面的不足与局限，有待进一步改进和完善。比如，梳理乡村住区发展历程时，主要依靠典型地域的片段式数据，难免对长时间重构过程的分析不全面；尝试建构乡村空间重构的理论视角与分析框架，但围绕演进过程及其内涵的解释力有待进一步地提升和优化；微观视角下乡村分区评价与分类识别的分析方法，及其对具体规划实践的指导性仍需加强，尤其是在大尺度区域的适用性研究有待深入。望读者给予理解与批评指正。

本书著作的基础，主要源自博士学习阶段参与的多项科研积累与规划实践。并结合近年来工作，进一步深化、凝炼研究内容，取得了初步研究成果。书稿即将付梓之际，不禁回想起漫长研究过程中，来自身边家人、师长、同学和朋友们的鼓励和支持，寥寥数字不足表达感激于万一。

最后，还要感谢为本书出版付出辛勤劳动的丁蔚、马欣玥同学，以及建工出版社的编辑人员。

韩欣宇

2021年冬于济南